普通高等教育"十二五"规划教材

大学物理导读
（上册）

主　编　石永锋　杜　娟
主　审　虞凤英　叶必卿

中国水利水电出版社
www.waterpub.com.cn

内 容 提 要

本书是与石永锋、叶必卿主编的《大学物理》（上、下册）相对应的辅导教材，其中包括基本内容、思考与讨论题目详解、课后习题解答和自我检测题四个部分。基本内容部分是对各章知识点的概括和总结，便于读者对知识的融会贯通；思考与讨论题目详解部分对思考与讨论题目进行了比较详细的解答；课后习题解答部分对各章后的习题作了比较细致的分析和解答；自我检测题部分是为了读者自己检验学习情况而编写的。

本书采用的习题具有较强的通用性，非常适合作为大学物理课程的自学辅导书和习题参考书。

图书在版编目（CIP）数据

大学物理导读．上册/石永锋，杜娟主编．—北京
：中国水利水电出版社，2012.3（2017.1重印）
普通高等教育"十二五"规划教材
ISBN 978 - 7 - 5084 - 9532 - 3

Ⅰ．①大…　Ⅱ．①石…②杜…　Ⅲ．①物理学-高等学校-教学参考资料　Ⅳ．①O4

中国版本图书馆 CIP 数据核字（2012）第 040512 号

书　名	普通高等教育"十二五"规划教材 **大学物理导读（上册）**
作　者	主编　石永锋　杜娟
出版发行	中国水利水电出版社 （北京市海淀区玉渊潭南路1号D座　100038） 网址：www. waterpub. com. cn E - mail：sales@waterpub. com. cn 电话：（010）68367658（营销中心）
经　售	北京科水图书销售中心（零售） 电话：（010）88383994、63202643、68545874 全国各地新华书店和相关出版物销售网点
排　版	中国水利水电出版社微机排版中心
印　刷	北京瑞斯通印务发展有限公司
规　格	184mm×260mm　16开本　17.25印张　409千字
版　次	2012年3月第1版　2017年1月第2次印刷
印　数	3001—5000册
定　价	**29.00元**

凡购买我社图书，如有缺页、倒页、脱页的，本社营销中心负责调换
版权所有·侵权必究

前 言

QIANYAN

　　大学物理课程是理工科各专业的一门重要基础理论课程。为配合石永锋、叶必卿主编的《大学物理》（上、下册）教材的课堂教学，帮助读者深入理解和掌握大学物理知识，巩固和提高所学的知识内容，编写了《大学物理导读》（上、下册）。本书编写的目的是帮助读者自学，起到课外辅导和答疑的作用，同时也给教师的教学工作提供一定的参考。

　　本书包括基本内容、思考与讨论题目的详解、课后习题解答和自我检测题四个部分。基本内容部分是对各章知识点的概括和总结，便于读者对知识的融会贯通；思考与讨论题目详解部分对思考与讨论题目进行了比较详细的解答，其目的在于使读者学会用所掌握的知识解决、处理实际问题的方法，避免机械记忆；课后习题解答部分对各章后的习题作了比较细致的分析和解答，其目的是便于读者自学，同时也期望能够激发读者对大学物理课程的兴趣；自我检测题部分是为了读者自己检验学习情况而编写的，作者有意没有给出这部分内容的答案，其用意是希望读者能够通过相互讨论，自己得到答案，这对于掌握知识、培养独立思考能力和培养自信心都是非常有益的。

　　本书中绝大部分习题曾在浙江理工大学和浙江工业大学习题课和各种考试中使用过多年，经得起实践检验，本书正是在此基础上，整理编写而成的。

　　全书共分十九章，分为上、下两册，其中第一章～第十章和第十八章由浙江理工大学石永锋老师编写，第十一章～第十七章和第十九章由浙江理工大学杜娟老师编写。浙江工业大学虞凤英老师和叶必卿老师审阅、校对了本书的全部内容。上海市宜川中学谢春君老师在大学物理与中学物理知识的衔接方面做了大量的工作。

　　此外，浙江理工大学马春生老师绘制了本教材的部分插图。浙江理工大学扈文佳老师对本书在数学知识的应用方面提出了很多宝贵的意见，在此衷心地表示感谢。

　　由于作者水平所限，书中难免存在不当和错误之处，恳请同行专家和读者提出宝贵的意见，编者将不胜感激。

编　者

2012 年 2 月

目 录
MULU

第一章 质点的运动

一、基本内容

（一）质点、参考系和运动方程

1. 质点

质点：只有质量而没有形状和大小的理想几何点。

做平动的物体可以当做质点处理。另外，如果一个物体与观察者的距离远远大于这个物体本身的几何线度，这个物体也可以当做质点看待。

一个确定的物体能否抽象成质点，应视具体情况而定。

2. 参考系和坐标系

参考系：为了描述物体的运动而被选做参考的物体。

运动描述的相对性：在描述某一个物体的运动时，如果选取的参考系不同，对该物体运动的描述也不同。

坐标系：为了定量地表示物体在各时刻的位置，在参考系上建立的计算系统。

常用的坐标系有直角坐标系、自然坐标系、极坐标系、柱面坐标系、球面坐标系和广义坐标系等。

3. 位置矢量和运动方程

位置矢量 $\vec{r}$：为了确定质点在某一时刻的位置和方向，由坐标原点向质点做的有方向线段。

位置矢量在平面直角坐标系中的表达式为

$$\vec{r} = x\,\vec{i} + y\,\vec{j}$$

其大小和方向分别为

$$r = |\vec{r}| = \sqrt{x^2 + y^2}, \ \tan\theta = \frac{y}{x}$$

其中，θ 为 $\vec{r}$ 与 x 轴的夹角。

质点的运动方程：随时间变化的位置矢量反映了质点的运动规律，即

$$\vec{r} = \vec{r}(t)$$

质点运动方程的平面直角坐标表达式为

$$\vec{r} = x(t)\vec{i} + y(t)\vec{j}$$

轨迹：质点运动过程中所走的路径。

轨迹方程：描述质点运动轨迹的方程。

质点运动的轨迹为直线的是直线运动，为曲线的是曲线运动。

（二）位移、速度和加速度

1. 位移

位移 $\Delta \vec{r}$： 设质点在 Δt 时间内从位置 P_1 运动到 P_2，位移 $\Delta \vec{r}$ 为从点 P_1 到点 P_2 所做的矢量，它描述了质点在运动过程空间位置变化的大小和方向。

$$\Delta \vec{r} = \vec{r}_2 - \vec{r}_1$$

在平面直角坐标系中位移的表达式为

$$\Delta \vec{r} = \Delta x \, \vec{i} + \Delta y \, \vec{j}$$

其大小和方向分别为

$$|\Delta \vec{r}| = \sqrt{(\Delta x)^2 + (\Delta y)^2}, \quad \tan\alpha = \frac{\Delta y}{\Delta x}$$

其中，α 为 $\Delta \vec{r}$ 与 x 轴的夹角。

路程 Δs： 质点实际运动的轨迹长度。

一般情况下，$|\Delta \vec{r}| \neq \Delta s$，$|\mathrm{d} \vec{r}| = \mathrm{d}s$。

注意：$\Delta r = \Delta |\vec{r}| = |\vec{r}_1| - |\vec{r}_2|$ 为位置矢量大小的增量。

2. 速度

速度是描述物体运动快慢和方向的物理量。

Δt 时间间隔内的平均速度为

$$\bar{\vec{v}} = \frac{\Delta \vec{r}}{\Delta t}$$

瞬时速度（简称速度）$\vec{v}$ 为

$$\vec{v} = \frac{\mathrm{d} \vec{r}}{\mathrm{d}t}$$

某点的瞬时速度方向为沿曲线在该点的切线方向。

在平面直角坐标系中速度的表达式为

$$\vec{v} = v_x \, \vec{i} + v_y \, \vec{j} = \frac{\mathrm{d}x}{\mathrm{d}t} \vec{i} + \frac{\mathrm{d}y}{\mathrm{d}t} \vec{j}$$

其大小和方向分别为

$$v = \sqrt{v_x^2 + v_y^2}$$

$$\tan\varphi = \frac{v_y}{v_x}$$

其中，φ 为 $\vec{v}$ 与 x 轴的夹角。

瞬时速率（简称速率）： 在单位时间内质点所通过的路程，即

$$v = \frac{\mathrm{d}s}{\mathrm{d}t}$$

瞬时速度与瞬时速率的关系为

$$|\vec{v}| = v$$

3. 加速度

加速度是描述速度变化快慢和方向的物理量。

瞬时加速度（简称加速度）$\vec{a}$ 为

$$\vec{a} = \frac{\mathrm{d}\,\vec{v}}{\mathrm{d}t} = \frac{\mathrm{d}^2\,\vec{r}}{\mathrm{d}t^2}$$

$\vec{a}$ 的方向总是指向曲线的凹侧。

在平面直角坐标系中加速度的表达式为

$$\vec{a} = a_x\,\vec{i} + a_y\,\vec{j} = \frac{\mathrm{d}v_x}{\mathrm{d}t}\vec{i} + \frac{\mathrm{d}v_y}{\mathrm{d}t}\vec{j} = \frac{\mathrm{d}^2 x}{\mathrm{d}t^2}\vec{i} + \frac{\mathrm{d}^2 y}{\mathrm{d}t^2}\vec{j}$$

其大小和方向分别为

$$a = \sqrt{a_x^2 + a_y^2}$$

$$\tan\beta = \frac{a_y}{a_x}$$

其中，β 为 $\vec{a}$ 与 x 轴的夹角。

4. 直线运动的运动学量

质点沿 x 轴做直线运动时，在任意时刻的运动方程、位移、速度和加速度分别为

$$r = x$$

$$\Delta r = \Delta x$$

$$v = \frac{\mathrm{d}x}{\mathrm{d}t}$$

$$a = \frac{\mathrm{d}v}{\mathrm{d}t} = \frac{\mathrm{d}^2 x}{\mathrm{d}^2 t}$$

当它们为正值时，方向与 x 轴正方向相同，为负值时，与 x 轴正方向相反。

（三）圆周运动和曲线运动

1. 法向加速度和切向加速度

自然坐标系： 以运动质点为坐标原点，切向坐标轴沿质点所在位置的切线并指向质点的运动方向，其单位矢量用 $\vec{e}_\tau$ 表示，法向坐标轴与切线垂直并沿曲率半径指向曲率中心，单位矢量用 $\vec{e}_n$ 表示。

加速度在自然坐标系中的表示为

$$\vec{a} = a_n\,\vec{e}_n + a_\tau\,\vec{e}_\tau = \frac{v^2}{r}\vec{e}_n + \frac{\mathrm{d}v}{\mathrm{d}t}\vec{e}_\tau$$

法向加速度 $\vec{a}_n$ 描述速度方向随时间变化的快慢，切向加速度 $\vec{a}_\tau$ 描述速度大小随时间变化的快慢。

当质点做圆周运动时，设加速度 $\vec{a}$ 与 $\vec{v}$ 之间的夹角为 β，将 $\vec{a}$ 分解成法向加速度 $\vec{a}_n$ 和切向加速度 $\vec{a}_\tau$，则加速度 $\vec{a}$ 的大小和方向分别为

$$a = \sqrt{a_n^2 + a_\tau^2}, \quad \tan\beta = \frac{a_n}{a_\tau}$$

当 $0 < \beta < \pi/2$ 时，$\vec{a}_\tau$ 与 $\vec{v}$ 的方向相同，质点做加速圆周运动；当 $\beta = \pi/2$ 时，$\vec{a}_\tau = 0$，质点做匀速圆周运动时；当 $\pi/2 < \beta < \pi$ 时，$\vec{a}_\tau$ 与 $\vec{v}$ 的方向相反，质点做减速圆周运动。

质点做曲线运动时，如果引入曲率圆和曲率半径的概念，也可以法向加速度和切向加速度的理论解决曲线运动问题，不过法向加速度中的曲率半径 r 不再是常量。

2. 圆周运动的角量描述

角坐标 θ：设做圆周运动的质点在 t 时刻位于 P 点，从圆心 O 点向 P 点做矢量 $\vec{r}$，角坐标 θ 指 $\vec{r}$ 与参考轴 x 正方向的夹角。

质点的运动方程：角坐标随时间变化的函数，即

$$\theta = \theta(t)$$

角位移 $\Delta\theta$：经过 Δt 时间矢量 $\vec{r}$ 转过的角度。

角坐标和角位移的方向：相对于 x 轴正方向，逆时针转向的角坐标和角位移为正，反之为负。

角速度 ω：角坐标随时间的变化率，即

$$\omega = \frac{\mathrm{d}\theta}{\mathrm{d}t}$$

角加速度 α：角速度随时间的变化率，即

$$\alpha = \frac{\mathrm{d}\omega}{\mathrm{d}t}$$

匀变速圆周运动公式为

$$\omega = \omega_0 + \alpha t$$

$$\Delta\theta = \omega_0 t + \frac{1}{2}\alpha t^2$$

$$\omega^2 = \omega_0^2 + 2\alpha\Delta\theta$$

$$\frac{\Delta\theta}{t} = \frac{\omega_0 + \omega}{2}$$

3. 圆周运动的线量与角量关系

质点在 Δt 时间内通过的弧长 Δs 与对应的角位移 $\Delta\theta$ 的关系为

$$\Delta s = r\Delta\theta$$

速率与角速度的关系为

$$v = r\omega$$

切向加速度与角加速度的关系为

$$a_\tau = r\alpha$$

法向加速度与角速度的关系为

$$a_n = r\omega^2$$

（四）相对运动

静止坐标系：在地面上建立的坐标系。

运动坐标系：相对于地面运动的坐标系。

设运动坐标系相对于静止坐标系做平动。

速度合成定理：质点相对静止坐标系的速度 $\vec{v}$（称为绝对速度）等于质点相对运动坐标系的速度 $\vec{v}'$（称为相对速度）加上运动坐标系相对静止坐标系的速度 $\vec{v}_0$（称为牵连速度），即

$$\vec{v} = \vec{v}' + \vec{v}_0$$

加速度合成定理：质点相对静止坐标系的加速度 $\vec{a}$（称为绝对加速度）等于质点相对

运动坐标系的加速度 $\vec{a}'$（称为相对加速度）加上运动坐标系相对静止坐标系的加速度（称为牵连加速度 $\vec{a}_0$），即

$$\vec{a} = \vec{a}' + \vec{a}_0$$

二、思考与讨论题目详解

1. 质点运动的基本概念

（1）已知一个做直线运动的质点的运动方程为

$$x = 3t - 2t^3 + 1$$

式中的各个物理量均采用国际单位。试求该质点的加速度表达式。加速度的方向如何？

【答案： $a = -12t$；沿 x 轴负方向**】**

详解： 对运动方程中的时间 t 求二阶导数，得该质点的加速度表达式

$$a = -12t$$

由于加速度 a 与时间 t 有关，因此质点做变加速直线运动。又由于质点在运动过程中 $t > 0$，因此，$a < 0$，即加速度沿 x 轴的负方向。

（2）有一个质点沿直线运动，它的运动学方程为

$$x = 5t - t^2$$

式中的各个物理量均采用国际单位。试计算在 $0 \sim 2\text{s}$ 的时间间隔内，质点的位移大小和走过的路程分别为多少。

【答案： $|\Delta x| = 6\text{m}$；$\Delta s = 6\text{m}$**】**

详解： 由题意得在 $t = 0$ 和 $t = 2\text{s}$ 时刻质点的位置坐标分别为

$$x_0 = 0，x_2 = 6\text{m}$$

因此，在 $0 \sim 2\text{s}$ 的时间间隔内，质点的位移大小为

$$|\Delta x| = |x_2 - x_0| = 6 \ (\text{m})$$

对运动方程中的时间 t 求导，得该质点的速度表达式

$$v = \frac{\text{d}x}{\text{d}t} = 5 - 2t$$

在上式中，令 $v = 0$，得 $t = 2.5\text{s}$，即在 $t = 2\text{s}$ 时刻质点还没有到达最远点，在 $0 \sim 2\text{s}$ 的时间间隔内，质点始终向一个方向移动。因此在这段时间内的质点走过的路程为

$$\Delta s = |\Delta x| = 6 \ (\text{m})$$

（3）某质点沿 x 轴做直线运动，其运动方程为

$$x = 1 + 5t + 10t^2 - t^3$$

式中的各个物理量均采用国际单位。则：

1）质点在 $t = 0$ 时刻的速度 v_0 为多少？

2）当加速度为零时，该质点的速度 v 为多少？

【答案： $v_0 = 5\text{m/s}$；$v = 38.3\text{m/s}$**】**

详解： 1）对运动方程中的时间 t 求导，得该质点的速度表达式为

$$v = \frac{\text{d}x}{\text{d}t} = 5 + 20t - 3t^2$$

在上式中，令 $t=0$ 得质点的初速度为

$$v_0 = 5\text{m/s}$$

2）对速度表达式中的时间 t 求导，得该质点的加速度表达式为

$$a = \frac{\mathrm{d}v}{\mathrm{d}t} = 20 - 6t$$

在上式中，令 $a=0$ 得 $t=10/3\text{s}$，将时间 $t=10/3\text{s}$ 代入速度表达式中，即得加速度为零时该质点的速度为

$$v = 38.3\text{m/s}$$

（4）有一个质点沿 x 方向运动，其加速度随时间变化的关系式为

$$a = 2t + 3$$

式中的各个物理量均采用国际单位。如果开始时质点的速度 $v_0=5\text{m/s}$，则当 $t=3\text{s}$ 时，质点的速度 v 为多少？

【答案：$v=23\text{m/s}$】

详解： 由于 $a=\dfrac{\mathrm{d}v}{\mathrm{d}t}=2t+3$，因此

$$\mathrm{d}v = (2t+3)\mathrm{d}t$$

依题意，对上式两边积分，有

$$\int_{v_0}^{v_3} \mathrm{d}v = \int_0^3 (2t+3)\mathrm{d}t$$

即

$$v_3 - v_0 = (t^2 + 3t)\Big|_0^3 = 18 \ (\text{m/s})$$

所以，当 $t=3\text{s}$ 时，质点的速度为

$$v_3 = v_0 + 18 = 23 \ (\text{m/s})$$

（5）如图 1-1（a）所示，水面上有一只小船，有人用绳绕过岸上一定高度处的定滑轮拉静水中的船向岸边运动。设该人以匀速率 u 收绳子，假设绳子不能伸长。请描述小船的加速度的变化情况。

【答案：小船做变加速直线运动】

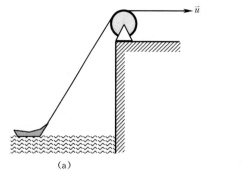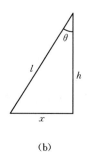

图 1-1

详解： 如图 1-1（b）所示，设河岸的高度为 h，某时刻 t 小船到河岸的距离为 x，拉船的绳长为 l。由勾股定理得

$$l^2 = h^2 + x^2$$

对上式中的时间 t 求导，注意到河岸高度 h 不随时间变化，得

$$2l \frac{dl}{dt} = 2x \frac{dx}{dt}$$

其中，$\frac{dl}{dt} = -u$（负号是由于 l 随时间 t 减小）、$\frac{dx}{dt} = -v$（v 是小船的运动速率，负号是由于 x 随时间 t 减小）、$\frac{x}{l} = \sin\theta$（θ 为拉船的绳与河岸的之间的夹角），上式可以改写为

$$v = \frac{u}{\sin\theta}$$

在小船向河岸运动过程中，θ 逐渐减小，而收绳速度 u 不变，因此 v 逐渐增大，即小船做加速直线运动。又由于 v 不是随时间 t 均匀增大，因此，小船做变加速直线运动。

2. 曲线运动

（1）一运动质点在某瞬时位于矢径 $\vec{r}$（x，y）的端点处，下列公式中的哪些表示其速度大小？

①$\dfrac{dr}{dt}$；②$\dfrac{d\vec{r}}{dt}$；③$\dfrac{|d\vec{r}|}{dt}$；④$\dfrac{d|\vec{r}|}{dt}$；⑤$\sqrt{\left(\dfrac{dx}{dt}\right)^2 + \left(\dfrac{dy}{dt}\right)^2}$；⑥$\dfrac{ds}{dt}$

【答案：③、⑤、⑥】

详解：①和④都表示位置矢量的长度随时间变化的快慢；②表示质点的运动速度，而不是速度的大小；③是在求出质点运动速度的基础上求速度大小；⑤是在已知质点运动速度分量的基础上求速度大小；⑥表示速率，而速率就等于速度的大小。因此，符合题意要求的公式是③、⑤、⑥。

（2）某物体以速度 $\vec{v}_0$ 水平抛出，测得它落地时的速度为 $\vec{v}_t$，那么它空中运动了多长时间？

【答案：$t = \dfrac{\sqrt{v_t^2 - v_0^2}}{g}$】

详解：由于物体落地时速度的水平分量为 v_0，竖直分量为 gt，因此

$$v_t^2 = (gt)^2 + v_0^2$$

由此得物体在空中运动的时间为

$$t = \frac{\sqrt{v_t^2 - v_0^2}}{g}$$

（3）在高台上分别沿 30° 仰角方向和水平方向，以同样的速率抛出两颗小石子，在忽略空气阻力的情况下，它们落地时速度的大小是否相同？方向是否相同？

【答案：速度大小相同，方向不相同。】

详解：设高台距地面的高度为 h，小石子抛出时的速率为 v_0。

当小石子水平抛出时，落地时速度的水平分量为 v_0，竖直分量 v_t 由下式确定

$$v_t^2 = 2gh$$

因此，小石子落地时的速度大小为

$$v_1 = \sqrt{v_0^2 + v_t^2} = \sqrt{v_0^2 + 2gh}$$

这时的速度与水平方向的夹角为

$$\theta_1 = \arctan\frac{v_t}{v_0} = \arctan\frac{\sqrt{2gh}}{v_0}$$

当小石子沿 30° 仰角方向抛出时，落地时速度的水平分量为

$$v_{//} = v_0\cos30°$$

竖直分量由下式确定

$$v_\perp^2 = (v_0\sin30°)^2 + 2gh$$

因此，小石子落地时的速度大小为

$$v_2 = \sqrt{v_{//}^2 + v_\perp^2} = \sqrt{(v_0\cos30°)^2 + (v_0\sin30°)^2 + 2gh} = \sqrt{v_0^2 + 2gh}$$

这时的速度与水平方向的夹角为

$$\theta_2 = \arctan\frac{v_\perp}{v_{//}} = \arctan\frac{\sqrt{(v_0\sin30°)^2 + 2gh}}{v_0\cos30°}$$

可见，它们落地时速度的大小相同，但方向并不相同。

（4）某质点沿半径为 R 的圆周运动，运动学方程为 $\theta = t^2 + 3$，公式中的各个物理量均采用国际单位。则 t 时刻质点的角加速度、法向加速度和切向加速度的大小分别为多少？

【答案： $\alpha = 2\mathrm{rad/s^2}$；$a_\mathrm{n} = 4Rt^2$；$a_\tau = 2R$ **】**

详解： t 时刻质点的角速度和角加速度分别为

$$\omega = \frac{\mathrm{d}\theta}{\mathrm{d}t} = 2t，\ \alpha = \frac{\mathrm{d}\omega}{\mathrm{d}t} = 2$$

法向加速度和切向加速度的大小分别为

$$a_\mathrm{n} = R\omega^2 = 4Rt^2，\ a_\tau = R\alpha = 2R$$

（5）某物体做如图 1-2（a）所示的斜抛运动，测得在轨道 A 点处速度的大小为 v，其方向与水平方向夹角成 30°。则物体在该点的切向加速度的大小为多少？轨道的曲率半径为多少？

【答案： $a_\tau = -\dfrac{1}{2}g$；$R = \dfrac{2\sqrt{3}v^2}{3g}$ **】**

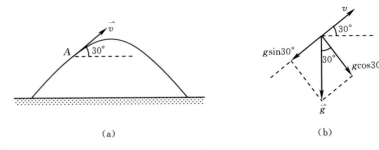

（a）　　　　　　　　　　　　　（b）

图 1-2

详解： 如图 1-2（b）所示，在空中运动的物体只有重力加速度，将其分解为与速度平行和垂直的分量，其中与速度平行的分量为切向加速度，即

$$a_\tau = -g\sin 30° = -\frac{1}{2}g$$

其中，负号表示切向加速度的方向与速度方向相反。

与速度垂直的分量为法向加速度，即

$$g\cos 30° = \frac{v^2}{R}$$

由此得轨道的曲率半径为

$$R = \frac{v^2}{g\cos 30°} = \frac{2\sqrt{3}v^2}{3g}$$

（6）距直河岸 400m 处有一艘静止的巡航舰，舰上的探照灯以 $n = 1.5\text{r/min}$ 的转速转动。当光束与岸边成 30° 角时，光束沿岸边移动的速度大小为多少？

【答案：251.3m/s】

详解：根据题意得如图 1-3 所示的示意图，由几何关系得

$$x = h\tan\omega t$$

上式两边对时间 t 求导，得光束沿岸边移动的速度大小为

$$v = \frac{\mathrm{d}x}{\mathrm{d}t} = \frac{\omega h}{\cos^2\omega t} = \frac{2\pi n h}{\cos^2\omega t}$$

当光束与岸边成 30° 角时，$\omega t = 60°$，这时光束沿岸边移动的速度大小为

$$v = \frac{2\pi \times 1.5/60 \times 400}{\cos^2 60°} = 251.3\ (\text{m/s})$$

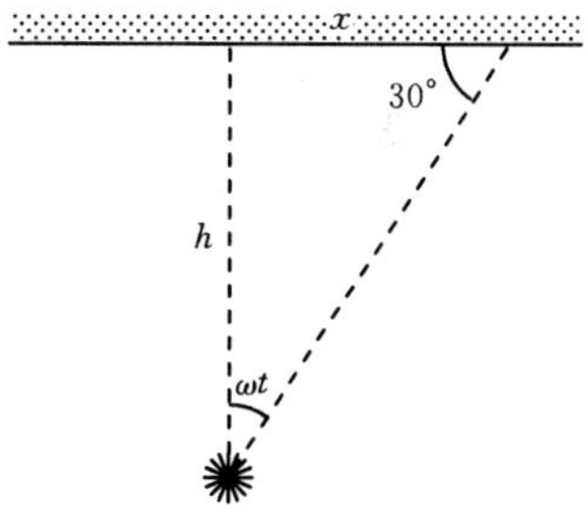

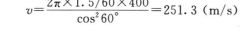

图 1-3

（7）在 xOy 平面内有一个运动质点，其运动学方程为

$$\vec{r} = 4\cos 2t\ \vec{i} + 4\sin 2t\ \vec{j}$$

式中的各个物理量均采用国际单位。则在任意时刻 t 该质点的速度为多少？其切向加速度的大小为多少？该质点运动的轨迹是什么图形？

【答案：$\vec{v} = (-8\sin 2t\ \vec{i} + 8\cos 2t\ \vec{j})\text{m/s}$；0；圆】

详解：由速度的定义式得该质点在任意时刻 t 的速度为

$$\vec{v} = \frac{\mathrm{d}\vec{r}}{\mathrm{d}t} = -8\sin 2t\ \vec{i} + 8\cos 2t\ \vec{j}\ (\text{m/s})$$

该质点运动的速度大小为

$$v = \sqrt{v_x^2 + v_y^2} = 8\ (\text{m/s})$$

因此，其切向加速度的大小为

$$a_\tau = \frac{\mathrm{d}v}{\mathrm{d}t} = 0$$

该质点运动的轨迹方程为

$$x^2 + y^2 = 4^2$$

因此，该质点的运动轨迹是圆心在坐标原点、半径为 4m 的圆。

（8）某质点做半径为 0.5m 的圆周运动，在 $t = 0$ 时经过 P 点，此后它的速率按 $v =$

$(2+5t)$m/s 的规律变化。则质点沿圆周运动一周再经过 P 点时的切向加速度和法向加速度的大小分别为多少？

【答案：$a_\tau=5$m/s²；$a_n=70.8$m/s²】

详解： 该质点在任意时刻 t 的切向加速度大小为

$$a_\tau=\frac{\mathrm{d}v}{\mathrm{d}t}=5\ (\mathrm{m/s^2})$$

质点的这种运动类似于匀加速直线运动，将它们类比得

$$v^2=v_0^2+2a_\tau s$$

因此，质点在任意时刻 t 的法向加速度为

$$a_n=\frac{v^2}{R}=\frac{v_0^2+2a_\tau s}{R}$$

上式中，$v_0=2$m/s，$a_\tau=5$m/s²，当质点沿圆周运动一周再经过 P 点时，$s=2\pi R$，这时质点的法向加速度大小为

$$a_n=70.8\mathrm{m/s^2}$$

3. 相对运动

（1）在相对于地面静止的坐标系 S 内，A、B 二船都以 3m/s 的速率匀速行驶，A 船沿 y 轴正方向，B 船沿 x 轴正方向。今在 B 船上设置与静止坐标系 S 方向相同的坐标系 S'（x'、y' 方向的单位矢量也用 $\vec{i}$、$\vec{j}$ 表示），那么在 B 船上的坐标系 S' 中，A 船的速度为多少？

【答案：$(-3\vec{i}+3\vec{j})$m/s】

详解： 依题意，B 船相对于地面的速度为牵连速度 $\vec{u}=3\vec{i}$m/s，A 船相对于地面的速度为绝对速度 $\vec{v}=3\vec{j}$m/s，根据速度合成定理 $\vec{v}=\vec{v}'+\vec{u}$ 得 A 船相对 B 船的速度为

$$\vec{v}'=\vec{v}-\vec{u}=-3\vec{i}+3\vec{j}\ (\mathrm{m/s})$$

（2）小船从岸边 P 点开始渡河，如果该船始终与河岸垂直向前划，则经过时间 t_1 到达对岸下游 A 点；如果小船以同样的速率划行，但垂直河岸横渡到正对岸 B 点，则需要与 P、B 两点连线成 α 角逆流划行，经过时间 t_2 到达 B 点。若 A、B 两点之间的距离为 S，则这条河的宽度是多少？α 角等于多少？

【答案：$l=\dfrac{t_2}{\sqrt{t_2^2-t_1^2}}S$；$\alpha=\arccos\dfrac{t_1}{t_2}$】

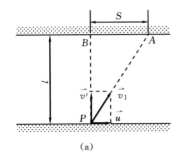
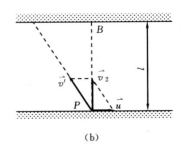

(a)　　　　　　　　　　　　　　(b)

图 1-4

详解： 设水流速度为 $\vec{u}$，小船的划行速度为 $\vec{v}'$，河的宽度为 l。当小船始终与河岸垂直向前划行时，依题意得示意图 1-4（a），这时有

$$S = ut_1 \qquad \qquad ①$$

$$l = v't_1 \qquad \qquad ②$$

当小船以同样的速率划行，并且垂直河岸横渡到正对岸 B 点时，依题意得示意图 1-4（b），这时有

$$v'\sin\alpha = u \qquad \qquad ③$$

$$l = v'\cos\alpha t_2 \qquad \qquad ④$$

由式②、式④得

$$v't_1 = v'\cos\alpha t_2$$

因此，α 角为

$$\alpha = \arccos\frac{t_1}{t_2} \qquad \qquad ⑤$$

由式①得 $u = \dfrac{S}{t_1}$，将其代入式③得

$$v' = \frac{S}{t_1\sin\alpha}$$

将其代入式②得

$$l = \frac{S}{\sin\alpha}$$

由式⑤得

$$\sin\alpha = \sqrt{1 - \cos^2\alpha} = \frac{\sqrt{t_2^2 - t_1^2}}{t_2}$$

将其代入上式即得河的宽度为

$$l = \frac{t_2}{\sqrt{t_2^2 - t_1^2}}S \qquad \qquad ⑥$$

（3）有两条交叉成 φ 角的直公路，两辆汽车分别以速率 v 和 u 沿两条公路行驶，则一辆汽车相对另一辆汽车的速度大小是多少？

【**答案：** $\sqrt{v^2 + u^2 - 2vu\cos\varphi}$ 或 $\sqrt{v^2 + u^2 + 2vu\cos\varphi}$】

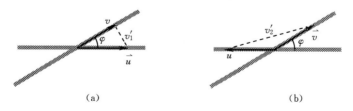

（a）　　　　　　　　　　　　（b）

图 1-5

详解： 由题意和速度合成定理得两种情况的示意图如图 1-5 所示，由图 1-5（a）得两辆汽车的相对速度大小为

$$v_1' = \sqrt{v^2 + u^2 - 2vu\cos\varphi}$$

由图 1-5（b）得两辆汽车的相对速度大小为

$$v_2' = \sqrt{v^2 + u^2 - 2vu\cos(\pi - \varphi)} = \sqrt{v^2 + u^2 + 2vu\cos\varphi}$$

（4）轮船在水上以相对于水的速度 $\vec{v}_1$ 航行，水流速度为 $\vec{v}_2$，某人在轮船上相对于甲板以速度 $\vec{v}_3$ 行走。如果此人相对于河岸静止，则 $\vec{v}_1$、$\vec{v}_2$ 和 $\vec{v}_3$ 的关系怎样？

【答案：$\vec{v}_1 + \vec{v}_2 + \vec{v}_3 = 0$】

详解： 依题意和速度合成定理可知，轮船相对于河岸的速度为

$$\vec{v}_{CA} = \vec{v}_1 + \vec{v}_2$$

人相对于河岸的速度为

$$\vec{v}_{RA} = \vec{v}_{CA} + \vec{v}_3 = \vec{v}_1 + \vec{v}_2 + \vec{v}_3$$

由于人相对于河岸静止，即 $\vec{v}_{RA} = 0$，因此

$$\vec{v}_1 + \vec{v}_2 + \vec{v}_3 = 0$$

（5）当一列火车以 20m/s 的速度向东行驶时，如果相对于地面竖直下落的雨滴在火车的窗子上形成的雨迹偏离竖直方向 30°，则雨滴相对于地面的速度是多少？相对于火车的速度是多少？

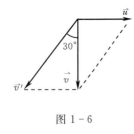

图 1-6

【答案：$v = 34.6$m/s；$v' = 40$m/s】

详解： 依题意和速度合成定理得示意图如图 1-6 所示。因此，雨滴相对于地面的速度和相对于火车的速度分别为

$$v = \frac{u}{\tan 30°} = \sqrt{3}u = 34.6 \ (\text{m/s})$$

$$v' = \frac{u}{\sin 30°} = 2u = 40 \ (\text{m/s})$$

三、课后习题解答

（1）一个质点沿 x 轴运动，其加速度 a 与位置坐标 x 的关系为

$$a = 1 + 3x^2$$

式中的各个物理量均采用国际单位。如果质点在坐标原点处的速度为零，试求其在任意位置处的速度。

解： 设质点在 x 处的速度为 v，将加速度的定义式变换为

$$a = \frac{\mathrm{d}v}{\mathrm{d}t} = \frac{\mathrm{d}v}{\mathrm{d}x}\frac{\mathrm{d}x}{\mathrm{d}t} = v\frac{\mathrm{d}v}{\mathrm{d}x}$$

所以

$$v\frac{\mathrm{d}v}{\mathrm{d}x} = 1 + 3x^2$$

将上式分离变量得

$$v\mathrm{d}v = (1 + 3x^2)\mathrm{d}x$$

依题意，对上式做定积分，有

$$\int_0^v v\mathrm{d}v = \int_0^x (1 + 3x^2)\mathrm{d}x$$

积分得

$$\frac{1}{2}v^2 = x + x^3$$

因此，质点在任意位置处的速度为

$$v = \pm\sqrt{2(x + x^3)}$$

其中，正负号表示质点既可能沿 x 轴正方向运动，也可能沿 x 轴负方向运动。

（2）一个质点以速度 v_0、加速度 a_0 开始做直线运动，此后加速度随时间均匀增加，经过时间 T 后加速度为 $2a_0$，经过时间 $2T$ 后加速度为 $3a_0$，…。求经过时间 nT 后该质点的加速度、速度和走过的距离。

解： 由于加速度随时间均匀增加，因此可以设质点的加速度为

$$a = a_0 + kt$$

由于 $t = T$ 时，$a = 2a_0$，因此 $k = \dfrac{a_0}{T}$，质点的加速度表达式为

$$a = a_0 + \frac{a_0}{T}t$$

由 $a = \dfrac{\mathrm{d}v}{\mathrm{d}t}$ 得

$$\mathrm{d}v = a\,\mathrm{d}t = a_0\left(1 + \frac{t}{T}\right)\mathrm{d}t$$

依题意，对上式做定积分，有

$$\int_{v_0}^{v}\mathrm{d}v = a_0\int_{0}^{t}\left(1 + \frac{t}{T}\right)\mathrm{d}t$$

积分得质点的速度表达式为

$$v = v_0 + a_0 t + \frac{a_0}{2T}t^2$$

由 $v = \dfrac{\mathrm{d}x}{\mathrm{d}t}$ 得

$$\mathrm{d}x = v\,\mathrm{d}t = \left(v_0 + a_0 t + \frac{a_0}{2T}t^2\right)\mathrm{d}t$$

依题意，对上式做定积分，有

$$\int_{0}^{x}\mathrm{d}x = \int_{0}^{t}\left(v_0 + a_0 t + \frac{a_0}{2T}t^2\right)\mathrm{d}t$$

积分得质点的运动方程为

$$x = v_0 t + \frac{1}{2}a_0 t^2 + \frac{a_0}{6T}t^3$$

经过时间 nT 后该质点的加速度、速度和走过的距离分别为

$$a_{nT} = a_0 + \frac{a_0}{T}\cdot nT = (1 + n)T$$

$$v_{nT} = v_0 + a_0\cdot nT + \frac{a_0}{2T}\cdot(nT)^2 = v_0 + \frac{1}{2}n(n + 2)a_0 T$$

$$x_{nT}=v_0 \cdot nT+\frac{1}{2}a_0 \cdot (nT)^2+\frac{a_0}{6T} \cdot (nT)^3=nv_0T+\frac{1}{6}n^2(n+3)a_0T^2$$

（3）一个物体悬挂在弹簧上在竖直方向振动，其加速度 $a=-kx$，其中 k 为常量，取平衡位置为坐标原点。设振动物体在 x_0 处的速度为 v_0。试求速度 v 与坐标 x 的函数关系式。

解： 加速度的定义式可以写为 $a=\dfrac{\mathrm{d}v}{\mathrm{d}t}=v\dfrac{\mathrm{d}v}{\mathrm{d}x}$，由于 $a=-kx$，因此

$$v\frac{\mathrm{d}v}{\mathrm{d}x}=-kx$$

将上式分离变量得

$$v\mathrm{d}v=-kx\mathrm{d}x$$

依题意，对上式做定积分，有

$$\int_{v_0}^{v}v\mathrm{d}v=-\int_{x_0}^{x}kx\mathrm{d}x$$

积分得

$$\frac{1}{2}v^2-\frac{1}{2}v_0^2=-\frac{1}{2}kx^2+\frac{1}{2}x_0^2$$

整理上式即得速度 v 与坐标 x 的函数关系式

$$v^2=v_0^2-k(x^2-x_0^2)$$

（4）有一个质点沿着 x 轴运动，其加速度 $a=2t$。已知质点开始运动时位于 $x_0=8\text{m}$ 处，这时的速度 $v_0=0$。试求其位置和时间的关系式。

解： 由于加速度的定义式为 $a=\dfrac{\mathrm{d}v}{\mathrm{d}t}$，而质点的加速度为 $a=2t$，因此

$$\frac{\mathrm{d}v}{\mathrm{d}t}=2t$$

将上式分离变量得

$$\mathrm{d}v=2t\mathrm{d}t$$

依题意，对上式做定积分，有

$$\int_0^v\mathrm{d}v=\int_0^t2t\mathrm{d}t$$

积分得

$$v=t^2$$

由于速度的定义式为 $v=\dfrac{\mathrm{d}x}{\mathrm{d}t}$，因此

$$\mathrm{d}x=t^2\mathrm{d}t$$

依题意，对上式做定积分，有

$$\int_8^x\mathrm{d}x=\int_0^tt^2\mathrm{d}t$$

积分即得质点的位置和时间的关系式为

$$x=8+\frac{1}{3}t^3\,(\text{m})$$

（5）由楼顶以水平初速度$\vec{v}_0$发射出一颗子弹，取枪口为坐标原点，沿$\vec{v}_0$方向为x轴正方向，竖直向下为y轴正方向，并取发射的瞬间为计时起点，试求：

1）子弹的位置矢量及轨迹方程。

2）子弹在任意时刻t的速度、切向加速度和法向加速度。

解：1）依题意作图如图1-7所示。子弹的位置矢量为

$$x=v_0 t,\ y=\frac{1}{2}gt^2$$

由上式解得子弹的轨迹方程为

$$y=\frac{1}{2}g\left(\frac{x}{v_0}\right)^2=\frac{g}{2v_0^2}x^2$$

2）子弹在任意时刻的速度分量为

$$v_x=v_0,\ v_y=gt$$

因此速度的大小和方向为

$$v=\sqrt{v_x^2+v_y^2}=\sqrt{v_0^2+g^2t^2}$$

$$\alpha=\arctan\frac{gt}{v_0}$$

其中，α为速度与x轴的夹角。

切向加速度的大小为

$$a_\tau=\frac{\mathrm{d}v}{\mathrm{d}t}=\frac{g^2t}{\sqrt{v_0^2+g^2t^2}}$$

切向加速度的方向与速度方向相同。

由于$g^2=a_n^2+a_\tau^2$，因此法向加速度的大小为

$$a_n=\sqrt{g^2-a_\tau^2}=\frac{v_0 g}{\sqrt{v_0^2+g^2t^2}}$$

法向加速度的方向与速度方向垂直。

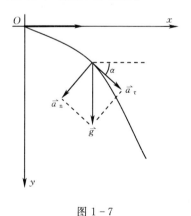

图1-7

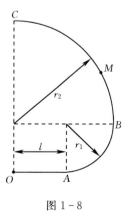

图1-8

（6）质点M在水平面内的运动轨迹如图1-8所示，OA段为长$l=10$m的直线段，AB、BC段分别为半径$r_1=10$m、$r_2=20$m的两个1/4圆周。设$t=0$时，M处在O点，已知运动学方程为

$$S = 5t^2 + 10t$$

公式中的各个物理量均采用国际单位。质点 M 运动到 C 点用了多少时间？$t = 2\text{s}$ 时质点 M 的切向加速度和法向加速度的大小分别为多少？

解：1）质点 M 从 O 点运动到 C 点走过的路程为

$$S = l + \frac{1}{4} \cdot 2\pi r_1 + \frac{1}{4} \cdot 2\pi r_2 = l + \frac{\pi}{2}(r_1 + r_2) = 10 + 15\pi \ (\text{m})$$

将该值代入运动学方程 $S = 5t^2 + 10t$ 中，整理得

$$t^2 + 2t - (2 + 3\pi) = 0$$

解之得质点 M 从 O 点运动到 C 点所用的时间为

$$t = 3.5\text{s}$$

2）将 $t = 2\text{s}$ 代入运动学方程 $S = 5t^2 + 10t$ 中，得此时质点 M 走过的路程为 40m，由于

$$l + \frac{1}{2}\pi r_1 < 40 < l + \frac{1}{2}\pi(r_1 + r_2)$$

因此，此时质点 M 在半径为 20m 的大圆上。

质点 M 的速度的表达式为

$$v = \frac{\mathrm{d}S}{\mathrm{d}t} = 10t + 10$$

因此，$t = 2\text{s}$ 时质点 M 的切向加速度和法向加速度的大小分别为

$$a_\tau = \frac{\mathrm{d}v}{\mathrm{d}t} = 10 \ (\text{m/s}^2)$$

$$a_n = \frac{v^2}{r_2} = 45 \ (\text{m/s}^2)$$

（7）某质点做半径为 R 的圆周运动。质点所经过的弧长与时间的关系为

$$S = at^2 + bt$$

其中，a、b 是大于零的常量。在什么时刻质点的切向加速度与法向加速度大小相等？

解：质点的速率为

$$v = \frac{\mathrm{d}S}{\mathrm{d}t} = 2at + b$$

因此，切向加速度和法向加速度大小分别为

$$a_\tau = \frac{\mathrm{d}v}{\mathrm{d}t} = 2a$$

$$a_n = \frac{v^2}{R} = \frac{(2at + b)^2}{R}$$

依题意有

$$\frac{(2at + b)^2}{R} = 2a$$

由此解得质点的切向加速度与法向加速度大小相等的时刻为

$$t = \frac{\sqrt{2aR} - b}{2a}$$

(8) 质点在重力场中做斜上抛运动，初速度大小为 v_0，与水平方向成 α 角。忽略空气阻力，求质点到达与抛出点同一高度时的切向加速度、法向加速度的大小以及该时刻质点所在处轨迹的曲率半径。

解：在质点运动过程中，质点的总加速度大小为 g。由于没有阻力作用，因此它落回到与抛出点同一高度处时，速度大小 v_0，方向与水平线夹角也是 α。

由示意图 1－9 得质点在此处的切向加速度和法向加速度的大小分别为

$$a_\tau = g\sin\alpha$$

$$a_n = g\cos\alpha$$

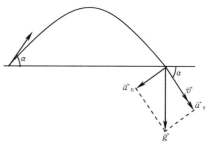

图 1－9

由于法向加速度的大小 $a_n = \dfrac{v^2}{r}$，因此该时刻质点所在处轨迹的曲率半径为

$$r = \frac{v^2}{a_n} = \frac{v_0^2}{g\cos\alpha}$$

(9) 河水自西向东流动，速度大小为 15km/h。一艘轮船在水中航行，船相对于河水的航向为北偏西 30°，相对于河水的航速大小为 30km/h。此时风向为正西，风速大小为 15km/h。艘轮上烟囱冒出的烟缕离开烟囱后马上就获得与风相同的速度，试求在船上观察到的烟缕飘向。

解：首先求轮船相对地面的速度。

已知水相对地面的速度大小为 $v_{we} = 15$km/h，方向沿正东。轮船相对水的速度大小为 $v_{sw} = 30$km/h，方向为北偏西 30°。因此轮船相对地面的速度为

$$\vec{v}_{se} = \vec{v}_{sw} + \vec{v}_{we}$$

由上式得矢量图 1－10（a）。由该图的几何关系容易得出，轮船相对地面的速度方向沿正北，其大小

$$v_{se} = v_{sw}\cos30° = 15\sqrt{3} \ (\text{km/h})$$

然后求在船上观察到的烟缕飘向。

由题意可知烟缕相对地面的速度大小为 $v_{fe} = 15$km/h，方向沿正西。已求得轮船相对地面速度，则烟缕相对轮船的速度为

$$\vec{v}_{fs} = \vec{v}_{se} - \vec{v}_{fe}$$

由上式得矢量图 1－10（b）。由该图的几何关系得

$$\alpha = \arctan\frac{v_{fe}}{v_{se}} = 30°$$

即在船上观察烟缕的飘向为南偏西 30°。

(10) 某飞机相对于空气以恒定速率 v 沿正方形轨道飞行，在无风天气测得其运动周期为 T。若有恒定小风沿平行于正方形的一对边吹来，风速为 $u = kv(k \ll 1)$。如果飞机相对于地面仍然沿原正方形轨道飞行，则该飞机飞行的周期将增加多少？

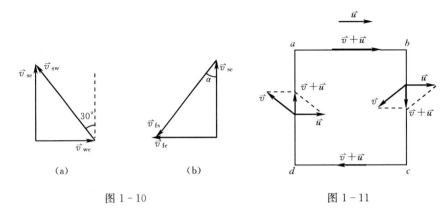

图 1-10 图 1-11

解：设飞机沿图 1-11 中的正方形 abcd 轨道飞行，其边长为 L。恒定小风平行 ab 和 dc 边。在无风天气有

$$L = \frac{1}{4} vT$$

在有风天气为使飞机仍在正方形轨道上飞行，飞机在每条边上的飞行情况方向如图 1-11 所示。

由图 1-11 可知，飞机在 ab、cd 两边的绝对速度大小分别为 $v+u$、$v-u$，在 bc、da 两边的绝对速度大小相等，均为 $\sqrt{v^2-u^2}$，因此新的运动周期为

$$T' = \frac{L}{v+u} + \frac{L}{v-u} + \frac{2L}{\sqrt{v^2-u^2}}$$

$$= \frac{L}{v} \left[\frac{1}{1+u/v} + \frac{1}{1-u/v} + \frac{2}{\sqrt{1-(u/v)^2}} \right]$$

已知 $u = kv$，因此，上式变为

$$T' = \frac{L}{v} \left(\frac{1}{1+k} + \frac{1}{1-k} + \frac{2}{\sqrt{1-k^2}} \right)$$

由于 $k \ll 1$，因此将上式展开成幂级数，有

$$T' \approx \frac{L}{v} \left[(1-k+k^2) + (1+k+k^2) + 2\left(1+\frac{1}{2}k^2\right) \right]$$

$$= \frac{L}{v}(4+3k^2) = T\left(1+\frac{3k^2}{4}\right)$$

周期的增加值为

$$\Delta T = T' - T = \frac{3}{4}k^2 T$$

（11）一无顶盖的电梯以恒定速率 $v = 15\text{m/s}$ 上升。当电梯离地面 $h = 5\text{m}$ 高时，电梯中的一个小孩竖直向上抛出一个小球。小球抛出时相对于电梯的速率 $v_0 = 30\text{m/s}$。

1）如果从地面算起，小球能上升的最大高度为多大？

2）小球被抛出以后经过多长时间能够再次回到电梯上？

解：1）小球相对于地面的初速度大小为

$$V_0 = v_0 + v = 45 \ (\text{m/s})$$

$$\Delta T = T' - T = \frac{3}{4}k^2 T$$

小球抛出后上升的高度为

$$h_0 = \frac{V_0^2}{2g} = 103.3 \ (\text{m})$$

如果从地面算起，小球能上升的最大高度为

$$H = h + h_0 = 108.3 \ (\text{m})$$

2）当小球再回到电梯上时，电梯上升的高度等于小球上升的高度，即

$$vt = (v + v_0)t - \frac{1}{2}gt^2$$

解之得小球被抛出以后，再次回到电梯上时所用的时间为

$$t = \frac{2v_0}{g} = 6.12(\text{s})$$

（12）某人乘坐在一辆游乐平板车上，平板车在平直的轨道上匀加速行驶，其加速度为 a。该人向车行进的斜上方抛出一个小球，设抛球过程中人、球对车的加速度 a 均没有影响，如果他在车中没有移动位置就接住了球，则小球被抛出的方向与竖直方向的夹角 φ 应为多大？

解： 设球抛出时刻车的速度为 v，球相对于车的速度为 v'，与竖直方向成 φ 角，如图 1-12 所示。

在小球抛射过程中，车相对于地面参考系的位移为

$$\Delta x_1 = v_0 t + \frac{1}{2}at^2$$

球的位移为

$$\Delta x_2 = (v_0 + v'\sin\varphi)t$$

$$\Delta y_2 = (v'\cos\varphi)t - \frac{1}{2}gt^2$$

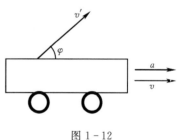

图 1-12

小孩接住球的条件为 $\Delta x_1 = \Delta x_2$，$\Delta y_2 = 0$，即

$$v_0 t + \frac{1}{2}at^2 = (v_0 + v'\sin\varphi)t$$

$$(v'\cos\varphi)t - \frac{1}{2}gt^2 = 0$$

将以上两式化简，得

$$\frac{1}{2}at = v'\sin\varphi$$

$$\frac{1}{2}gt = v'\cos\varphi$$

将以上两式相比，解得

$$\varphi = \arctan\frac{a}{g}$$

四、自我检测题

1. 单项选择题（每题 3 分，共 30 分）

（1）一个质点做直线运动，某时刻的瞬时速度为 $4\mathrm{m/s}$，瞬时加速度为 $-1\mathrm{m/s^2}$，则 3s 以后质点的速度为 〔　　〕。

（A）0； 　　　　（B）$-1\mathrm{m/s}$； 　　　　（C）$1\mathrm{m/s}$； 　　　　（D）不能确定。

（2）一个质点在平面上运动，已知质点位置矢量的表示式为 $\vec{r}=bt^2\,\vec{i}+ct^2\,\vec{j}$（其中 b、c 为常量），则该质点做 〔　　〕。

（A）匀速直线运动； 　　（B）变速直线运动； 　　（C）抛物线运动； 　　（D）一般曲线运动。

（3）对于沿曲线运动的物体，以下几种说法中正确的是 〔　　〕。

（A）切向加速度必不为零；

（B）法向加速度必不为零（拐点处除外）；

（C）若物体做匀速率运动，其总加速度必为零；

（D）若物体的加速度为恒矢量，它一定做匀变速率运动；

（E）由于速度沿切线方向，法向分速度必为零，因此法向加速度必为零。

（4）当质点做曲线运动时，$\vec{r}$ 表示位置矢量，$\vec{v}$ 表示速度，$\vec{a}$ 表示加速度，S 表示路程，a_τ 表示切向加速度，在表达式①$\mathrm{d}v/\mathrm{d}t=a$；②$\mathrm{d}r/\mathrm{d}t=v$；③$\mathrm{d}S/\mathrm{d}t=v$；④$|\mathrm{d}\vec{v}/\mathrm{d}t|=a_\tau$ 中 〔　　〕。

（A）只有①、④是对的； 　　　　（B）只有②、④是对的；

（C）只有②是对的； 　　　　（D）只有③是对的。

（5）某物体的运动规律为 $\mathrm{d}v/\mathrm{d}t=-bv^2t$，其中 b 为大于零的常量。当 $t=0$ 时，初速为 v_0，则速度 v 与时间 t 的函数关系为 〔　　〕。

（A）$\dfrac{1}{v}=\dfrac{1}{2}bt^2+\dfrac{1}{v_0}$； 　　　　（B）$\dfrac{1}{v}=-\dfrac{1}{2}bt^2+\dfrac{1}{v_0}$；

（C）$v=\dfrac{1}{2}bt^2+v_0$； 　　　　（D）$v=-\dfrac{1}{2}bt^2+v_0$。

（6）当一个质点做匀速率圆周运动时 〔　　〕。

（A）切向加速度改变，法向加速度也改变； 　　（B）切向加速度不变，法向加速度改变；

（C）切向加速度不变，法向加速度也不变； 　　（D）切向加速度改变，法向加速度不变。

（7）一个质点在平面上做一般曲线运动，其瞬时速度为 $\vec{v}$，瞬时速率为 v，在某一段时间内的平均速度为 $\overline{\vec{v}}$，平均速率为 $\overline{v}$，则它们之间的关系应该是 〔　　〕。

（A）$|\vec{v}|=v,|\overline{\vec{v}}|\neq\overline{v}$； 　　　　（B）$|\vec{v}|\neq v,|\overline{\vec{v}}|\neq\overline{v}$；

（C）$|\vec{v}|\neq v,|\overline{v}|=\overline{v}$； 　　　　（D）$|\vec{v}|=v,|\overline{\vec{v}}|=\overline{v}$。

（8）一条河在某一段直线岸边同侧有 M、N 两个码头，相距为 $1\mathrm{km}$。甲、乙两人需要从码头 M 到码头 N，再立即由 N 返回 M。甲划船前去，船相对河水的速度为 $4\mathrm{km/h}$；而乙沿岸步行，步行速度也为 $4\mathrm{km/h}$，如果河水流速为 $2\mathrm{km/h}$，方向从 M 到 N，则 〔　　〕。

（A）甲比乙早 2min 回到 M；　　　（B）甲和乙同时回到 M；

（C）甲比乙早 10min 回到 M；　　　（D）甲比乙晚 10min 回到 M。

（9）下列说法中正确的是 ［　　］。

（A）加速度恒定不变时，物体运动方向也不变；

（B）平均速率等于平均速度的大小；

（C）运动物体速率不变时，速度可以变化；

（D）不管加速度如何，平均速率表达式总可以写成 $\bar{v}=(v_1+v_2)/2$（其中 v_1、v_2 分别为初、末速率）。

（10）下列说法中正确的是 ［　　］。

（A）物体的加速度越大，速度也越大；

（B）斜向上抛的物体，在最高点处的速度最小，加速度最大；

（C）做曲线运动的物体有可能在某时刻法向加速度等于零；

（D）一个质点在某时刻的瞬时速度大小为 2m/s，说明它在此后的 1s 内一定要经过 2m 的路程。

2. 填空题（每空 2 分，共 30 分）

（1）甲、乙两辆汽车在笔直的公路上同向行驶，它们从同一条起始线上同时出发，如果从出发点开始计时，则行驶的距离 x 与行驶时间 t 的函数关系式为

$$x_1=2t+3t^2，x_2=3t^2+4t^3$$

式中的各个物理量均采用国际单位。它们刚离开出发点时，行驶在前面的一辆汽车是（　　）；两辆车在行驶的过程中，走过相同的距离的时刻是（　　），甲车相对乙车速度等于为零的时刻是（　　）。

（2）一个质点沿直线运动，其坐标 x 与时间 t 的关系为

$$x=k\mathrm{e}^{-\alpha t}\cos\omega t$$

式中的各个物理量均采用国际单位，k 和 α 都为常数。在时刻 t 质点的加速度为（　　）；质点通过坐标原点的时刻是（　　）。

（3）一盏路灯距地面的高度为 h_1，一个身高为 h_2 的人在灯下以匀速率 v 沿水平直线行走，如图 1-13 所示。该人的头顶在地上的影子 P 点沿地面移动的速度为（　　）。

（4）已知在 x 轴上做变加速直线运动的质点的初速度为 v_0，初始位置为 x_0，加速度与时间的关系式为 $a=kt^2+1$（k 为常量），其速度与时间的关系为（　　）；质点的运动方程为（　　）。

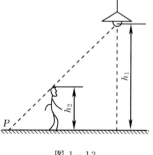

图 1-13

（5）某物体的初速度为 $\vec{v}_0$，在某瞬时从某点开始运动，经 Δt 时间运动长度为 S 的曲线路径后又回到出发点，此时速度为 $-\vec{v}_0$，在这段时间物体的平均速率为（　　）；平均加速度平均速率为（　　）。

（6）某质点做半径为 0.2m 的圆周运动，其运动方程为

$$\theta=t^2+0.5\pi$$

式中的各个物理量均采用国际单位，则该质点的切向加速度为（　　）。

（7）一个转动的齿轮上的齿尖 M 沿半径为 R 的圆周运动，其路程 S 随时间的变化规律为

$$S = at^2 + bt$$

其中，a、b 均为正的常数。t 时刻齿尖 P 的速度大小为（　　）；加速度大小为（　　）。

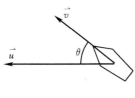

图 1-14

（8）某物体以一定的初速度斜向上抛出，如果忽略空气阻力，当该物体的速度与水平面的夹角为 φ 时，其切向加速度的大小为（　　）；法向加速度的大小为（　　）。

（9）如图 1-14 所示，小船以相对于水的速度 $\vec{v}$ 与水流方向成 θ 角航行，如果水流的速度为 $\vec{u}$，则小船相对于岸的速度与水流方向的夹角为（　　）。

3. 计算题（共 40 分）

（1）某球从高 h 处落向水平地面，与地面碰撞后又上升到 h_1 处，如果每次碰撞后与碰撞前的速度大小之比为常数，则该球在与地面 n 次碰撞后还能升到多高处？（本题 5 分）

（2）有一个质点沿 x 轴做直线运动，其运动方程为

$$x = 9t^2 - 4t^3$$

式中的各个物理量均采用国际单位。试求：①第 3s 内的平均速度；②第 3s 末的瞬时速度；③第 3s 内通过的路程。（本题 5 分）

（3）如图 1-15 所示，质点 P 在水平面内沿半径为 4m 的圆周运动，其角速度 ω 与时间 t 的函数关系为 $\omega = bt^2$（b 为常量）。已知 $t = 2$s 时质点的运动速度大小为 16m/s。试求 $t = 3$s 时质点 P 的速率和加速度大小。（本题 10 分）

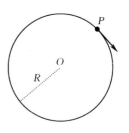

图 1-15

（4）某质点以相对于斜面的速度 $v = \sqrt{2gy}$ 沿斜面从顶端下滑，其中 y 是质点下滑的高度。已知斜面的倾角为 φ，它在地面上以水平速度 u 向质点滑下的正前方运动，求当质点下滑高度为 h（h 小于斜面高度）时，其相对于地面的速度大小和方向。（本题 5 分）

（5）当一列火车以 72km/h 的速率水平向东行驶时，相对于地面匀速竖直下落的雨滴在列车的窗子上形成的雨迹与竖直方向成 30° 的夹角。①雨滴相对于地面和列车的水平分速度分别为多少？②雨滴相对于地面和列车的速率分别为多少？（本题 10 分）

（6）一条小船相对于河水以速率 v 划行。当它在流速为 u 的河水中逆流而上时，有一根木桨落入水中顺流而下，船上人过了 2s 才发觉，随即返回追赶木桨，那么小船要用多少时间才能追上落水木桨？（本题 5 分）

第二章 动量和角动量

一、基本内容

（一）牛顿定律及相关知识

1. 牛顿定律

牛顿第一定律：任何物体都保持静止或匀速直线运动状态，直到其他物体的作用迫使它改变这种状态为止。

惯性：任何物体都具有保持静止或匀速直线运动状态的性质。

力：一个物体对另一个物体的作用称为力。

力是改变物体运动状态的原因。

牛顿第二定律：物体受到外力作用时，物体所获得的加速度的大小与合外力成正比，与物体的质量成反比，加速度的方向与外力的方向相同。即

$$\vec{F} = m\vec{a}$$

质点运动微分方程为

$$\vec{F} = m\frac{d^2\vec{r}}{dt^2}$$

质点运动微分方程在平面直角坐标系中的分量形式为

$$F_x = m\frac{d^2 x}{dt^2}, \ F_y = m\frac{d^2 y}{dt^2}$$

质点运动微分方程自然坐标系中的分量形式为

$$F_n = m\frac{v^2}{r}, \ F_t = m\frac{dv}{dt}$$

牛顿第三定律：两个物体之间的作用力 $\vec{F}$ 和反作用力 $\vec{F}'$，大小相等，方向相反，作用在同一条直线上。即

$$\vec{F} = -\vec{F}'$$

2. 惯性参考系

惯性参考系（简称惯性系）：牛顿定律适用的参考系。

非惯性参考系（非惯性系）：牛顿定律不适用的参考系。

某参考系已知惯性系运动，如果这种运动是匀速直线运动，该参考系就是惯性系；如果是变速运动，该参考系就是非惯性系。

3. 常见的几种力

（1）万有引力、重力。

万有引力：由于物体的质量而存在的相互吸引力。

万有引力定律：两个质点之间的万有引力的方向沿着两个质点的连线方向，引力的大小与两个质点的质量 m_1、m_2 的乘积成正比，与它们之间距离 r 的平方成反比。即

$$F = G_0 \frac{m_1 m_2}{r^2}$$

万有引力常量：$G_0 = 6.67 \times 10^{-11} \text{N} \cdot \text{m}^2 / \text{kg}^2$。

重力：地球对地面附近的物体的作用力。

地面附近的重力加速度为

$$g = G_0 \frac{M_e}{R_e^2}$$

（2）弹性力。

弹性力：相互接触的两个物体发生弹性形变时，企图使物体恢复原状的力。

（3）摩擦力。

摩擦力：当接触并相互挤压的物体存在相对滑动或有相对滑动趋势时，在接触面上产生的阻碍它们相对滑动的力。

静摩擦力：物体有滑动趋势但并未滑动时产生的摩擦力。

静摩擦力 $\vec{F}_{f0}$ 与使物体产生滑动趋势的外力 $\vec{F}$ 之间的关系为

$$\vec{F}_{f0} = -\vec{F}$$

最大静摩擦力为

$$F_{fmax} = \mu_0 F_N$$

其中，μ_0 为静摩擦系数。它与接触面的材料性质、粗糙程度等因素有关。

滑动摩擦力：物体在滑动过程中受到的摩擦力。

$$F_f = \mu F_N$$

其中，μ 为滑动摩擦系数。

4. 力学单位制和量纲

基本量：几个被选出的物理量。

基本单位：基本量的单位。

导出量：由基本量利用定义和定理导出的物理量。

导出单位：导出量的单位。

在 SI 单位制中，力学的基本量是长度 l、质量 m 和时间 t，基本单位分别是米（m）、千克（kg）和秒（s）。

量纲：表示一个物理量是由哪些基本量导出的以及如何导出的式子。

在力学中，用 L、M 和 T 分别表示长度、质量和时间这三个基本量的量纲。

导出力学量 A 的量纲（用 $\dim A$ 表示）与基本量的量纲之间的关系为

$$\dim A = \text{L}^p \text{M}^q \text{T}^r$$

其中，p、q 和 r 称为量纲系数。

（二）质点的动量、冲量和动量定理

动量：质点的质量 m 和它的速度 $\vec{v}$ 的乘积。即

$$\vec{p} = m\vec{v}$$

动量的方向与质点的速度 $\vec{v}$ 方向相同。

牛顿第二定律的普遍形式：质点受到的合外力等于质点的动量对时间的变化率。即

$$\vec{F} = \frac{\mathrm{d}\vec{p}}{\mathrm{d}t}$$

冲量：作用在质点上的力在一段时间内的积累量。即

$$\vec{I} = \int_{t_1}^{t_2} \vec{F}\mathrm{d}t$$

质点动量定理：质点在某段时间内所受合外力的冲量等于质点在同样时间内的动量增量。即

$$\vec{I} = \int_{t_1}^{t_2} \vec{F}\mathrm{d}t = \vec{p}_2 - \vec{p}_1$$

质点动量定理在平面直角坐标系下的分量式为

$$I_x = \int_{t_1}^{t_2} F_x\mathrm{d}t = mv_{2x} - mv_{1x}$$

$$I_y = \int_{t_1}^{t_2} F_y\mathrm{d}t = mv_{2y} - mv_{1y}$$

平均冲力于冲量的关系为

$$\vec{I} = \overline{\vec{F}}(t_2 - t_1) = \overline{\vec{F}}\Delta t$$

冲量的方向与质点动量增量的方向一致，也与平均冲力的方向一致。

用平均冲力表达的动量定理为

$$\vec{I} = \overline{\vec{F}}\Delta t = \vec{p}_2 - \vec{p}_1$$

用平均冲力表达的动量定理的平面直角坐标系分量式为

$$\overline{F}_x\Delta t = mv_{2x} - mv_{1x}$$

$$\overline{F}_y\Delta t = mv_{2y} - mv_{1y}$$

（三）质点系的动量定理和动量守恒定律

1. 质点系动量定理

质点系动量定理：质点系所受的合外力的冲量等于该系统的动量增量。即

$$\vec{I} = \int_{t_1}^{t_2} \vec{F}\mathrm{d}t = \vec{p} - \vec{p}_0$$

其中，$\vec{F} = \sum_{i=1}^{n} \vec{F}_i$ 为质点系受到的合外力，$\vec{p} = \sum_{i=1}^{n} m_i \vec{v}_i$ 和 $\vec{p}_0 = \sum_{i=1}^{n} m_i \vec{v}_{i0}$ 分别为质点系末态和初态的动量。

注意：只有外力才对整个系统的动量变化有贡献，内力不能改变系统的动量。

质点系动量原理在平面直角坐标系下的分量式为：

$$I_x = \int_{t_1}^{t_2} F_x\mathrm{d}t = p_x - p_{x0}$$

$$I_y = \int_{t_1}^{t_2} F_y\mathrm{d}t = p_y - p_{y0}$$

2. 动量守恒定律

动量守恒定律：如果质点系在运动过程所受的合外力 $\sum_{i=1}^{n} \vec{F}_i = 0$，则质点系的总动量

保持不变。即

$$\vec{p} = \vec{p}_0$$

动量守恒定律在平面直角坐标系下的分量式为：

如果 $F_x = \sum_{i=1}^{n} F_{ix} = 0$，则 $\qquad p_x = p_{x0}$

如果 $F_y = \sum_{i=1}^{n} F_{iy} = 0$，则 $\qquad p_y = p_{y0}$

即使整个质点系所受的合外力不为零，但如果合外力在某一方向的分量等于零，系统的总动量在该方向的分量也可以保持不变。

当外力远小于内力时，可以认为系统的动量守恒。

动量定理、动量守恒定律只在惯性参考系中成立。

（四）质点的角动量和角动量守恒定律

1. 角动量和力矩

角动量（或动量矩）：动量为 $\vec{p} = m\vec{v}$ 的质点相对于某定点的位矢为 $\vec{r}$，则该质点相对于这个定点的角动量为

$$\vec{L} = \vec{r} \times \vec{p} = \vec{r} \times m\vec{v}$$

角动量方向为 $\vec{r} \times \vec{p}$ 的方向，其大小为

$$L = pr\sin\theta = mvr\sin\theta = mvd$$

其中，θ 为 $\vec{r}$ 与 $\vec{p}$ 之间的夹角，$d = r\sin\theta$。

力矩：作用于质点 A 上的力为 $\vec{F}$，质点相对于某定点的位矢为 $\vec{r}$，则力 $\vec{F}$ 对相对于这个定点的力矩为

$$\vec{M} = \vec{r} \times \vec{F}$$

角动量方向为 $\vec{r} \times \vec{F}$ 的方向，其大小为

$$M = Fr\sin\theta = Fd$$

其中，θ 为 $\vec{r}$ 与 $\vec{F}$ 之间的夹角，$d = r\sin\theta$（称为力臂）。

2. 质点的角动量定理

质点角动量定理的微分形式为

$$\vec{M} = \frac{\mathrm{d}\vec{L}}{\mathrm{d}t}$$

即作用于质点的合力对某定点的力矩等于质点对该定点的角动量随时间的变化率。

质点角动量定理的积分形式为

$$\int_{t_1}^{t_2} \vec{M}\mathrm{d}t = \vec{L}_2 - \vec{L}_1$$

其中，$\int_{t_1}^{t_2} \vec{M}\mathrm{d}t$ 为质点在 $\Delta t = t_2 - t_1$ 时间内受到的冲量矩，即质点所受的冲量矩等于质点角动量的增量。

质点角动量守恒定律：如果合力对某定点的力矩为零，则质点对该点的角动量保持不变。

有心力：作用线总是通过某固定点（称为力心）的力。

在有心力的作用下，质点对力心的角动量守恒。

二、思考与讨论题目详解

1. 牛顿定律

（1）如图 2-1 所示，有两个质量相等的小球 A、B 用一根轻弹簧相连接，再用一根细绳悬挂在天花板上，原来两个小球都处于平衡状态。现在用剪刀将绳子剪断，在绳被剪断的一瞬间，小球 A、B 的加速度分别为多少？

【答案：$2g$；0】

详解： 在绳子被剪断以前，小球 B 受到方向向下的重力 mg 和向上的弹簧拉力 F_{T2}，这两个力平衡，即

$$mg = F_{T2}$$

小球 A 受到向下的重力 mg、向下的弹簧拉力 F_{T2} 和向上的绳子拉力 F_{T1}，这三个力平衡，因此

$$mg + F_{T2} = F_{T1}$$

由于 $F_{T2} = mg$，因此上式可以写为

$$2mg = F_{T1}$$

在绳子被剪断的一瞬间，小球 A 受到向下的力 $2mg$，其加速度为

$$a_1 = \frac{2mg}{m} = 2g$$

由于弹簧的长度没有来得及变化，小球 B 仍然受到平衡力，因此其加速度为

$$a_2 = 0$$

图 2-1

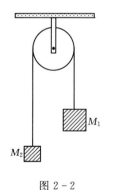

图 2-2

（2）如图 2-2 所示，一条轻绳跨过一个质量可以忽略的定滑轮，绳的两端各系一个物体，它们的质量分别为 M_1 和 M_2，已知 $M_1 > M_2$，并且滑轮以及轴上的摩擦均忽略不计，此时重物的加速度的大小为 a。现在将物体 M_1 卸掉，而用一个竖直向下的恒力 $F = M_1 g$ 直接作用于绳端，这时质量为 M_2 的物体的加速度与原来相比有什么变化？

【答案：变大】

详解： 在物体 M_1 卸掉以前，M_1 和 M_2 两重物作为一个整体运动的加速度设为 a_1，对 M_2 而言，有

$$F_{T1} - M_2 g = M_2 a_1$$

其中，F_{T1} 是这时绳中的张力。

对 M_1 应用牛顿第二定律，有

$$M_1 g - F_{T1} = M_1 a_1$$

即

$$F_{T1} = M_1 g - M_1 a_1 < M_1 g$$

在将物体 M_1 卸掉，而用一个竖直向下的恒力 $F = M_1 g$ 直接作用于绳端时，M_2 的加

速度设为 a_2，对 M_2 应用牛顿第二定律，有

$$F_{T2}-M_2g=M_2a_2$$

其中，F_{T2} 是这时绳中的张力。依题意有

$$F_{T2}=F=M_1g>F_{T1}$$

将 $F_{T1}-M_2g=M_2a_1$ 和 $F_{T2}-M_2g=M_2a_2$ 两式比较，由于 $F_{T2}>F_{T1}$，因此 $a_2>a_1$，即质量为 M_2 的物体的加速度与原来相比变大了。

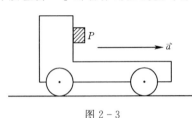

图 2-3

（3）如图 2-3 所示，一个质量为 m 的物体 P 靠在一辆小车的竖直壁上，物体 P 和车壁之间的静摩擦系数为 μ_0，要使物体 P 不沿车壁下落，小车的加速度应该满足什么条件？

【答案：$a\geqslant\dfrac{g}{\mu_0}$】

详解： 如果物体 P 不沿车壁下落，则必有

$$mg=F_{f0}$$

其中，F_{f0} 是物体 P 与车壁之间的静摩擦力。由于

$$F_{f0}\leqslant\mu_0F_N$$

而由题意得

$$F_N=ma$$

因此

$$mg=F_{f0}\leqslant\mu_0F_N=\mu_0ma$$

由此得不使物体 P 沿车壁下落，小车的加速度满足的条件为

$$a\geqslant\frac{g}{\mu_0}$$

（4）质量为 M 的物体在空中从静止开始下落，它除了受到重力作用外，还受到一个与速度平方成正比的阻力作用，已知比例系数为 k（k 为大于零的常数）。该物体下落的收尾速度是多少？

【答案：$v=\sqrt{\dfrac{Mg}{k}}$】

详解： 依题意，物体在空中从静止开始下落的过程中所满足的牛顿第二定律为

$$Mg-kv^2=Ma$$

其中，a 为物体下落的加速度。由上式可以看出，随着物体下落速度的增大，加速度逐渐减小，当 $a=0$ 时，有

$$Mg-kv^2=0$$

解之得

$$v=\sqrt{\frac{Mg}{k}}$$

这是物体下落速度的最大值。此后物体将以这个速度匀速下降，即它就是物体下落的收尾速度。

（5）如图 2-4（a）所示，一个摆线长度为 l、摆锤质量为 m 的圆锥摆，摆线与竖直

方向的夹角恒为 φ。该圆锥摆的摆锤转动的周期等于多少？摆线的张力为多大？摆锤转动的速率为多少？

【答案：$T = 2\pi \sqrt{\dfrac{l\cos\varphi}{g}}$；$F_{\mathrm{T}} = \dfrac{mg}{\cos\varphi}$；$v = \sin\varphi \sqrt{\dfrac{gl}{\cos\varphi}}$】

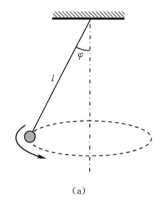
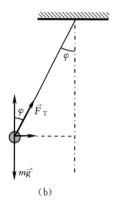

图 2-4

详解： 对摆锤做如图 2-4（b）所示的受力分析，由于摆锤在竖直方向平衡，因此

$$mg = F_{\mathrm{T}}\cos\varphi$$

由此解得摆线的张力为

$$F_{\mathrm{T}} = \frac{mg}{\cos\varphi}$$

摆锤做匀速圆周运动，对此应用牛顿第二定律，有

$$F_{\mathrm{T}}\sin\varphi = m\frac{v^2}{l\sin\varphi}$$

其中，$l\sin\varphi$ 为摆锤做圆周运动的半径。将 F_{T} 的表达式代入上式，得摆锤转动的速率为

$$v = \sin\varphi \sqrt{\frac{gl}{\cos\varphi}}$$

因此，摆锤转动的周期为

$$T = \frac{2\pi r}{v} = \frac{2\pi l\sin\varphi}{\sin\varphi \sqrt{gl/\cos\varphi}} = 2\pi \sqrt{\frac{l\cos\varphi}{g}}$$

（6）如图 2-5（a）所示，一块水平木板上放一个质量为 m 的小物体，手托木板保持水平状态，使木板在竖直平面内做半径为 R、速率为 v 的匀速率圆周运动，当小物体随着木板一起运动到图示的位置时，小物体受到木板的摩擦力和支持力分别为多少？

【答案：$F_{\mathrm{f}} = m\dfrac{v^2}{R}\cos\varphi$；$F_{\mathrm{N}} = mg - \dfrac{v^2}{R}\sin\varphi$】

详解： 对小物体做如图 2-5（b）所示的受力分析。将重力、摩擦力和支持力沿切向和法向分解，并在切向和法向应用牛顿第二定律，得

$$F_{\mathrm{N}}\cos\varphi + F_{\mathrm{f}}\sin\varphi - mg\cos\varphi = 0$$

$$-F_{\mathrm{N}}\sin\varphi + F_{\mathrm{f}}\cos\varphi + mg\sin\varphi = m\frac{v^2}{R}$$

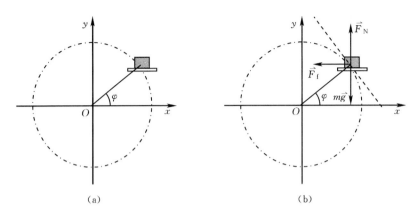

图 2-5

由以上两式解得小物体受到木板的摩擦力和支持力分别为

$$F_f = m\frac{v^2}{R}\cos\varphi$$

$$F_N = m\left(g - \frac{v^2}{R}\sin\varphi\right)$$

本题还有另外的解法吗？请读者自己思考一下。

2. 质点的动量、冲量和动量定理

（1）质量为 m 的小球以不变的速率 v 沿图 2-6（a）所示正方形 $ABCD$ 的水平光滑轨道运动。小球越过 A 角时，轨道作用于小球的冲量大小等于多少？

【答案：$\sqrt{2}mv$】

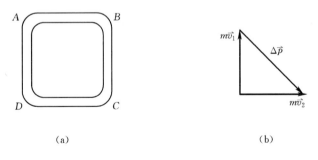

图 2-6

详解： 依题意，得小球越过 A 角时的动量增量如图 2-6（b）所示，由此得动量增量的大小为

$$|\Delta\vec{p}| = \sqrt{2}mv$$

由动量定理可知，轨道作用于小球的冲量大小等于动量增量的大小。即

$$I = |\Delta\vec{p}| = \sqrt{2}mv$$

（2）如图 2-7（a）所示，圆锥摆的摆球质量为 m，其速率为 v，圆周半径为 R，当摆球在轨道上运动半周时，摆球所受重力、合力以及摆绳的拉力的冲量大小分别为多少？

【答案：$I_G = \dfrac{\pi mgR}{v}$；$I_F = 2mv$；$I_T = m\sqrt{\left(\dfrac{\pi gR}{v}\right)^2 + 4v^2}$】

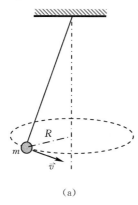

（a）

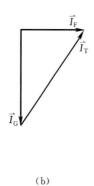

（b）

图 2-7

详解： 摆球在轨道上运动半周时受用的时间为

$$t = \frac{\pi R}{v}$$

由于摆球在做圆周运动的过程中，重力的方向不变，因此摆球所受重力的冲量大小为

$$I_G = mgt = \frac{\pi mgR}{v}$$

I_G 的方向向下。

根据动量定理，摆球在轨道上运动半周时，合力的冲量大小等于摆球动量的增量，即

$$I_F = |\Delta \vec{p}| = 2mv$$

I_F 的方向沿轨道的切线方向，与 I_G 的方向垂直。

设摆绳拉力的冲量为 $\vec{I}_T$，由于 $\vec{I}_F = \vec{I}_G + \vec{I}_T$，依题意得冲量合成示意图如图 2-7（b）所示。由示意图的几何关系得摆绳拉力的冲量大小为

$$I_T = \sqrt{I_G^2 + I_F^2} = m\sqrt{\left(\frac{\pi gR}{v}\right)^2 + 4v^2}$$

（3）如图 2-8（a）所示，矿砂从 1.5m 高处下落到传送带上，传送带以 4.2m/s 的速率水平向右运动。刚落到传送带上的矿砂受到传送带的作用力的方向如何？

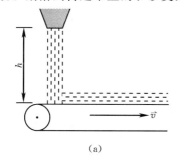

（a）

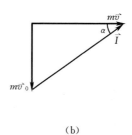

（b）

图 2-8

【答案：52.2°】

详解：矿砂落到传送带前的速度大小为

$$v_0 = \sqrt{2gh}$$

方向竖直向下。

矿砂落到传送带后的速度大小为 v，方向水平向右。

矿砂刚落到传送带上受到传送带的冲量为

$$\vec{I} = m\vec{v} - m\vec{v}_0$$

上式对应的合成图如图 2-8（b）所示。由于矿砂受到传送带的作用力方向与冲量方向相同，因此，矿砂受力方向与水平方向的夹角为

$$\alpha = \arctan\frac{\sqrt{2gh}}{v} = 52.2°$$

（4）有两艘船停在湖面上，它们之间用一根轻绳连接。第一艘船和人的总质量为 300kg，第二艘船的质量为 450kg，水的阻力可以忽略不计。现在站在第一艘船上的人用 $F = 60$N 的水平力来拉绳子，则 3s 后这两艘船的速度大小分别为多少？

【答案：0.6m/s；0.4m/s】

详解：这两艘船受力大小均为 $F = 60$N，它们的加速度分别为

$$a_1 = \frac{F}{m_1} = \frac{1}{5}\ (\text{m/s}^2),\ a_2 = \frac{F}{m_2} = \frac{2}{15}\ (\text{m/s}^2)$$

3s 后这两艘船的速度大小分别为

$$v_1 = a_1 t = 0.6\ (\text{m/s}),\ v_2 = a_2 t = 0.4\ (\text{m/s})$$

（5）一颗子弹在枪筒里运动时所受的合力大小为 $F = 300 - 6\times10^5 t$，公式中的各个物理量均采用国际单位。子弹从枪口射出时的速率为 300m/s. 如果子弹离开枪口时合力恰好等于零，则子弹走完枪筒全长用了多少时间？子弹在枪筒中受到的冲量等于多少？子弹的质量是多少？

【答案：5.0×10^{-4}s；7.5×10^{-2}N·s；2.5×10^{-4}kg】

详解：由于子弹离开枪口时合力恰好等于零，即

$$300 - 6\times10^5 t = 0$$

解之得 $t = 5.0\times10^{-4}$s，这就是子弹走完枪筒全长所用的时间。

由冲量的定义得子弹在枪筒中受到的冲量为

$$I = \int_0^{5\times10^{-4}} (300 - 6\times10^5 t)\mathrm{d}t = 7.5\times10^{-2}\ (\text{N·s})$$

由动量定理 $I = mv$（子弹的初速度为 0）得子弹的质量为

$$m = \frac{I}{v} = 2.5\times10^{-4}\ (\text{kg})$$

（6）两个质量分别 3.0g 和 6.0g 的小球在光滑的水平面上运动。已知它们的速度分别为 $\vec{v}_1 = 0.5\ \vec{i}$m/s 和 $\vec{v}_2 = (0.6\ \vec{i} + 0.9\ \vec{j})$m/s。这两个小球碰撞以后合为一体，则它们碰撞后的速度 $\vec{v} = ?$ $\vec{v}$ 与 x 轴正方向的夹角等于多少？

【答案：$\vec{v} = (0.57\ \vec{i} + 0.60\ \vec{j})$m/s；$\varphi = 46.6°$】

详解：依题意，根据动量守恒定律，有

$$m_1 \vec{v}_1 + m_2 \vec{v}_2 = (m_1 + m_2)\vec{v}$$

由此得它们碰撞后的速度为

$$\vec{v} = \frac{m_1}{m_1 + m_2}\vec{v}_1 + \frac{m_2}{m_1 + m_2}\vec{v}_2 = 0.57\,\vec{i} + 0.60\,\vec{j} \quad (\text{m/s})$$

$\vec{v}$ 与 x 轴正方向的夹角为

$$\varphi = \arctan\frac{0.60}{0.57} = 46.6°$$

（7）平静的水面上停着两只质量都为 M 的小船。第一只船上站着一个质量为 m 的人，该人以水平速度 $\vec{v}$ 从第一只船上跳到第二只船上，然后又以同样大小的水平速度跳回到第一只船上。这时两只小船的速度分别为多少？

【答案： $-\dfrac{2m}{m+M}\vec{v}$ ； $\dfrac{2m}{M}\vec{v}$ **】**

详解：设人以水平速度 $\vec{v}$ 跳离第一只船时，该船的速度为 $\vec{v}_1$，根据动量守恒定律，有

$$m\vec{v} + M\vec{v}_1 = 0 \qquad\qquad ①$$

设该人落在第二只船上时，人与第二只船的共同速度为 $\vec{v}_2$，根据动量守恒定律，有

$$m\vec{v} = (m+M)\vec{v}_2 \qquad\qquad ②$$

设人以水平速度 $-\vec{v}$ 跳离第二只船时，该船的速度为 $\vec{v}_2'$，根据动量守恒定律，有

$$(m+M)\vec{v}_2 = -m\vec{v} + M\vec{v}_2' \qquad\qquad ③$$

设该人落在第一只船上时，人与第一只船的共同速度为 $\vec{v}_1'$，根据动量守恒定律，有

$$-m\vec{v} + M\vec{v}_1 = (m+M)\vec{v}_1' \qquad\qquad ④$$

式④－式①得第一只船的最后速度为

$$\vec{v}_1' = -\frac{2m}{m+M}\vec{v}$$

式②＋式③得第二只船的最后速度为

$$\vec{v}_2' = \frac{2m}{M}\vec{v}$$

3. 质点系的动量定理和动量守恒定律

（1）质量为 10g 的子弹以 500m/s 的速度沿图 2-9 所示的方向射入质量为 0.49kg 的静止摆球中，设摆线长度不能伸缩，则子弹射入摆球后与摆球一起开始运动的速率大小为多少？

【答案：5m/s**】**

详解：在子弹射入摆球的过程中角动量守恒。设子弹射入摆球后与摆球的共同速率为 V，则

$$mvl\sin30° = (m+M)Vl$$

因此，子弹射入摆球后与摆球一起开始运动的速率大小为

$$V = \frac{m}{m+M}v\sin30° = 5 \quad (\text{m/s})$$

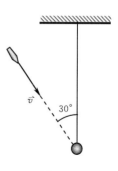

图 2-9

（2）质点做匀速率圆周运动的过程中，它的动量是否发生变化？它对圆心的角动量是否发生变化？

【答案：动量变化；角动量不变】

详解： 在质点做匀速率圆周运动的过程中，由于速度方向时刻在变化，因此其动量发生变化。

质点做匀速率圆周运动时受到法向力，由于法向力对圆心的力矩为零，因此角动量守恒，即在这种情况下角动量不发生变化。

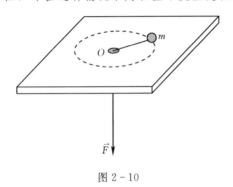

图 2-10

（3）如图 2-10 所示，质量为 50g 的小球置于光滑水平桌面上。有一条绳一端连接小球，另一端穿过桌面中心的小孔。小球原来以 5rad/s 的角速度在距孔 0.2m 的圆周上转动，现在将绳从小孔缓慢往下拉，使小球的转动半径变为 0.1m。则物体的角速度变为多少？

【答案：20rad/s】

详解： 由于绳从小孔缓慢往下拉，因此，可以认为小球在做圆周运动。

由于小球在运动过程中，在平行于桌面的方向上只受到绳的拉力，而该拉力对 O 点的力矩为 0，因此，其角动量守恒，即

$$m\omega_1 r_1^2 = m\omega_2 r_2^2$$

因此，当小球的转动半径变为 0.1m 时，小球的角速度为

$$\omega_2 = \omega_1 \frac{r_1^2}{r_2^2} = 20 \text{ (rad/s)}$$

（4）设地球的质量为 m，太阳的质量为 M，地心与日心的距离为 R，万有引力常量为 G，则地球围绕太阳做圆周运动的轨道角动量大小等于多少？

【答案：$m\sqrt{GMR}$】

详解： 地球在太阳做圆周运动时，太阳对地球的万有引力是向心力，由牛顿第二定律得

$$G\frac{mM}{R^2} = m\frac{v^2}{R}$$

由此解得地球绕太阳旋转的速率为

$$v = \sqrt{\frac{GM}{R}}$$

因此，地球围绕太阳做圆周运动的轨道角动量大小

$$L = mvR = m\sqrt{GMR}$$

（5）哈雷彗星绕太阳运行的轨道是以太阳为一个焦点的椭圆。测得它离太阳最近的距离为 8.75×10^{10}m，此时其速率 5.46×10^4m/s；它离太阳最远时的速率为 9.08×10^2m/s，这时它离太阳的距离是多少？

【答案：5.26×10^{12}m】

详解：哈雷彗星绕太阳运行时受到太阳的万有引力，该力对太阳中心的力矩为零，因此，地球在做圆周运动时，其角动量守恒。

哈雷彗星离太阳最近和最远时，其速度与太阳到哈雷彗星的连线垂直，因此，在这两个位置的角动量守恒方程为

$$mv_1 r_1 = mv_2 r_2$$

由此得哈雷彗星离太阳最远的距离为

$$r_2 = \frac{v_1}{v_2} r_1 = 5.26 \times 10^{12}(\text{m})$$

（6）一个质量为 m 的质点沿着一条曲线运动，其运动方程的直角坐标表达式为 $\vec{r} = a\cos\omega t\, \vec{i} + b\sin\omega t\, \vec{j}$，其中 a、b、ω 都为常量，则此质点对原点的角动量 $\vec{L}$ 为多少？它所受到的对坐标原点的力矩 $\vec{M}$ 为多少？

【答案：$m\omega ab\, \vec{k}$；0】

详解：该质点在轨道上任意一点的速度为

$$\vec{v} = \frac{\mathrm{d}\vec{r}}{\mathrm{d}t} = -a\omega\sin\omega t\, \vec{i} + b\omega\cos\omega t\, \vec{j}$$

因此，此质点对原点的角动量为

$$
\begin{aligned}
\vec{L} &= \vec{r} \times m\vec{v} \\
&= (a\cos\omega t\, \vec{i} + b\sin\omega t\, \vec{j}) \times m\omega(-a\sin\omega t\, \vec{i} + b\cos\omega t\, \vec{j}) \\
&= m\omega(ab\cos^2\omega t\, \vec{k} + ab\sin^2\omega t\, \vec{k}) \\
&= m\omega ab\, \vec{k}
\end{aligned}
$$

质点所受到的对坐标原点的力矩为

$$\vec{M} = \frac{\mathrm{d}\vec{L}}{\mathrm{d}t} = 0$$

（7）质量为 m 的质点以速度 $\vec{v}$ 沿一条直线运动，则它对该直线上任一点的角动量大小为多少？对直线外垂直距离为 r 的一点的角动量大小为多少？

【答案：0；mvr】

详解：由于质点运动直线上任一点在动量矢量的延长线上，因此质点对该直线上任一点的角动量大小为 0；质点对其运动直线外垂直距离为 r 的一点的角动量大小为 mvr。

三、课后习题解答

（1）如图 2-11 所示，长为 1.0m、质量为 2.0kg 的均匀绳，两端分别连接质量为 5.0kg 和 8.0kg 的重物 A 和 B，今在 A 端施加大小为 180N 的竖直向上的拉力，使绳和物体一起向上运动，求距离绳的下端为 x 处绳中的张力 $F_{\text{T}}(x)$。

解：以 A、B 两重物和绳为研究对象，应用牛顿第二定律，有

$$F - mg - m_A g - m_B g = (m + m_A + m_B)a$$

由此解得系统运动的加速度为

$$a = \frac{F}{m + m_A + m_B} - g$$

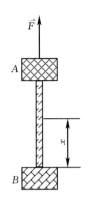

图 2-11

以绳下段 x 长和物体 A 为研究对象，应用牛顿第二定律，有

$$F_T(x) - \left(m_A + \frac{x}{l}m\right)g = \left(m_A + \frac{x}{l}m\right)a$$

由此解得距离绳的下端为 x 处绳中的张力为

$$F_T(x) = \left(m_A + \frac{x}{l}ml\right)(a+g) = \frac{m_A + xm/l}{m + m_A + m_B}F$$

$$= \frac{5.0 + 2.0x/1.0}{2.0 + 5.0 + 8.0} \times 180 = 12(5+2x) \ (\text{N})$$

（2）质量为 m 的子弹以速度 v_0 水平射入沙土中，设子弹所受阻力与速度方向相反，大小与速度成正比，比例系数为 k，忽略子弹的重力，试求：

1）子弹射入沙土后，速度随时间变化的函数式。

2）子弹进入沙土的最大深度。

解：1）依题意可知，子弹进入沙土后受到的阻力为 $-kv$，由牛顿第二定律得

$$-kv = m\frac{dv}{dt}$$

将其分离变量得

$$-\frac{k}{m}dt = \frac{dv}{v}$$

当 $t=0$ 时，$v=v_0$，对上式积分，有

$$-\int_0^t \frac{k}{m}dt = \int_{v_0}^v \frac{dv}{v}$$

由此得子弹射入沙土后，速度随时间变化的函数式为

$$v = v_0 e^{-kt/m}$$

2）为求最大深度，将加速度的定义式变换为

$$a = \frac{dv}{dt} = \frac{dv}{dx}\frac{dx}{dt} = v\frac{dv}{dx}$$

由牛顿第二定律得

$$-kv = mv\frac{dv}{dx}$$

将其分离变量得

$$dx = -\frac{m}{k}dv$$

当 $x=0$ 时，$v=v_0$，$x=X$ 时，$v=0$。对上式积分，有

$$\int_0^X dx = -\frac{m}{k}\int_{v_0}^0 dv$$

由此得子弹进入沙土的最大深度为

$$X = \frac{mv_0}{k}$$

（3）如图 2-12 所示，开口向上的竖直细 U 形管中装有某种密度均匀的液体。U 形管的横截面粗细均匀，两根竖直细管之间的距离为 l，U 形管底部的连通管水平。当 U 形

管沿水平方向以加速度 a 运动时，两竖直管内的液面将产生 h 的高度差。如果两竖直管内的液面可以认为是水平的，试求两液面的高度差 h。

解：当 U 形管以及其中的液体沿水平方向加速运动时，水平管中液体也做加速运动，其原因是左管底部的压力大于右管底部的压力，其压力差提供了水平管中液体做加速运动的外力。

设水平管的截面积为 S，液体的密度为 ρ，由牛顿第二定律得

$$\rho hSg = \rho lSa$$

由此解得两液面的高度差为

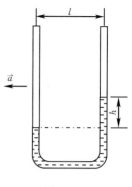

图 2-12

$$h = \frac{a}{g}l$$

（4）如图 2-13（a）所示，一个质量为 M、角度为 α 的劈形斜面 A，放在粗糙的水平面上，斜面上有一个质量为 m 的物体 B 沿斜面下滑。如果 A、B 之间的滑动摩擦系数为 μ，且 B 下滑时 A 保持不动，试求斜面 A 对地面的压力和摩擦力。

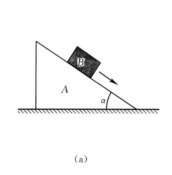

（a）

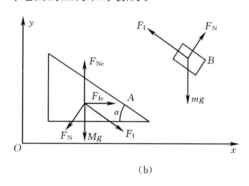

（b）

图 2-13

解：依题意，得 A、B 受力图如图 2-13（b）所示。

对物体 A 应用牛顿第二定律，得 x、y 方向的方程分别为

$$F_{fe} - F_N\sin\alpha + F_f\cos\alpha = 0$$
$$F_{Ne} - Mg - F_N\cos\alpha - F_f\sin\alpha = 0$$

其中，$F_N = mg\cos\alpha$，$F_f = \mu F_N = \mu mg\cos\alpha$，将它们代入以上两式，解得斜面 A 对地面的压力和摩擦力分别为

$$F_{Ne} = Mg + mg\cos^2\alpha + \mu mg\sin\alpha\cos\alpha$$
$$F_{fe} = mg\sin\alpha\cos\alpha - \mu mg\cos^2\alpha$$

（5）如图 2-14（a）所示，一个质量为 65kg 的人，站在用绳和滑轮连接的质量为 35kg 的底板上。设滑轮、绳的质量以及轴处的摩擦可以忽略不计，绳子不可伸长。测得人和底板以 2m/s^2 的加速度上升，人对绳子的拉力多大？人对底板的压力多大？

解：依题意，得人和底板受力图如图 2-14（b）所示。

分别对人和底板应用牛顿第二定律，得

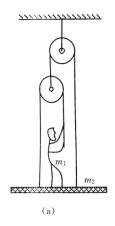

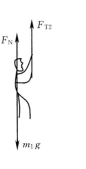

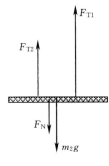

(a)

(b)

图 2-14

$$F_{T2} + F_N - m_1 g = m_1 a$$

$$F_{T1} + F_{T2} - F_N - m_2 g = m_2 a$$

其中，$F_{T1} = 2F_{T2}$，将其代入以上两式，解得人对绳子的拉力和人对底板的压力分别为

$$F_{T2} = \frac{1}{4}(m_1 + m_2)(g + a) = \frac{1}{4} \times (65 + 35) \times (9.8 + 2) = 270 \ (\text{N})$$

$$F_N = \frac{1}{4}(3m_1 - m_2)(g + a) = \frac{1}{4} \times (3 \times 65 - 35) \times (9.8 + 2) = 432 \ (\text{N})$$

（6）已知一个质量为 m 的质点在 x 轴上运动，质点只受到指向原点的引力的作用，引力大小与质点离原点的距离 x 的平方成反比，即 $f = -\dfrac{k}{x^2}$，其中 k 为比例常数。设质点在 $x = A$ 处的速度等于零，求质点在 $x = 0.5A$ 处的速度大小。

解：将加速度的定义式变换为

$$a = \frac{\mathrm{d}v}{\mathrm{d}t} = \frac{\mathrm{d}v}{\mathrm{d}x}\frac{\mathrm{d}x}{\mathrm{d}t} = v\frac{\mathrm{d}v}{\mathrm{d}x}$$

由牛顿第二定律得

$$-\frac{k}{x^2} = mv\frac{\mathrm{d}v}{\mathrm{d}x}$$

将其分离变量得

$$v\mathrm{d}v = -\frac{k}{m}\frac{\mathrm{d}x}{x^2}$$

由题意可知，当 $x = A$ 时，$v = 0$，设 $x = 0.5A$ 时质点的速度大小为 v，对上式积分，有

$$\int_0^v v\mathrm{d}v = -\frac{k}{m}\int_A^{0.5A} \frac{\mathrm{d}x}{x^2}$$

由此得质点在 $x = 0.5A$ 处的速度大小为

$$v = \sqrt{\frac{2k}{mA}}$$

（7）质量为 m 的小球在水中受的恒定的浮力 F，当它从静止开始下沉时，受到水的黏滞阻力大小为 $f = kv$（k 为常数）。试证明小球在水中下沉的速度 v 与时间 t 的关系为 $v =$

$\dfrac{mg-F}{k}(1-e^{-kt/m})$，式中 t 为从下沉开始计算的时间。

证明：依题意，得小球受力图如图 2－15 所示。由牛顿第二定律得

$$mg-kv-F=m\dfrac{\mathrm{d}v}{\mathrm{d}t}$$

将上式变换为

$$\dfrac{m\mathrm{d}v}{mg-kv-F}=\mathrm{d}t$$

由于 $t=0$ 时 $v=0$，因此

$$\int_0^v \dfrac{m\mathrm{d}v}{mg-kv-F}=\int_0^t \mathrm{d}t$$

积分得

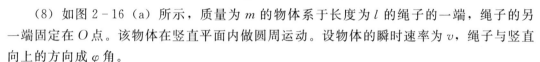

图 2－15

$$-\dfrac{m}{k}\ln\dfrac{mg-kv-F}{mg-F}=t$$

由此式解得小球在水中下沉的速度与时间的关系为

$$v=\dfrac{mg-F}{k}(1-e^{-kt/m})$$

（8）如图 2－16（a）所示，质量为 m 的物体系于长度为 l 的绳子的一端，绳子的另一端固定在 O 点。该物体在竖直平面内做圆周运动。设物体的瞬时速率为 v，绳子与竖直向上的方向成 φ 角。

1）求 t 时刻绳中的张力 F_T 和物体的切向加速度 a_τ。

2）说明在物体运动过程中 a_τ 的大小和方向如何变化。

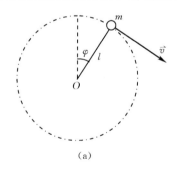 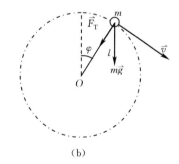

（a） （b）

图 2－16

解：1）在 t 时刻物体受力如图 2－16（b）所示，在法向应用牛顿第二定律，有

$$F_T+mg\cos\varphi=m\dfrac{v^2}{R}$$

由此解得 t 时刻绳中的张力 F_T 为

$$F_T=m\dfrac{v^2}{R}-mg\cos\varphi$$

在切向应用牛顿第二定律，有

$$mg\sin\varphi=ma_\tau$$

由此解得 t 时刻物体的切向加速度为

$$a_\tau = g\sin\varphi$$

2）切向加速度的数值随 φ 的增加按正弦函数变化。

当 $0<\varphi<\pi$ 时，$a_\tau>0$，表示 $\vec{a}_\tau$ 与 $\vec{v}$ 方向相同；当 $\pi<\varphi<2\pi$ 时，$a_\tau<0$，表示 $\vec{a}_\tau$ 与 $\vec{v}$ 方向相反。

（9）公路的转弯处是一半径为 300m 的圆形弧线，其内外坡度是按车速 60km/h 设计的，此时轮胎不受路面左右方向的力。雪后公路上结冰，若汽车以 40km/h 的速度行驶，问车胎与路面间的摩擦系数至少多大才能保证汽车在转弯时不至于滑出公路？

解： 按标准设计转弯处路面内外坡度时，轮胎不受路面左右方向的力，因此有

$$F_N\sin\alpha = m\frac{v_0^2}{R}$$

$$F_N\cos\alpha = mg$$

由此解得公路路面的倾角 α 满足的关系式为

$$\tan\alpha = \frac{v_0^2}{gR}$$

当汽车的行驶速度 $v<v_0$ 时，汽车将有向坡下运动的趋势，轮胎与地面间存在摩擦力，设为 F_f，这时地面对车的支持力设为 F_N'，则有

$$F_N'\sin\alpha - F_f\cos\alpha = m\frac{v^2}{R}$$

$$F_N'\cos\alpha + F_f\sin\alpha = mg$$

由此解得摩擦力和支持力分别为

$$F_f = mg\sin\alpha - m\frac{v^2}{R}\cos\alpha$$

$$F_N' = mg\cos\alpha + m\frac{v^2}{R}\sin\alpha$$

设车胎与路面间的摩擦系数最大值为 μ_m，对应的最大摩擦力为 $\mu_m F_N'$，依题意应有

$$\mu_m F_N' \geqslant F_f$$

由此解得

$$\mu_m \geqslant \frac{F_f}{F_N'} = \frac{gR\sin\alpha - v^2\cos\alpha}{gR\cos\alpha + v^2\sin\alpha} = \frac{gR\tan\alpha - v^2}{gR + v^2\tan\alpha}$$

将倾角 α 的关系式代入上式得

$$\mu_m \geqslant \frac{v_0^2 - v^2}{gR + v^2\dfrac{v_0^2}{gR}} = \frac{(v_0^2 - v^2)gR}{g^2R^2 + v_0^2 v^2} = 0.052$$

即车胎与路面间的摩擦系数至少要等于 0.052，汽车以这个速度转弯时才不至于滑出公路。

（10）试求地球赤道正上方的同步卫星距地面的高度；如果 10 年内允许这个卫星从初位置向东或向西漂移 $10°$，则它的轨道半径的误差限度应该是多少？已知地球半径 $R = 6.37\times10^6\,\mathrm{m}$，地面上重力加速度 $g = 9.8\,\mathrm{m/s^2}$。

解： 设同步卫星距地面的高度为 h，距地心的距离 $r = R + h$。由牛顿第二定律得

$$G \frac{Mm}{r^2} = mr\omega^2$$

对地面上的物体有

$$G \frac{Mm}{R^2} = mg$$

解之得

$$GM = gR^2$$

因此

$$r = \sqrt[3]{\frac{gR^2}{\omega^2}}$$

同步卫星的角速度与地球的自转角速度相同，其值为

$$\omega = \frac{2\pi}{24 \times 3.6 \times 10^3} = 7.27 \times 10^{-5} (\text{rad/s})$$

因此

$$r = 4.22 \times 10^7 \text{m}$$

由此得赤道正上方的地球同步卫星距地面的高度为

$$r = r - h = 3.58 \times 10^7 \ (\text{m})$$

由题设可知卫星的角速度误差值为

$$\Delta\omega = \frac{10 \times \pi/180}{10 \times 365 \times 24 \times 3.6 \times 10^3} = 5.53 \times 10^{-10} (\text{rad/s})$$

对式 $r^3 = gR^2/\omega^2$ 取对数，得

$$3\ln r = \ln(gR^2) - 2\ln\omega$$

再对上式两边取微分，得

$$3 \frac{\mathrm{d}r}{r} = -2 \frac{\mathrm{d}\omega}{\omega}$$

令 $\mathrm{d}r = \Delta r$、$\mathrm{d}\omega = \Delta\omega$，且取绝对值，得

$$3 \frac{\Delta r}{r} = 2 \frac{\Delta\omega}{\omega}$$

同步卫星的轨道半径的误差限度为

$$\Delta r = \frac{2r\Delta\omega}{3\omega} = 214 \ (\text{rad/s})$$

(11) 如图 2 - 17 所示，A、B、C 三个物体的质量均为 m，A、B 放在光滑水平桌面上，两者间连有一段长为 0.3m 的细绳，细绳最初是松弛的。A、B 靠在一起，B 的另一侧用跨过桌边定滑轮的细绳与 C 相连。滑轮和绳子的质量及轮轴上的摩擦不计，绳子不可伸长。问：

1) B、C 启动后，经过多长时间 A 也开始运动？

2) A 开始运动时的速率是多少？

解： 1) 设在 A 运动以前，B、C 系统的加速度为 a，对该系统应用牛顿第二定律，有

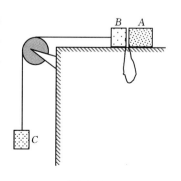

图 2 - 17

$$mg = 2ma$$

解得

$$a = \frac{1}{2}g$$

设 A、B 之间的绳长为 l，在时间 t 内，B、C 系统做匀加速运动，有

$$l = \frac{1}{2}at^2$$

因此，B、C 启动后，A 也开始运动经过的时间为

$$t = \sqrt{\frac{2l}{a}} = 2\sqrt{\frac{l}{g}} = 0.35 \text{ (s)}$$

2）A 和 B 之间的绳子刚被拉紧时，B、C 系统所达到的速度为

$$v = \sqrt{2al} = \sqrt{gl} = 1.7 \text{ (m/s)}$$

A 和 B 之间的绳子刚被拉紧时，其间的绳子张力远远大于 C 的重力，将 A、B、C 三者作为一个系统，在绳子被拉紧的过程中，可以认为该系统的动量守恒。设绳子被拉紧后它们的共同速度为 V，则

$$2mv = 3mV$$

因此，A 开始运动时的速率为

$$V = \frac{2}{3}v = \frac{2}{3}\sqrt{gl} = 1.14 \text{ (m/s)}$$

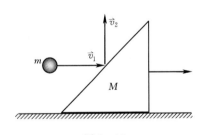

图 2-18

（12）如图 2-18 所示，质量为 M 的滑块正在沿着光滑水平面向右滑动。一个质量为 m 的小球水平向右飞行，以速度 $\vec{v}_1$ 与滑块斜面相碰，碰撞以后以速度 $\vec{v}_2$ 竖直向上弹起。如果碰撞的时间为 Δt，试计算在此过程中地面受到滑块的平均作用力和滑块速度增量的大小。

解：小球 m 在与 M 碰撞过程中受到 M 的竖直冲力等于小球在竖直方向的动量变化率，即

$$\overline{F} = \frac{mv_2}{\Delta t}$$

此力的方向竖直向上。

由牛顿第三定律，小球以此力作用于 M，其方向竖直向下。

滑块 M 在竖直方向上受到平衡力，即

$$\overline{F}_N - Mg - \overline{F} = 0$$

由此得滑块受到地面的平均作用力为

$$\overline{F}_N = Mg + \overline{F} = Mg + \frac{mv_2}{\Delta t}$$

由牛顿第三定律可知，地面受到滑块的平均作用力大小也等于这个值，其方向竖直向下。

将滑块 M 和小球 m 作为一个系统，由于它们在水平方向不受外力，因此系统在水平

方向动量守恒。设碰撞前滑块 M 的速度为 V_1，碰撞后的速度为 V_2，则

$$mv_1 + MV_1 = MV_2$$

因此滑块速度增量的大小为

$$\Delta V = V_2 - V_1 = \frac{m}{M}v_1$$

（13）有一个水平运动的传送带将矿粉从一处运到另一处，矿粉经过一个竖直的静止漏斗落到传送带上，传送带以恒定的速率 v 水平地运动。忽略机件各部位的摩擦，试问：

1）若每秒有质量为 $q_m = dm/dt$ 的矿粉落到传送带上，要维持传送带以恒定速率 v 运动，需要多大的功率？

2）如果 $q_m = 35\text{kg/s}$，$v = 2.0\text{m/s}$，则水平牵引力多大？所需要的功率多大？

解： 1）设 t 时刻落在皮带上的砂子质量为 M，速率为 v，$t + dt$ 时刻皮带上的砂子质量为 $M + dM$，速率也是 v，将质量为 M 和 dM 的砂子作为一个系统，设砂子受到皮带的水平作用力大小为 F，在水平方向对它们应用动量定理，有

$$F dt = (M + dM)v - (Mv + dM \cdot 0) = v dM$$

因此，砂子受到皮带水平方向的作用力大小为

$$F = v \frac{dM}{dt} = q_m v$$

其方向与传送带水平运动的方向相同。

由牛顿第三定律，此皮带受到砂子的水平作用力也等于这个值，其方向与传送带水平运动的方向相反。为了维持传送带以恒定速率 v 运动，动力源对皮带的牵引力也等于这个值，其方向与传送带水平运动的方向相同。动力源所供给的功率为

$$P = Fv = q_m v^2$$

2）如果 $q_m = 35\text{kg/s}$，$v = 2.0\text{m/s}$，则水平牵引力和所需要的功率分别为

$$F = q_m v = 70 \ (\text{N})$$

$$P = q_m v^2 = 140 \ (\text{W})$$

（14）如图 2-19 所示，质量为 $M = 2.0\text{kg}$ 的物体，用一根长为 $l = 1.5\text{m}$ 的细绳悬挂在天花板上。现在有一个质量为 $m = 10\text{g}$ 的子弹以 $v_0 = 600\text{m/s}$ 的水平速度射穿物体，刚穿出物体时子弹的速度大小 $v = 40\text{m/s}$，设穿透时间极短。求：

1）子弹刚穿出物体时绳中张力的大小。

2）子弹在穿透过程中受到的冲量。

解： 1）由于子弹穿透物体的时间极短，因此可以认为物体没有离开原位置。子弹、物体系统受到的外力都在竖直方向，系统在水平方向动量守恒。设子弹穿出时物体的水平速度为 V，则

$$mv_0 = mv + MV$$

由此得子弹穿出时物体的水平速度为

$$V = \frac{m}{M}(v_0 - v)$$

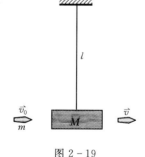

图 2-19

设子弹刚穿出物体时绳中的张力为 F_T，由牛顿定律得

$$F_T - Mg = M\frac{V^2}{l} = \frac{m^2(v_0-v)^2}{Ml}$$

则子弹刚穿出物体时绳中的张力为

$$F_T = Mg + \frac{m^2(v_0-v)^2}{Ml} = 30.1\ (\text{N})$$

2）由动量定理得子弹在穿透物体的过程中受到的冲量为

$$I = mv - mv_0 = -5.6\ (\text{N}\cdot\text{s})$$

负号表示子弹受到的冲量方向与 $\vec{v}_0$ 方向相反。

四、自我检测题

1. 单项选择题（每题 3 分，共 30 分）

（1）质量分别为 m_1 和 m_2 的两个滑块 M 和 N 通过一根轻弹簧联结后置于水平桌面上，滑块与桌面间的摩擦系数均为 μ，系统在水平拉力 F 作用下做匀速直线运动，如图 2-20 所示。在突然撤去拉力的瞬间，二者的加速度 a_1 和 a_2 分别为 〔　　〕。

（A）$a_1=0$，$a_2=0$；　（B）$a_1<0$，$a_2>0$；　（C）$a_1>0$，$a_2<0$；　（D）$a_1<0$，$a_2=0$。

图 2-20　　　　　　　　　　图 2-21

（2）如图 2-21 所示，在光滑平面上有一个运动物体 P，在 P 的正前方有一个连有弹簧和挡板 N 的静止物体 Q，弹簧和挡板 N 的质量均忽略不计，P 与 Q 的质量相同。物体 P 与 Q 碰撞以后 P 停止，Q 以碰前 P 的速度运动。在此碰撞过程中，弹簧压缩量最大的时刻是〔　　〕。

（A）Q 恰好开始运动时；　　　　（B）P 与 Q 速度相等时；

（C）P 的速度恰好变为零时；　　　（D）Q 恰好达到原来 P 的速度时。

（3）如图 2-22 所示，质量为 m 的物体用细绳水平拉住，静止在倾角为 α 的固定的光滑斜面上，则斜面对物体的支持力为〔　　〕。

（A）$mg\cos\alpha$；　　（B）$\dfrac{mg}{\cos\alpha}$；　　（C）$mg\sin\alpha$；　　（D）$\dfrac{mg}{\sin\alpha}$。

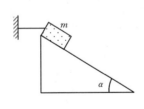
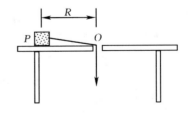

图 2-22　　　　　　　　　　图 2-23

（4）如图 2-23 所示，一个小物体 P 置于光滑的水平桌面上，与一根绳的一端相连接，绳的另一端穿过桌面中心的小孔 O。该物体原来以角速度 ω 在半径为 R 的圆周上绕 O 旋转，如果将绳从小孔缓慢往下拉，则物体 [   ]。

（A）动能不变，动量改变；　　（B）动量不变，动能改变；

（C）角动量不变，动量不变；　（D）角动量不变，动能、动量都改变。

（5）一个小球可在半径为 R 的竖直圆环上无摩擦地滑动，并且圆环能以其竖直直径为轴转动。当圆环以适当的恒定的角速度 ω 转动时，小球偏离圆环转轴且相对圆环静止，小球所处的圆环半径偏离竖直方向的角度 θ 为 [   ]。

（A）$\theta = \dfrac{\pi}{2}$；

（B）$\theta = \arctan \dfrac{R\omega^2}{g}$；

（C）$\theta = \arccos \dfrac{g}{R\omega^2}$；

（D）需由小球的质量 m 决定。

（6）一根细绳跨过一个光滑的定滑轮，一端挂质量为 M 的物体，另一端被人用双手拉着，人的质量 $m = M/2$。如果人相对于绳以加速度 a 向上爬，则人相对于地面的加速度（以竖直向上为正方向）为 [   ]。

（A）$\dfrac{2a+g}{3}$；　（B）$-\dfrac{2a+g}{3}$；　（C）$a-3g$；　（D）a。

（7）质量为 20g 的子弹沿 x 轴正方向以 500m/s 的速率射入木块以后，与木块一起仍沿 x 轴正方向以 50m/s 的速率运动，在此过程中木块所受的冲量大小为 [   ]。

（A）9N·s；　　（B）−9N·s；　　（C）10N·s；　　（D）−10N·s。

（8）质量为 m 的小球沿水平方向以速率 v 与固定的竖直墙壁做弹性碰撞，设指向墙壁内的方向为正方向，则在碰撞前后，小球的动量增量为 [   ]。

（A）9N·s；　　（B）−9N·s；　　（C）0；　　（D）$-2mv$。

（9）人造地球卫星绕地球做椭圆轨道运动，地球处在椭圆的一个焦点上，则卫星的 [   ]。

（A）动量不守恒，动能守恒；　　（B）对地心的角动量守恒，动能不守恒；

（C）动量守恒，动能不守恒；　　（D）对地心的角动量不守恒，动能守恒。

（10）如图 2-24 所示，空中有一个气球，其下端悬挂一个绳梯，气球与绳梯的质量共为 M。在绳梯上站一个质量为 m 的人，最初气球、绳梯与人均相对于地面静止，当人相对于绳梯以速度 v 向上攀爬时，如果取向上为正方向，则气球的速度为 [   ]。

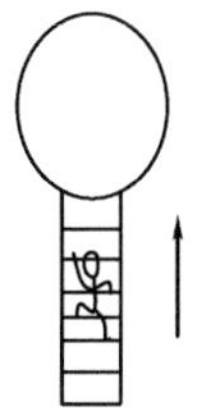

（A）$-\dfrac{mv}{m+M}$；

（B）$-\dfrac{(m+M)v}{m}$；

（C）$-\dfrac{(m+M)v}{M}$；

（D）$-\dfrac{Mv}{m+M}$。

图 2-24

2. 填空题（每空 2 分，共 30 分）

（1）已知粒子 b 的质量是粒子 a 的质量的 4 倍，开始时粒子 a 的速度为 $\vec{v}_{10} = 3\vec{i} + 5\vec{j}$，粒子 b 的速度 $\vec{v}_{20} = 2\vec{i} - 6\vec{j}$。在没有外力作用的情况下两粒子发生碰撞，碰撞以后粒子 a 的速度变为 $\vec{v}_1 = 8\vec{i} - 3\vec{j}$，则此时粒子 b 的速度 $\vec{v}_2$ 为（   ）。

（2）在半径为 R 的定滑轮上跨有一根细绳，绳的两端分别挂着质量为 m_1 和 $m_2(m_1>m_2)$ 的物体。如果滑轮的角加速度为 α，则两侧绳中的张力 T_1、T_2 分别为（　　）和（　　）。

（3）如图 2-25 所示，质量相等的两物体 A 和 B 分别固定在弹簧的两端，竖直放在光滑的水平面 C 上。弹簧的质量与两物体的质量相比可以忽略不计。如果把支持面 C 迅速移走，则在移开的瞬间，A 和 B 的加速度大小 a_A 和 a_B 分别为（　　）和（　　）。

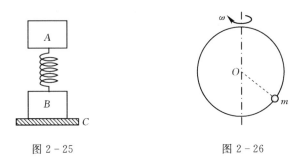

图 2-25　　　　　　　　　图 2-26

（4）如图 2-26 所示，一颗小珠子可以在半径为 R 的竖直圆环上做无摩擦滑动。如果使圆环以角速度 ω 绕圆环竖直直径转动，要使小珠离开环的底部而停在环上某一点，则角速度 ω 至少应大于（　　）。

（5）某冰块由静止开始沿与水平方向成 $30°$ 角的光滑斜屋顶下滑 10m 后到达屋缘。如果屋缘高出地面 10m．则冰块从脱离屋缘到落地的过程中发生的水平位移大小为（　　）。计算过程中忽略空气阻力的影响。

（6）如图 2-27 所示，质量为 m 的小球从高为 y_0 处沿水平方向以速率 v_0 抛出，与地面碰撞后跳起的最大高度为 $0.5y_0$，水平速率为 $0.5v_0$，则在碰撞过程中，地面对小球的竖直冲量和水平冲量的大小分别为（　　）和（　　）。

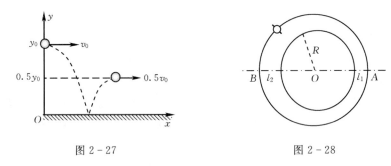

图 2-27　　　　　　　　　图 2-28

（7）如图 2-28 所示，我国第一颗人造卫星沿椭圆轨道运动，地球的中心 O 为该椭圆的一个焦点。已知地球半径为 6378km，卫星与地面的最近距离和最远距离分别为 439km 和 2384km。如果卫星在近地点 A 的速率为 8.1km/s，则卫星在远地点 B 的速率为（　　）。

（8）将一个质量为 m 的小球系在轻绳的一端，绳的另一端穿过光滑水平桌面上的小孔用手拉住。先使小球以角速度 ω_1 在桌面上做半径为 r_1 的圆周运动，然后缓慢将轻绳向下拉，使半径缩小为 r_2，在此过程中小球的动能增量为（　　）。

（9）一个人站在平板车上掷铅球，人和车的总质量为 M，铅球的质量为 m，平板车可沿水平的直光滑轨道运动。设铅直平面为 xOy 平面，x 轴与轨道平行，y 轴正方向竖直向上。已知人没有掷铅球时，人、车和球都是静止的。铅球出手时在 xOy 平面内沿斜上方，相对于车的初速度大小为 v_0，方向与 x 轴正方向的夹角为 φ，人在掷铅球的过程中对车没有滑动，则铅球被抛出以后，车和铅球相对地的速度 $\vec{V}$ 和 $\vec{v}$ 为（　　）和（　　）。

（10）如图 2-29 所示，有一艘宇宙飞船正在考察一个质量为 M、半径为 R 的星球，当飞船距该星球中心为 $5R$ 处时与星球保持相对静止。飞船发射出一个质量为 m（$m \ll M$）的仪器舱，其相对星球的速度大小为 v_0，要使该仪器舱恰好掠过星球表面（即与星球表面相切），发射倾角应为 θ。为确定 θ 角，需设定仪器舱掠过星球表面时的速度大小为 v，θ 和 v 满足的两个方程分别是（　　）和（　　）。

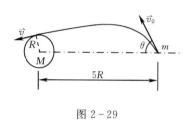

图 2-29

3. 计算题（每题 10 分，共 40 分）

（1）水平转台上放置一个质量为 2.0kg 的小物块，物块与转台间的静摩擦系数为 0.2，一条光滑的绳子一端系在物块上，另一端则由转台中心处的小孔穿下并悬挂一个质量为 0.8kg 的物块，转台以角速度为 4π rad/s 绕竖直中心轴转动。求转台上面的物块与转台相对静止时，物块转动半径的最大值和最小值。

（2）一发炮弹发射后在其运行轨道上的最高点 19.6m 处炸裂成质量相等的两块。其中一块在爆炸后 1s 落到爆炸点正下方的地面上。设此处与发射点的距离为 1km，则另一块的落地点与发射点之间的距离是多少？计算过程中忽略空气阻力。

（3）如图 2-30 所示，水平地面上一辆静止的炮车发射炮弹，炮车质量为 M，炮身仰角为 α，炮弹质量为 m，炮弹刚出炮口时相对于炮身的速度为 u，不考虑地面的摩擦。

1）求炮弹刚出炮口时，炮车的反冲速度大小。

2）如果炮筒长为 L，求发射炮弹的过程中炮车移动的距离。

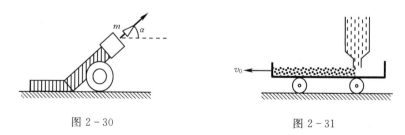

图 2-30　　　　　　　　　　　图 2-31

（4）如图 2-31 所示，一辆以速率 v_0 水平运动的运煤车从煤斗下面通过，每单位时间内卸入煤车的煤的质量为 m_0。如果运煤车的速率保持不变，忽略运煤车与钢轨之间的摩擦，试求：

1）牵引运煤车的力的大小。

2）牵引运煤车所需的功率。

3）牵引运煤车所提供的能量中有多少转化为煤的动能？其余的能量用于何处？

第三章　功　和　能

一、基本内容

（一）功、动能和动能定理

1. 功、功率

功是描述力在空间积累效应的物理量。

（1）**恒力做功**：质点在恒力作用下做曲线运动时，恒力所做的功等于恒力 $\vec{F}$ 与运动过程中的位移 $\Delta \vec{r}$ 的数量积。即

$$W = \vec{F} \cdot \Delta \vec{r} = F | \Delta \vec{r} | \cos\theta$$

其中，θ 为力 $\vec{F}$ 与位移 $\Delta \vec{r}$ 之间的夹角。

（2）变力 $\vec{F}$ 对质点所做的元功为

$$dW = \vec{F} \cdot d\vec{r} = F\cos\theta ds$$

质点在变力 $\vec{F}$ 的作用下沿曲线 L 运动过程中所做的功为

$$W = \int_{a(L)}^{b} \vec{F} \cdot d\vec{r} = \int_{a(L)}^{b} F\cos\theta ds$$

上式在一维、二维直坐标系下的表达式分别为

$$W = \int_{x_a}^{x_b} F dx$$

$$W = \int_{x_a}^{x_b} F_x dx + \int_{y_a}^{y_b} F_y dy$$

（3）**合力做功**：合力对质点所做的功，等于各个分力所做功的代数和。即

$$W = W_1 + W_2 + \cdots + W_n$$

功率：物体在单位时间内所做的功。即

$$P = \frac{dW}{dt} = \vec{F} \cdot \vec{v} = Fv\cos\theta$$

功率是描述物体做功快慢程度的物理量。

2. 动能和动能定理

能量是描述物体做功的能力或做功本领的物理量。

动能：物体由于运动所具有的能量。

质点的动能 $\qquad\qquad\qquad E_k = \frac{1}{2}mv^2$

质点的动能定理：合外力对质点所做的功等于质点动能的增量。即

$$W = \frac{1}{2}mv_2^2 - \frac{1}{2}mv_1^2$$

质点系的动能定理：外力对质点系所做的功与内力对质点系所做的功的和等于质点系的动能增量。即

$$W_外 + W_内 = E_k - E_{k0}$$

注意：①动能是状态量，即是由运动状态决定的函数，而功与质点动能的变化过程有关，是过程量；②动能定理仅适用于惯性参考系。

（二）保守力、势能

1. 保守力和非保守力

保守力 $\vec{F}_c$：做功仅与质点的始末位置有关，而与质点经历的路径无关的力；或质点沿任意闭合路径运动一周时，对它做的功为零的力。

典型的保守力有重力、弹性力、万有引力、静电力等。

非保守力：对质点所做的功既与质点的始末位置有关，也与质点经历的路径有关的力，或质点沿任意闭合路径运动一周时，对它做的功不等于零的力。

典型的非保守力有摩擦力、汽车的牵引力等。

2. 势能

势能 E_P：由质点位置所确定的能量。

保守力所做的功等于相应势能增量的负值，即

$$W_{AB} = E_{PA} - E_{PB} = -(E_{PB} - E_{PA})$$

零势能参考点 E_{PB_0}：为了确定质点在某一位置的势能值而选定的势能零点。

势能的定义式为

$$E_{PA} = W_{AB_0} = \int_A^{B_0} \vec{F}_c \cdot d\vec{r}$$

即质点在某一位置的势能等于质点从这个位置沿任意路径移至零势能参考点时保守力所做的功。

注意：①势能增量 ΔE_P 具有绝对意义，但势能 E_P 只具有相对意义；②势能属于相互作用的物体系统。

几种典型势能：

（1）重力势能 $\qquad\qquad\qquad E_P = mgy$

（2）弹性势能 $\qquad\qquad\qquad E_P = \dfrac{1}{2}kx^2$

（3）万有引力势能 $\qquad\qquad E_P = -G_0\dfrac{Mm}{r}$

（三）功能原理、机械能守恒定律、能量守恒定律

1. 功能原理

机械能：动能与势能之和。

功能原理：外力和非保守内力对质点系所做的功之和等于质点系的机械能增量。即

$$W_外 + W_{非保内} = E - E_0$$

2. 机械能守恒定律

机械能守恒定律：当质点系内只有保守内力（即 $W_外 = 0$、$W_{非保内} = 0$）做功时，系

统的总机械能保持不变。即

$$E_k + E_p = 恒量$$

$W_{外} = 0$ 表明系统与外界没有能量交换；$W_{非保内} = 0$ 表明系统内部不发生机械能与其他形式的能的转换。

3. 能量守恒定律

能量守恒定律：与自然界无任何联系的系统（称为孤立系统），内部各种形式的能量是可以相互转换的，在转换过程中一种形式的能量减少多少，其他形式的能量就增加多少，而能量的总和保持不变。

（四）碰撞

碰撞：两个或两个以上物体发生相互作用的力很大，作用时间又很短的作用过程。

设两个物体的质量分别为 m_1 和 m_2，它们碰撞前的速度分别 $\vec{v}_{10}$ 和 $\vec{v}_{20}$，碰撞后的速度分别为 $\vec{v}_1$ 和 $\vec{v}_2$，它们遵守的动量守恒方程为

$$m_1 \vec{v}_1 + m_2 \vec{v}_2 = m_1 \vec{v}_{10} + m_2 \vec{v}_{20}$$

1. 完全弹性碰撞

完全弹性碰撞：没有机械能损失的碰撞过程。

这种碰撞中系统的机械能守恒。即

$$\frac{1}{2} m_1 v_1^2 + \frac{1}{2} m_2 v_2^2 = \frac{1}{2} m_1 v_{10}^2 + \frac{1}{2} m_2 v_{20}^2$$

对心碰撞：两个物体碰撞前后的速度都在同一条直线上的碰撞。

这种情况下动量守恒方程可以写为

$$m_1 v_1 + m_2 v_2 = m_1 v_{10} + m_2 v_{20}$$

联立求解机械能守恒方程和动量守恒方程，得

$$v_1 = \frac{(m_1 - m_2) v_{10} + 2 m_2 v_{20}}{m_1 + m_2}$$

$$v_2 = \frac{(m_2 - m_1) v_{20} + 2 m_1 v_{10}}{m_1 + m_2}$$

讨论：①如果 $m_1 = m_2$，则 $v_1 = v_{20}$、$v_2 = v_{10}$；②如果 $m_2 \gg m_1$、$v_{20} = 0$，则 $v_1 \approx -v_{10}$、$v_2 \approx 0$；③如果 $m_2 \ll m_1$、$v_{10} = 0$，则 $v_1 \approx v_{10}$、$v_2 \approx 2 v_{10}$。

2. 完全非弹性碰撞

完全非弹性碰撞：机械能损失最多的碰撞过程。

这种情况下的动量守恒方程为

$$m_1 v_{10} + m_2 v_{20} = (m_1 + m_2) v$$

这种碰撞中的机械能损失为

$$|\Delta E| = \left(\frac{1}{2} m_1 v_{10}^2 + \frac{1}{2} m_2 v_{20}^2 \right) - \frac{1}{2} (m_1 + m_2) v^2 = \frac{m_1 m_2 (v_{10} - v_{20})^2}{2(m_1 + m_2)}$$

3. 非弹性碰撞、恢复系数

非弹性碰撞：有机械能损失的碰撞过程。

恢复系数 e：恢复系数等于碰撞后两物体的分离速度与碰撞前两物体的接近速度之比。即

$$e = \frac{v_2 - v_1}{v_{10} - v_{20}}$$

恢复系数是一个只与碰撞物体材料有关的物理量。

对完全非弹性碰撞，$e=0$；对完全弹性碰撞，$e=1$。一般情况下恢复系数通过实验方法测定。

二、思考与讨论题目详解

1. 功、动能和动能定理

（1）一个质点同时在几个力的作用下发生的位移为 $\Delta \vec{r} = 6\vec{i} + 5\vec{j} + 4\vec{k}$（$m$），其中一个力为 $\vec{F} = 2\vec{i} - 7\vec{j} + 6\vec{k}$（N），此力在该位移过程中所做的功等于多少？

【答案：1J】

详解：由于该质点在恒力作用下发生位移，因此，这个力在该位移过程中所做的功为

$$W = \vec{F} \cdot \Delta \vec{r} = (2\vec{i} - 7\vec{j} + 6\vec{k}) \cdot (6\vec{i} + 5\vec{j} + 4\vec{k}) = 1 \ (J)$$

（2）如图 3-1 所示，一个质点在 xOy 平面内做圆周运动，有一力 $\vec{F} = ax\vec{i} + by\vec{j}$ 作用在该质点上。在该质点从坐标原点运动到（0，$2R$）位置过程中，力 $\vec{F}$ 对它所做的功为多少？

【答案：$2bR^2$】

详解：在该过程中，力 $\vec{F}$ 对质点所做的功为

$$W = \int_O^P \vec{F} \cdot \mathrm{d}\vec{r} = \int_{x_1}^{x_2} F_x \mathrm{d}x + \int_{y_1}^{y_2} F_y \mathrm{d}y = \int_0^0 ax\,\mathrm{d}x + \int_0^{2R} by\,\mathrm{d}y = 2bR^2$$

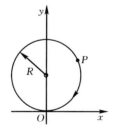

图 3-1

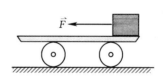

图 3-2

（3）如图 3-2 所示，在光滑水平地面上放着一辆小车，车上右端放着一个木块，现在用水平恒力 $\vec{F}$ 拉木块，使它由小车的右端运动到左端，一次小车被固定在水平地面上，另一次小车没有固定。如果以水平地面为参照系，两种情况相比较，力 $\vec{F}$ 做的功是否相等？摩擦力对木块做的功是否相等？木块获得的动能是否相等？由于摩擦而产生的热量是否相等？

【答案：力 $\vec{F}$ 做的功不相等；摩擦力做的功不相等；木块获得的动能不相等；由于摩擦而产生的热量相等】

详解：设车身长度为 l。在用水平恒力 $\vec{F}$ 将木块由小车的右端拉到左端的过程中，如果小车被固定在水平地面上，木块相对于地面移动的位移为车身长度 l；如果小车没有固

定，设在此过程小车相对于地面移动的位移为 s，则木块相对于地面发生的位移为 $l+s$。

在两种情况下力 $\vec{F}$ 做的功分别为

$$W_{F1}=Fl,\quad W_{F2}=F(l+s)$$

即在两种情况下力 $\vec{F}$ 做的功不相等。

在两种情况下木块受到的摩擦力相等，设其大小为 F_f。由于摩擦力的方向与木块位移的方向相反，因此两种情况下摩擦力对木块做的功分别为

$$W_{F_f1}=-F_fl,\quad W_{F_f2}=-F_f(l+s)$$

即在两种情况下摩擦力对木块做的功不相等。

由动能定理可得两种情况下木块获得的动能为

$$E_{K1}=W_{F1}+W_{F_f1}=(F-F_f)l$$
$$E_{K2}=W_{F2}+W_{F_f2}=(F-F_f)(l+s)$$

即在两种情况下木块获得的动能不相等。

由于摩擦而产生的热量大小等于摩擦力相对于车所做功的大小，即

$$Q_1=Q_2=F_fl$$

因此，在两种情况下由于摩擦而产生的热量相等。

（4）质量为 m 和 $2m$ 的两个质点分别以动能 E_k 和 $2E_k$ 沿着某一直线相向运动，它们的总动量大小等于多少？

【答案：$\sqrt{2mE_K}$】

详解： 由于 $E_K=\dfrac{p^2}{2m}$，因此动能为的质点的定量大小为

$$p=\sqrt{2mE_K}$$

依题意得这两个质点的总动量大小为

$$p=\sqrt{2\times 2m\times 2E_K}-\sqrt{2mE_K}=\sqrt{2mE_K}$$

（5）某质点在力 $\vec{F}=(x^2+2x+3)\vec{i}$（公式中的各个物理量均采用国际单位）的作用下沿着 x 轴做直线运动，在该质点从 $x=4\text{m}$ 处移动到 $x=16\text{m}$ 的过程中，力 $\vec{F}$ 所做的功为等于多少？

【答案：1620J】

详解： 根据功的定义得力 $\vec{F}$ 所做的功为

$$W=\int_{x_1}^{x_2}F\,\mathrm{d}x=\int_4^{16}(x^2+2x+3)\,\mathrm{d}x=\left(\frac{1}{3}x^3+x^2+3x\right)\Big|_4^{16}=1620\ (\text{J})$$

2. 保守力、势能

（1）如图 3-3 所示，劲度系数为 k 的轻弹簧竖直放置，下端悬挂一个质量为 m 的小球，开始时弹簧为原长并且小球恰好与地面接触，然后将弹簧上端缓慢地提起，直到小球刚能脱离地面为止，在这个过程中外力所做的功为多少？

【答案：$\dfrac{m^2g^2}{2k}$】

详解： 在将弹簧缓慢提起的过程中，外力始终等于弹簧的弹力，因此，外力所做的功为

$$W = \int_0^{x_0} F \mathrm{d}x = \int_0^{x_0} kx \mathrm{d}x = \frac{1}{2}kx_0^2$$

由于提弹簧的过程到小球刚能脱离地面为止，因此

$$mg = kx_0$$

由上式解出 x_0，代入功的表达式中，即得外力提弹簧的过程中所做的功为

$$W = \frac{1}{2}k\left(\frac{mg}{k}\right)^2 = \frac{m^2 g^2}{2k}$$

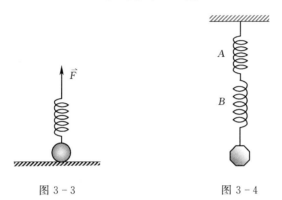

图 3-3   图 3-4

（2）如图 3-4 所示，A、B 两个轻弹簧的劲度系数分别为 k_1 和 k_2，将这两个弹簧连接起来并竖直悬挂起来，当两个弹簧静止时，它们的弹性势能 E_{P1} 与 E_{P2} 之比为多少？

【答案：$\dfrac{E_{P1}}{E_{P2}} = \dfrac{k_2}{k_1}$】

详解：设重物的质量为 m，两根弹簧受到的拉力都等于 mg，当它们静止时，有

$$mg = k_1 x_1, \quad mg = k_2 x_2$$

弹簧 A 的弹性势能为

$$E_{P1} = \frac{1}{2}k_1 x_1^2 = \frac{(k_1 x_1)^2}{2k_1} = \frac{m^2 g^2}{2k_1}$$

同理，弹簧 B 的弹性势能为

$$E_{P2} = \frac{m^2 g^2}{2k_2}$$

因此，弹簧 A 和 B 的弹性势能 E_{P1} 与 E_{P2} 之比为

$$\frac{E_{P1}}{E_{P2}} = \frac{k_2}{k_1}$$

（3）如图 3-5 所示，轻弹簧的一端固定在倾角为 θ 的光滑斜面底端，另一端与质量为 m 的物体 P 相连，O 点为弹簧的原长位置，A 点为物体 P 的平衡位置，x_0 为弹簧被压缩的长度。物体在某一外力的作用下由 A 点沿斜面向上缓慢移动了 $2x_0$ 距离而到达 B 点，在这个过程中该外力所做的功为多少？

【答案：$2mgx_0 \sin\theta$】

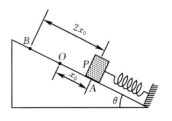

图 3-5

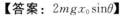

详解： 物体由 A 点沿斜面向上缓慢移动到 B 点的过程中，重力势能的增加量为

$$\Delta E_{P1} = 2mgx_0 \sin\theta$$

弹性势能的增加量为

$$\Delta E_{P2} = \frac{1}{2}kx_0^2 - \frac{1}{2}k(-x_0)^2 = 0$$

由于是缓慢移动，可以认为动能始终为零，即

$$\Delta E_k = 0$$

由功能原理得外力所做的功为

$$W_F = \Delta E_{P1} + \Delta E_{P2} + \Delta E_k = 2mgx_0 \sin\theta$$

（4）已知地球的半径 R，质量为 M。一颗质量为 m 的人造地球卫星在地球表面上空两倍于地球半径的高度沿圆形轨道运行。这颗卫星的动能和引力势能分别为多少？

【**答案：** $E_k = \dfrac{G_0 mM}{6R}$；$E_P = -\dfrac{G_0 mM}{3R}$】

详解： 依题意，由牛顿定律得

$$G_0 \frac{mM}{(3R)^2} = m \frac{v^2}{3R}$$

因此，该卫星的动能为

$$E_k = \frac{1}{2}mv^2 = \frac{1}{2}G_0 \frac{mM}{3R} = \frac{G_0 mM}{6R}$$

该卫星的势能为

$$E_P = -G_0 \frac{mM}{3R} = -\frac{G_0 mM}{3R}$$

（5）如图 3-6 所示，一根弹簧原长为 20cm，劲度系数为 40N/m，其一端固定在半径为 20cm 的半圆环的端点 A 处，另一端与一个套在半圆环上的小环相连。在将小环由半圆环中点 B 移到另一端 C 的过程中，弹簧的拉力对小环所做的功为多少？

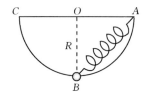

图 3-6

【**答案：** -0.66J】

详解： 弹簧的拉力是保守力，该力所做的功为

$$W = E_{k1} - E_{k2} = \frac{1}{2}kx_1^2 - \frac{1}{2}kx_2^2$$

其中

$$x_1 = \sqrt{2}R - l_0 = \sqrt{2}l_0 - l_0 = (\sqrt{2}-1)l_0$$
$$x_2 = 2R - l_0 = 2l_0 - l_0 = l_0$$

因此，弹簧的拉力对小环所做的功为

$$W = \frac{1}{2}k\left[(\sqrt{2}-1)l_0\right]^2 - \frac{1}{2}kl_0^2 = -(\sqrt{2}-1)kl_0^2 = -0.66 \ (\text{J})$$

3. 功能原理、机械能守恒定律、碰撞

（1）当一艘质量为 m 的宇宙飞船关闭发动机返回地球时，可以认为该飞船只在地球的引力场中运动。已知地球质量为 M，万有引力恒量为 G，则当这艘宇宙飞船从距地球中

心 R_1 处下降到 R_2 处时，飞船动能增加了多少？

【答案： $GmM\left(\dfrac{1}{R_2}-\dfrac{1}{R_1}\right)$ **】**

详解： 由于宇宙飞船只在地球的引力场中运动，而万有引力是保守力，因此宇宙飞船在运动过程中机械能守恒。即

$$E_{k1}-G\frac{mM}{R_1}=E_{k2}-G\frac{mM}{R_2}$$

飞船动能的增加量为

$$\Delta E_k=E_{k2}-E_{k1}=G\frac{mM}{R_2}-G\frac{mM}{R_1}=GmM\left(\frac{1}{R_2}-\frac{1}{R_1}\right)$$

（2）如图 3-7 所示，一个质量为 m 的物体，位于直立的轻弹簧正上方 h 高度处，该物体从静止开始落向弹簧，如果弹簧的劲度系数为 k，不考虑空气阻力，则物体下降过程中可能获得的最大动能为多少？

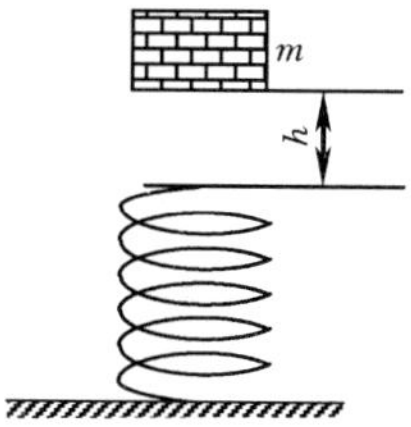

【答案： $mgh+\dfrac{m^2g^2}{2k}$ **】**

详解： 物体下落过程中机械能守恒。设物体下落的位置为重力势能零点，当弹簧压缩量为 x 时物体获得最大动能，则

$$0=E_{kmax}+\frac{1}{2}kx^2-mg(x+h)$$

当物体获得最大动能时，有 $mg=kx$，这时弹簧的压缩量为

$$x=\frac{mg}{k}$$

因此，物体获得的最大动能为

$$E_{kmax}=mg(x+h)-\frac{1}{2}kx^2=mg\left(\frac{mg}{k}+h\right)-\frac{1}{2}k\left(\frac{mg}{k}\right)^2=mgh+\frac{m^2g^2}{2k}$$

图 3-7

（3）一个质点在几个外力同时作用下运动时，如果质点的动量改变，质点的动能是否一定改变？如果质点的动能不变，质点的动量是否一定改变？如果外力的冲量等于零，外力所做的功是否一定等于零？如果外力的所做的功等于零，外力的冲量是否一定等于零？

【答案： 动能不一定改变；动量不一定改变；一定等于零；不一定等于零 **】**

详解： 由公式 $E_k=\dfrac{p^2}{2m}$ 可知，如果质点的动量改变，可以是动量的方向改变而大小不变，这时质点的动能并不发生变化，因此质点的动量改变，质点的动能不一定改变。

与上述同理，如果质点的动能不变，完全可能是其大小和方向都不变，因此质点的动能不变，质点的动量不一定改变。

如果外力的冲量等于零，则质点的动量不变，其对应的动能不变。由动能定理可知，外力所做的功一定等于零。

如果外力的所做的功等于零，由动能定理可知，质点的动能不变，这时质点的动量大小不变，方向可以变化，动量的增量可以不为零，由动量定理可知，外力的冲量可以不等于零。

（4）一颗速率为 v 的子弹射中一块固定在地面上的木板，当子弹打穿这块木板时速率恰好为零。已知木板对子弹的阻力是恒定的，当子弹射入木板的深度等于木板厚度一半时，子弹的速度是多少？

【答案：$\dfrac{\sqrt{2}}{2}v$】

详解： 设木板的厚度为 d，依题意，对子弹打穿这块木板的过程应用动能定理，有

$$-F_f d=0-\frac{1}{2}mv^2$$

设子弹射入木板的深度等于木板厚度一半时的速度为 V，对这个过程再应用动能定理，有

$$-F_f\frac{d}{2}=\frac{1}{2}mV^2-\frac{1}{2}mv^2$$

由以上两式解得

$$V=\frac{\sqrt{2}}{2}v$$

（5）如图 3-8 所示，一颗人造地球卫星绕地球运动的轨道是椭圆形，其近地点为 a，远地点为 b。a、b 两点距离地心分别为 r_1、r_2。已知卫星的质量为 m，地球的质量为 M，万有引力常量为 G。则卫星在 a、b 两点处的万有引力势能之差 $E_{Pb}-E_{Pa}$ 和动能之差 $E_{kb}-E_{ka}$ 分别等于多少？

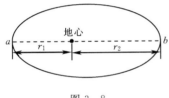

图 3-8

【答案：$GMm\dfrac{r_2-r_1}{r_1r_2}$；$GMm\dfrac{r_1-r_2}{r_1r_2}$】

详解： 卫星在 a、b 两点处的万有引力势能之差为

$$E_{Pb}-E_{Pa}=-G\frac{mM}{r_2}-\left(-G\frac{mM}{r_1}\right)$$

$$=GMm\frac{r_2-r_1}{r_1r_2}$$

由机械能守恒定律得

$$E_{Pb}+E_{kb}=E_{Pa}+E_{ka}$$

因此，卫星在 a、b 两点处的动能之差

$$E_{kb}-E_{ka}=E_{Pa}-E_{Pb}=GMm\frac{r_1-r_2}{r_1r_2}$$

（6）如图 3-9 所示，质量为 m 的小球系在劲度系数为 k 的轻弹簧一端，弹簧的另一端固定在 O 点。开始时弹簧水平，处于自然状态，其长度为 l_0，小球的位置为 a。将小球由静止释放，下落到最低位置 b 时弹簧的长度为 l，则小球到达 b 点时的速度大小为多少？

【答案：$\sqrt{2gl-\dfrac{k(l-l_0)^2}{m}}$】

详解： 设 O 点为重力势能零点，对小球下落过程应用机械能守恒定律，有

$$0 = \frac{1}{2}mv^2 + \frac{1}{2}k(l-l_0)^2 - mgl$$

由此解得小球到达 b 点时的速度大小为

$$v = \sqrt{2gl - \frac{k(l-l_0)^2}{m}}$$

（7）质量为 1kg 的静止物体，从坐标原点出发在水平面内沿 x 轴正方向运动，它所受的合力方向与运动方向一致，合力的大小为

$$F = 2 + 3x^2$$

式中的各个物理量均采用国际单位。在物体运动 4m 的过程中，该合力所做的功等于多少？在 $x=4$m 处，物体的速率等于多少？

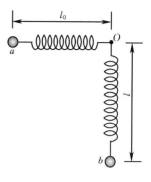

图 3 - 9

【答案：72J；12m/s】

详解：在物体运动 4m 的过程中，该合力所做的功为

$$W = \int_0^4 (2 + 3x^2)\,\mathrm{d}x = 72 \ (\mathrm{J})$$

由动能定理得

$$W = \frac{1}{2}mv^2$$

因此，物体在 $x=4$m 处的速率为

$$v = \sqrt{\frac{2W}{m}} = 12 \ (\mathrm{m/s})$$

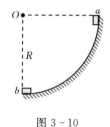

图 3 - 10

（8）如图 3 - 10 所示，质量为 4kg 的物体从静止开始，沿四分之一圆弧从 a 点滑到 b 点，在 b 点的速率为 12m/s，已知圆的半径 $R=8$m，则物体从 a 运动到 b 的过程中，摩擦力对它所做的功等于多少？

【答案：-25.6J】

详解：设 b 点为重力势能零点，对物体的运动过程应用功能原理得

$$W = \frac{1}{2}mv^2 - mgR = -25.6 \ (\mathrm{J})$$

由于物体从 a 运动到 b 的过程中只有摩擦力做功，因此此过程摩擦力对物体所做的功为 -25.6J。

（9）一个质量为 m 的质点在指向圆心的力作用下做半径为 r 的圆周运动，该力的表达式为

$$F = -\frac{k}{r^2}$$

其中，k 为正的常数。则该任意位置处的速度大小等于多少？如果取距圆心无穷远处为势能零点，其机械能等于多少？

【答案：$\sqrt{\dfrac{k}{mr}}$；$-\dfrac{k}{2r}$】

详解： 由牛顿定律得

$$\frac{k}{r^2} = m\frac{v^2}{r}$$

解之得质点在任意位置处的速度大小为

$$v = \sqrt{\frac{k}{mr}}$$

如果取距圆心无穷远处为势能零点，则质点在任意位置处的势能为

$$E_P = \int_r^\infty \left(-\frac{k}{r^2}\right)dr = -\frac{k}{r}$$

因此，质点在任意位置处的机械能为

$$E = E_k + E_P = \frac{1}{2}mv^2 - \frac{k}{r} = \frac{k}{2r} - \frac{k}{r} = -\frac{k}{2r}$$

（10）一个质点在两个恒力的共同作用下发生的位移为 $\Delta\vec{r} = 3\vec{i} + 8\vec{j}$（m）。已知在此过程中的动能增量为24J，如果其中一个恒力为 $\vec{F}_1 = 12\vec{i} - 3\vec{j}$（N），则另一个恒力所做的功等于多少？

【答案：12J】

详解： 已知恒力做的功为

$$W_1 = \vec{F}_1 \cdot \Delta\vec{r} = (12\vec{i} - 3\vec{j}) \cdot (3\vec{i} + 8\vec{j}) = 12 \text{ (J)}$$

由动能定理得

$$W_1 + W_2 = \Delta E_k$$

因此，另一个恒力做的功为

$$W_2 = \Delta E_k - W_1 = 12 \text{ (J)}$$

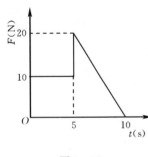

图 3-11

（11）有一个质量为4kg的物体，在 $0\sim10$s 内受到如图 3-11 所示的变力 F 的作用。物体由静止开始沿 x 轴正向运动，力的方向始终与 x 轴的正方向相同。则在 10s 内变力 F 所做的功为多少？

【答案：1250J】

详解： 由冲量的定义可知，在物体沿直线运动的情况下，$F\sim t$ 曲线下所包围的面积，等于物体受到的冲量，因此

$$I = 5 \times 10 + \frac{1}{2} \times (10-5) \times 20 = 100 \text{ (N·s)}$$

依题意，由动量定理得

$$I = p - 0 = p$$

因此该物体在 10s 末的动量为

$$p = I = 100 \text{kg·m/s}$$

依题意，由动能定理得该变力在 10s 内所做的功为

$$W = \frac{p^2}{2m} - 0 = \frac{p^2}{2m} = 1250 \text{ (J)}$$

（12）如图 3-12 所示，一个质量为 60kg 人站在质量为 240kg 的静止的船上，他用

100N 的恒力拉一水平轻绳，绳的另一端系在岸边的一棵树上，则在船开始运动后 3s 末的速率为多少？在这段时间内拉力对船做了多少功（忽略水的阻力）？

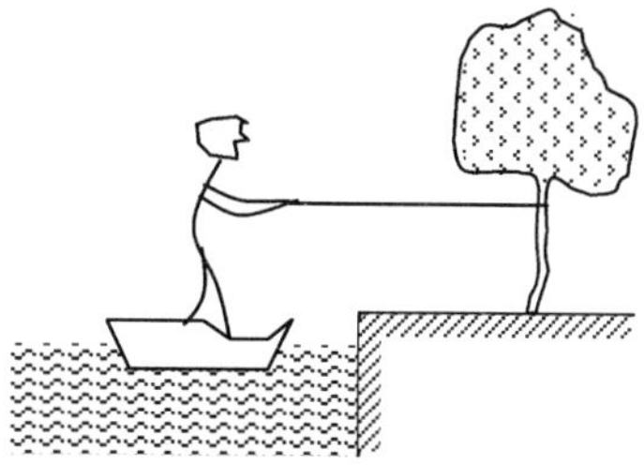

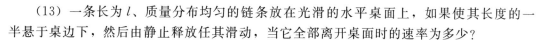

图 3-12

【答案：1m/s；150J】

详解： 依题意，由动量定理得

$$Ft = (m+M)v$$

因此，在船开始运动后 3s 末的速率为

$$v = \frac{Ft}{m+M} = 1 \ (\text{m/s})$$

依题意，由动量定理得拉力在 3s 内对船做的功为

$$W = \frac{1}{2}(m+M)v^2 = 150 \ (\text{J})$$

（13）一条长为 l、质量分布均匀的链条放在光滑的水平桌面上，如果使其长度的一半悬于桌边下，然后由静止释放任其滑动，当它全部离开桌面时的速率为多少？

【答案：$\frac{1}{2}\sqrt{3gl}$】

详解： 设水平桌面上重力势能为零，依题意得机械能守恒方程为

$$-\frac{m}{2}g\frac{l}{4} = \frac{1}{2}mv^2 - mg\frac{l}{2}$$

由此解得当链条全部离开桌面时的速率为

$$v = \frac{1}{2}\sqrt{3gl}$$

（14）一个金属球从 1m 高处落到一块钢板上，向上弹跳到 0.81m 高处，这个小球与钢板碰撞的恢复系数 e 是多少？

【答案：0.9】

详解： 设金属球与钢板碰撞前的瞬间速度为 v_{10}，则由机械能守恒定律 $mgh_1 = \frac{1}{2}mv_{10}^2$ 得

$$v_{10} = \sqrt{2gh_1}$$

设金属球从钢板上弹离的瞬间速度为 v_1，则由机械能守恒定律 $mgh_2 = \frac{1}{2}mv_1^2$ 得

$$v_1 = -\sqrt{2gh_2}$$

其中，负号表示 v_1 的方向向上。

由于金属球与钢板碰撞前后钢板的速度始终为零，即 $v_{20} = v_2 = 0$，因此小球与钢板碰撞的恢复系数为

$$e = \frac{v_2 - v_1}{v_{10} - v_{20}} = -\frac{v_1}{v_{10}} = \sqrt{\frac{h_2}{h_1}} = 0.9$$

三、课后习题解答

（1）一个小孩从 10m 深的井中提水。开始时桶中装有 6kg 的水，桶的质量为 0.5kg。

由于水桶漏水，每升高 1m 要漏去 0.1kg 的水。求水桶匀速地从井中提到井口时小孩所做的功。

解：选竖直向上为坐标 y 轴的正方向，井中水面处为坐标原点。

由题意可知，由于人匀速提水，因此在任一位置人所用的拉力 F 均等于桶和水的重量，即

$$F = mg - \lambda g y$$

小孩将水桶匀速从井中提到井口时所做的功为

$$W = \int_0^H F \mathrm{d}y = \int_0^H (mg - \lambda g y)\mathrm{d}y = mgH - \frac{1}{2}\lambda g H^2$$

$$= \left(6.5 - \frac{1}{2} \times 0.1 \times 10\right) \times 9.8 \times 10 = 588 \ (\mathrm{J})$$

（2）质量为 3.0kg 的质点在力 $\vec{F} = (3t^2 + 1)\vec{i}$ （N）的作用下从静止出发沿 x 轴正向做直线运动，则该力在前三秒内所做的功为多少？

解：力 $\vec{F}$ 所做的功为

$$W = \int_L F \mathrm{d}x = \int_L Fv \mathrm{d}t$$

由于 $a = \dfrac{\mathrm{d}v}{\mathrm{d}t}$、$a = \dfrac{F}{m}$，因此

$$\mathrm{d}v = \frac{F}{m}\mathrm{d}t = \frac{3t^2 + 1}{3.0}\mathrm{d}t = \left(t^2 + \frac{1}{3}\right)\mathrm{d}t$$

对上式积分

$$\int_0^v \mathrm{d}v = \int_0^t \left(t^2 + \frac{1}{3}\right)\mathrm{d}t$$

得质点的速度与时间的关系为

$$v = \frac{1}{3}(t^3 + t)$$

因此，该力在前三秒内所做的功为

$$W = \frac{1}{3}\int_0^3 (3t^2 + 1)(t^3 + t)\mathrm{d}t W = \frac{1}{3}\int_0^3 (3t^5 + 4t^3 + t)\mathrm{d}t$$

$$= \frac{1}{3}\left(\frac{1}{2}t^6 + t^4 + \frac{1}{2}t^2\right)\Big|_0^3 = 150 \ (\mathrm{J})$$

（3）一根不遵守胡克定律的弹簧的弹性力 F 与其伸长量 x 之间的关系为

$$F = 50x + 40x^2$$

式中各个物理量均采用国际单位。求：

1）在将弹簧从 $x_1 = 0.5\mathrm{m}$ 拉伸到 $x_2 = 1.0\mathrm{m}$ 的过程中，外力做了多少功？

2）将弹簧横放在光滑水平桌面上，一端固定，另一端系一个质量为 2.0kg 的物体，然后将弹簧拉伸到 $x_2 = 1.0\mathrm{m}$，再将物体由静止释放，则当弹簧回到 $x_1 = 0.5\mathrm{m}$ 时，物体的速率为多少？

3）该弹簧的弹力 F 是保守力吗？

解：1）由于外力 f 的方向与弹力 F 的方向相反，与位移的方向相同，因此，外力所

做的功为

$$W = \int_{x_1}^{x_2} F \mathrm{d}x = \int_{0.5}^{1.0} (50x + 40x^2) \mathrm{d}x = 30.4 \ (\mathrm{J})$$

2）外力所做的功为

$$W' = -\int_{x_2}^{x_1} F \mathrm{d}x = \int_{x_1}^{x_2} F \mathrm{d}x = 30.4 \ (\mathrm{J})$$

由动能定理得

$$W' = \frac{1}{2} m v^2$$

由此得物体的速率为

$$v = \sqrt{\frac{2W'}{m}} = 5.5 \ (\mathrm{m/s})$$

3）由于该弹簧的弹力 F 所做的功仅与弹簧的始末态有关，因此该力是保守力。

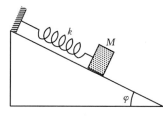

图 3 - 13

（4）如图 3 - 13 所示，在与水平面成 φ 角的光滑斜面上放置放一个质量为 M 的物体，该物体系在一根劲度系数为 k 的轻弹簧的一端，弹簧的另一端固定在斜面的顶端。物体最初静止在斜面上，突然使物体获得沿斜面向下的速度，设与该速度对应的动能为 E_{k0}，试求当弹簧的伸长达到 x 时物体的动能。

解： 设弹簧的原长为 l，挂上物体 M 后弹簧的伸长量为 x_0，取弹簧伸长 x 时物体所在的位置为重力势能零点。由机械能守恒定律得

$$E_{k0} + \frac{1}{2} k x_0^2 + Mg(x - x_0)\sin\varphi = E_k + \frac{1}{2} k x^2$$

物体在平衡位置时有

$$Mg\sin\varphi = k x_0$$

将该式代入机械能守恒方程有

$$E_{k0} + \frac{1}{2} k \left(\frac{Mg\sin\varphi}{k}\right)^2 + Mg\left(x - \frac{Mg\sin\varphi}{k}\right)\sin\varphi = E_k + \frac{1}{2} k x^2$$

由此解得弹簧的伸长 x 时物体的动能为

$$E_k = E_{k0} + Mgx\sin\varphi - \frac{1}{2} k x^2 - \frac{(Mg\sin\varphi)^2}{2k}$$

（5）如图 3 - 14 所示，光滑斜面与水平面的夹角 $\theta = 30°$，一根劲度系数 $k = 30\mathrm{N/m}$ 的轻质弹簧上端固定，在弹簧的另一端轻轻地挂上质量 $M = 2.0\mathrm{kg}$ 的木块，则木块沿斜面向下滑动。当木块下滑 $x = 0.4\mathrm{m}$ 时，恰好被一颗水平飞来的质量 $m = 0.02\mathrm{kg}$、速度 $v = 300\mathrm{m/s}$ 的子弹击中，并且子弹陷在了木块中。求子弹陷入木块后它们

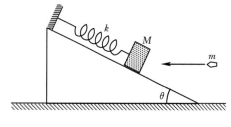

图 3 - 14

的共同速度。

解： 木块在下滑过程中机械能守恒。选弹簧原长处为弹性势能和重力势能的零点，以 v_1 表示木块下滑 x 距离时的速度，则

$$\frac{1}{2}kx^2 + \frac{1}{2}Mv_1^2 - Mgx\sin\theta = 0$$

因此，木块下滑 x 距离时的速度为

$$v_1 = \sqrt{2gx\sin\theta - \frac{kx^2}{M}}$$

选子弹和木块为一个系统，在子弹射入木块的过程中外力沿斜面方向的合力可以忽略，认为在该方向动量守恒定律。以 v_2 表示子弹射入木块后它们的共同速度，则有

$$Mv_1 - mv\cos\theta = (M+m)v_2$$

$$v_2 = \frac{Mv_1 - mv\cos\alpha}{M+m} = \frac{\sqrt{2Mgx\sin\alpha - kx^2} - mv\cos\alpha}{m+M} = -1.71 \ (\text{m/s})$$

负号表示此速度的方向沿斜面向上。

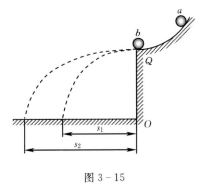

图 3-15

（6）如图 3-15 所示，质量为 m_1 的小球 a 沿光滑的弧形轨道滑下，与放在轨道端点 Q 处（该处轨道的切线是水平的）的静止小球 b 发生弹性对心碰撞，小球 b 的质量为 m_2，a、b 两小球碰撞后同时落在水平地面上。如果它们的落地点距 Q 点正下方 O 点的距离之比 $s_1 : s_2 = 3 : 7$，则两小球的质量之比 $m_1 : m_2 = ?$

解： a、b 两球发生弹性正碰撞，水平方向的动量守恒方程为

$$m_1 v_{10} = m_1 v_1 + m_2 v_2$$

水平方向的机械能守恒方程为

$$\frac{1}{2}m_1 v_{10}^2 = \frac{1}{2}m_1 v_1^2 + \frac{1}{2}m_2 v_2^2$$

以上两方程联立解得

$$\begin{cases} v_1 = \dfrac{m_1 - m_2}{m_1 + m_2}v_{10} \\ v_2 = \dfrac{2m_1}{m_1 + m_2}v_{20} \end{cases}$$

由于两球同时落地，因此 $v_1 > 0$，$m_1 > m_2$，并且

$$\frac{v_1}{v_2} = \frac{s_1}{s_2} = \frac{3}{7}$$

将 v_1、v_2 的表达式代入上式，得

$$\frac{m_1 - m_2}{2m_1} = \frac{3}{7}$$

解之即得两小球的质量之比为

$$\frac{m_1}{m_2} = 7$$

（7）质量分别为 m_1 和 m_2 的两个滑块 a 和 b，分别穿在两条平行且水平的光滑导杆上，两根导杆间的距离为 l，再以一个劲度系数为 k、原长为 l 的轻质弹簧连接两滑块，如图 3－16 所示。设开始时静止滑块 a 与滑块 b 之间的水平距离为 s，求释放后两滑块的最大速度分别为多少？

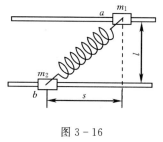

图 3－16

解： 两滑块在弹力作用下沿水平导杆运动。由于导杆光滑，不产生摩擦阻力，因此整个系统的机械能守恒。

当两滑块运动到恰好使弹簧垂直于两导杆时，两滑块所受的弹力的水平分力同时为零，这时两滑块的速度将分别达到最大速度，设为 v_{m1} 和 v_{m2}，此时弹簧为原长，弹性势能为零。

对该系统应用机械能守恒定律，有

$$\frac{1}{2}m_1 v_{m1}^2 + \frac{1}{2}m_2 v_{m2}^2 = \frac{1}{2}k\left(\sqrt{l^2+s^2}-l\right)^2$$

由于系统在水平方向所受的合力为零，因此系统在该方向的动量守恒，即

$$m_1 v_{m1} - m_2 v_{m2} = 0$$

由以上两式解得两滑块的最大速度分别为

$$v_{m1} = \left(\sqrt{l^2+s^2}-l\right)\sqrt{\frac{m_2 k}{m_1(m_1+m_2)}}$$

$$v_{m2} = \left(\sqrt{l^2+s^2}-l\right)\sqrt{\frac{m_1 k}{m_2(m_1+m_2)}}$$

（8）如图 3－17 所示，一辆静止在光滑水平面上的小车，车上装有光滑的弧形轨道，轨道下端切线沿水平方向，车与轨道总质量为 M。一个质量为 $m(<M)$、速度为 $\vec{v}_0$ 的铁球从轨道下端水平射入，求球沿弧形轨道上升的最大高度 H 以及此后下降离开小车时的速度 $\vec{v}$。

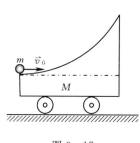

图 3－17

解： 以 V 表示铁球上升到最大高度时 m 和 M 的共同速度，则由动量守恒和机械能守恒得

$$mv_0 = (m+M)V$$

$$\frac{1}{2}mv_0^2 = \frac{1}{2}(m+M)V^2 + mgH$$

由以上二式解得球沿弧形轨道上升的最大高度为

$$H = \frac{Mv_0^2}{2g(m+M)}$$

以 U 表示铁球离开小车时小车的速度，则在小球射入到离开的整个过程中，系统的动量守恒、机械能守恒，即

$$mv_0 = mv + MU$$

$$\frac{1}{2}mv_0^2 = \frac{1}{2}mv^2 + \frac{1}{2}MU^2$$

$$v = \frac{m-M}{m+M}v_0$$

由于 $m < M$ ，因此 $v < 0$ ，即 v 与 v_0 的方向相反。

（9）如图 3-18 所示，质量为 4.0kg 的笼子用轻弹簧悬挂起来，静止在平衡位置，弹簧伸长 $x_0 = 0.1$m。质量为 1.0kg 的小球由距笼子底面高 0.3m 处自由落到笼底上，求笼子向下移动的最大距离。

解： 轻弹簧只悬挂时处于平衡状态，其平衡方程为

$$kx_0 = Mg$$

小球落到笼底的过程中的机械能守恒方程为

$$\frac{1}{2}mv^2 = mgh$$

设小球与笼底碰撞后与笼子的共同运动的速度为 V ，由动量守恒定律得

$$mv = (m+M)V$$

在小球与笼子一起向下运动的过程中机械能守恒，设它们下移的最大距离 Δx ，则机械能守恒方程为

$$\frac{1}{2}k(x_0+\Delta x)^2 = \frac{1}{2}(M+m)V^2 + \frac{1}{2}kx_0^2 + (M+m)g\Delta x$$

将以上 4 个方程联立，解得笼子向下移动的最大距离为

$$\Delta x = \frac{m}{M}x_0 + \sqrt{\frac{m^2 x_0^2}{M^2} + \frac{2m^2 h x_0}{M(M+m)}} = 0.09 \ (\text{m})$$

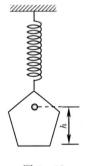

图 3-18

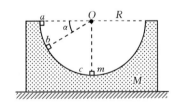

图 3-19

（10）如图 3-19 所示，一个半径为 R、质量为 M 的半圆形光滑槽静止在光滑的桌面上。一个质量为 m 的小物体可以在槽内滑动。起始时小物体静止在与圆心 O 同高的 a 处。求：

1）小物体滑到任意位置 b 处时，小物体对半圆槽以及半圆槽对地的速度各为多少？

2）当小物体滑到半圆槽最低点 c 处时，半圆槽移动了多少距离？

解： 1）将小物体和半圆槽作为一个系统，该系统在水平方向动量守恒。设小物体对半圆槽速度为 v，半圆槽对地的速度为 V，取向右为 x 轴的正方向，有

$$m(v\sin\alpha - V) - MV = 0$$

小物体从位置 a 处滑到位置 b 的过程中，系统的机械能守恒，即

$$\frac{1}{2}m(v\sin\alpha-V)^2+\frac{1}{2}m(v\cos\alpha)^2+\frac{1}{2}MV^2=mgR\sin\alpha$$

以上两方程联立解得

$$v=\sqrt{\frac{2g(M+m)R\sin\theta}{(M+m)-m\sin^2\theta}}$$

$$V=\frac{m\sin\alpha}{M+m}\sqrt{\frac{2(M+m)gR\sin\alpha}{(M+m)-m\sin^2\alpha}}$$

2）设小物体从位置 a 处滑到位置 c 的过程中，在任一位置处相对于槽的速度的水平方向分量为 v_x，则上述动量守恒方程可以改写为

$$m(v_x-V)-MV=0$$

或

$$mv_x=(m+M)V$$

设小物体从位置 a 滑到位置 c 所用的时间为 t，对上式积分得

$$m\int_0^t v_x\mathrm{d}t=(m+M)\int_0^t V\mathrm{d}t$$

其中，$\int_0^t v_x\mathrm{d}t$ 是在该过程中小物体相对于槽在水平方向上的位移，其值为 R。$\int_0^t V\mathrm{d}t$ 就是在该过程中半圆槽相对于地面发生的位移，设为 S，因此上式可以写为

$$mR=(m+M)S$$

由此解得当小物体滑到半圆槽最低点 c 处时，半圆槽移动的距离为

$$S=\frac{m}{m+M}R$$

（11）如图 3-20（a）所示，一辆质量为 M 的平顶小车在光滑水平面上做速度为 v_0 的匀速直线运动，此时在车顶的前部边缘 P 处轻轻放上一个质量为 m 的小物体，物体相对地面的速度为零。物体与车顶之间的摩擦系数为 μ，为使物体不至于从顶上滑出去，问车顶的长度 L 最短应该为多少？

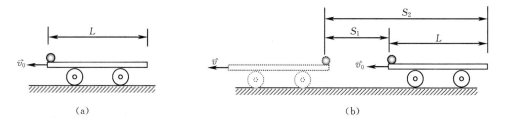

（a）　　　　　　　　　　　　　　　　（b）

图 3-20

解：设小车和小物体达到的共同速度为 v，小车和小物体达到此速度时相对于地面运动的距离分别为 S_1 和 S_2，如图 3-20（b）所示。对它们分别应用动能定理，有

$$-F_fS_2=\frac{1}{2}Mv^2-\frac{1}{2}Mv_0^2$$

$$F_f S_1 = \frac{1}{2}mv^2$$

其中，F_f 为小车和小物体之间的摩擦力，其大小为

$$F_f = \mu mg$$

系统在运动过程中动量守恒，动量守恒方程为

$$Mv_0 = (M+m)v$$

将以上 4 个方程联立，解得

$$S_2 - S_1 = \frac{Mv_0^2}{2\mu(M+m)g}$$

依题意，小物体不滑出车外的条件为 $L \geqslant S_2 - S_1$，即为使物体不至于从车上滑出去，车顶的长度最短应该为

$$L_{\min} = \frac{Mv_0^2}{2\mu(M+m)g}$$

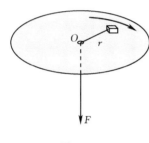

（12）如图 3-21 所示，在中间有小孔 O 的水平光滑桌面上放置一个用绳子联结的、质量为 4kg 的小块物体。绳的另一端穿过小孔下垂并用手拉住。开始时物体以 0.5m 的半径在桌面上转动，其线速度是 4m/s。然后将绳缓慢地匀速下拉，已知绳最多只能承受 600N 的拉力，求绳刚被拉断时物体的转动半径。

图 3-21

解： 小物体在运动过程中角动量守恒。又由于绳是缓慢地向下拉，小物体的运动可以视为圆周运动，因此

$$mv_0 r_0 = mvr$$

物体做圆周运动的向心力由绳的张力提供，由牛顿定律得

$$F = m\frac{v^2}{r}$$

以上两式联立解得

$$r = \sqrt[3]{\frac{mr_0^2 v_0^2}{F}}$$

当 $F = 600$N 时，绳刚好被拉断，此时物体的转动半径为

$$r = 0.3\text{m}$$

（13）两个滑冰运动员 a、b 的质量都是 70kg，以 6.5m/s 的速率沿相反方向滑行，滑行路线之间的垂直距离为 10m，当彼此交错时，各抓住 10m 长的绳索的一端，然后相对旋转，求：

1) 在抓住绳索之前，他们各自对绳索中心的角动量是多少？抓住后又是多少？

2) 他们各自收拢绳索，到绳长为 5m 时，各自的速率等于多少？这时绳的张力多大？

3) 两人在收拢绳索时，设收绳速率相同，他们各做了多少功？

解： 1) 在抓住绳索之前，两个滑冰运动员 a、b 各自对绳索中心 O 的角动量为

$$L_{aO} = L_{bO} = mv_0\frac{L}{2} = 2275 \ (\text{kg} \cdot \text{m}^2/\text{s})$$

抓住绳之后，绳对他们的拉力对绳索中心 O 点的力矩为零，他们各自对 O 点的角动量不变，即

$$L'_{aO} = L'_{bO} = 2275 \text{ (kg·m}^2\text{/s)}$$

2）设他们各自收拢绳索到绳长为 5m 时的速率为 v，由于他们对 O 点的角动量守恒，即

$$mv\frac{L}{4} = mv_0\frac{L}{2}$$

因此

$$v = 2v_0 = 13 \text{ (m/s)}$$

由牛顿定律得此时绳的张力为

$$T = m\frac{v^2}{L/4} = 4.73 \times 10^3 \text{(N)}$$

3）由动能定理得他们在收拢绳索时各自做的功为

$$W = \frac{1}{2}m(v^2 - v_0^2) = 4.44 \times 10^3 \text{(J)}$$

（14）在光滑的水平桌面上，有一根原长为 0.5m、劲度系数为 8N/m 的弹性绳，绳的一端系一个质量为 0.2kg 的小球 P，另一端固定在 O 点。最初弹性绳是松弛的，小球 P 的位置以及速度 $\vec{v}_0$ 如图 3-22 所示。在以后的运动中，当小球 P 的速率为 v 时，它与 O 点的距离最大，这时弹性绳的长度为 1.0m，求此时的速率 v 及初速率 v_0。

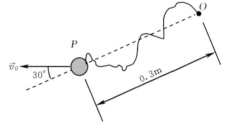

图 3-22

解： 小球在运动过程中对 O 点的角动量守恒。当 P 与 O 的距离最大时，P 的速度与绳垂直。故有

$$mv_0 d\sin30° = mlv$$

小球在运动过程中机械能守恒，即

$$\frac{1}{2}mv_0^2 = \frac{1}{2}mv^2 + \frac{1}{2}k(l-l_0)^2$$

以上两方程联立解得

$$v = (l-l_0)d\sqrt{\frac{k}{m(4l^2-d^2)}} = 0.48 \text{ (m/s)}$$

四、自我检测题

1. 单项选择题（每题 3 分，共 30 分）

（1）一辆汽车从静止出发在平直的公路上加速行驶。如果发动机的功率一定，以下正确的说法是〔　　〕。

（A）汽车的加速度是不变的；　　　　（B）汽车的速度与其通过的路程成正比；

（C）汽车的加速度随时间减小；　　　　（D）汽车的动能与其通过的路程成正比。

（2）对功的概念，有以下几种说法：

①保守力做正功时，系统内相应的势能增加；

②质点运动经过一个闭合路径，保守力对质点做的功为零；

③作用力和反作用力大小相等、方向相反，因此两者所做功的代数和必为零。

正确的说法是 〔　　〕。

（A）①、②；　　　　（B）②、③；　　　　（C）只有②；　　　　（D）只有③。

（3）一个做直线运动的物体的速度 v 与时间 t 的关系曲线如图 3-23 所示。设时刻 t_1 至 t_2 间外力做功为 W_1；时刻 t_2 至 t_3 间外力做功为 W_2；时刻 t_3 至 t_4 间外力做功为 W_3，则 〔　　〕。

（A）$W_1 > 0$，$W_2 < 0$，$W_3 < 0$；　　　　（B）$W_1 = 0$，$W_2 < 0$，$W_3 > 0$；

（C）$W_1 > 0$，$W_2 < 0$，$W_3 > 0$；　　　　（D）$W_1 = 0$，$W_2 < 0$，$W_3 < 0$。

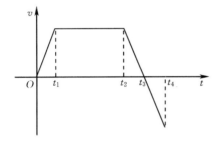

图 3-23

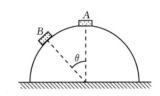

图 3-24

（4）如图 3-24 所示，光滑球面固定不动，质量为 m 的质点置于球面的顶点 A 处。当它由静止开始下滑到 B 点时，它的加速度的大小为 〔　　〕。

（A）$a = 2g(1 - \cos\theta)$；　　　　（B）$a = g$；

（C）$a = g\sin\theta$；　　　　（D）$a = g\sqrt{4(1 - \cos\theta)^2 + \sin^2\theta}$。

（5）已知两个物体 A 和 B 的质量以及它们的速率都不相同，如果物体 A 的动量在数值上比物体 B 的大，则 A 的动能 E_{kA} 与 B 的动能 E_{kB} 之间〔　　〕。

（A）E_{kB} 一定大于 E_{kA}；　　　　（B）$E_{kB} = E_{kA}$；

（C）E_{kB} 一定小于 E_{kA}；　　　　（D）不能判定二者的大小。

（6）在以加速度 a 向上运动的电梯内，挂着一根劲度系数为 k、质量忽略不计的弹簧。弹簧下面挂着一个质量为 M 的物体，物体相对于电梯的速度为零。当电梯的加速度突然变为零后，电梯内的观测者看到物体的最大速度为〔　　〕。

（A）$0.5a\sqrt{M/k}$；　　（B）$a\sqrt{M/k}$；　　（C）$a\sqrt{k/M}$；　　（D）$2a\sqrt{M/k}$。

（7）质子轰击 α 粒子时由于没有对准而发生轨迹偏转。假设附近没有其他带电粒子，则在这一过程中，质子和 α 粒子组成的系统〔　　〕。

（A）动量和能量都守恒；　　　　（B）动量守恒，能量不守恒；

（C）动量和能量都不守恒；　　　　（D）能量守恒，动量不守恒。

（8）小球 A 和 B 的质量相同，B 球原来静止，A 以速度 u 与 B 做对心碰撞。这两个

小球碰撞后的速度 v_1 和 v_2 的下列各种可能值中,正确的是[　　]。

(A) $-u$, $2u$;　　(B) $-u/4$, $5u/4$;　　(C) $u/4$, $3u/4$;(D) $u/2$, $-\sqrt{3}u/2$。

(9) 速度为 v_0 的小球与以速度 v(v 与 v_0 的方向相同,并且 $v<v_0$)滑行中的车发生完全弹性碰撞,已知车的质量远大于小球的质量,则碰撞后小球的速度为[　　]。

(A) v_0-2v;　　(B) $2(v_0-v)$;　　(C) $2(v-v_0)$;　　(D) $2v-v_0$。

(10) 一个质量为 10kg 的物体静止在光滑水平面上,有一个质量为 1kg 的小球以水平速度 4m/s 飞来,与物体发生正碰后以 2m/s 的速度弹回,则恢复系数 e 为[　　]。

(A) 0.25;　　(B) 0.35;　　(C) 0.65;　　(D) 0.75。

2. 填空题(每空 2 分,共 30 分)

(1) 已知地球质量为 M,半径为 R。在质量为 m 的火箭从地面上升到距地面高度为 $2R$ 处的过程中,地球引力对火箭做的功为(　　)。

(2) 有一根劲度系数为 k 的轻弹簧竖直放置,下端悬挂一个质量为 m 的小球。当弹簧为原长时,小球恰好与地接触。将弹簧上端缓慢地提起,直到小球刚能脱离地面为止,在此过程中外力所做的功为(　　)。

(3) 光滑水平面上有一个质量为 m 的物体,在恒力 $\vec{F}$ 的作用下由静止开始运动,在时间 t 内力 $\vec{F}$ 所做的功为(　　)。某观察者相对地面以恒定的速度 $\vec{v_0}$ 运动,$\vec{v_0}$ 的方向与 $\vec{F}$ 方向相反,则他测出力 $\vec{F}$ 在同一时间内做的功为(　　)。

(4) 力 F 作用在质量为 1.0kg 的质点上,使质点沿 x 轴运动。已知在此力作用下质点的运动学方程为

$$x=2t-3t^2+4t^3$$

式中各个物理量均采用国际单位。在 0 到 4s 的时间间隔内,力 F 的冲量大小 I (　　);力 F 对质点所做的功为(　　)。

(5) 如图 3-25 所示,小球沿光滑固定的 1/4 圆弧从 M 点由静止开始下滑,圆弧半径为 R,小球在 M 点处的切向加速度大小为(　　);在 P 点处的法向加速度大小为(　　)。

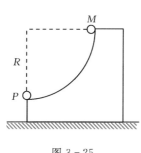

图 3-25

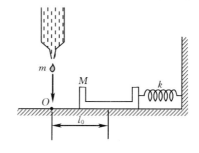

图 3-26

(6) 如图 3-26 所示,劲度系数为 k 的弹簧的一端固定在墙上,另一端连接质量为 M 的容器,容器可以在光滑的水平面上运动。当弹簧没有发生变形时,容器位于 O 点。容器自 O 点右边 l_0 处从静止开始运动,每经过 O 点一次就从上方滴管中滴入一个质量为 m 的油滴。则在容器第一次到达 O 点,油滴滴入容器前的瞬时,容器的速率为(　　);当容器中刚滴入了 n 滴油的瞬时,容器的速率为(　　)。

(7) 质量分别为 m_1 和 m_2 的两个物体具有相同的动量。如果使它们停下来，外力对它们做的功之比为（   ）；如果它们具有相同的动能，想使它们停下来，外力的冲量之比为（   ）。

(8) 质量为 m 的物体的初速非常小，在外力作用下从原点起沿 x 轴正向运动。所受外力的方向沿 x 轴正方向，大小为 $F=kx$。物体从原点运动到坐标为 x_0 的点的过程中所受外力冲量的大小为（   ）。

(9) 两个质量分别 10g 和 50g 的小球在光滑桌面上相向运动，它们的速度分别为 0.30m/s 和 0.10m/s，发生正碰以后质量大的小球恰好静止，则恢复系数为（   ），它们发生的碰撞是（   ）碰撞。（填完全弹性、非弹性、完全非弹性）

3. 计算题（每题 10 分，共 40 分）

(1) 如图 3−27 所示，将一块质量为 M 的光滑水平板固定在劲度系数为 k 的轻弹簧上。质量为 m 的小球放在水平光滑桌面上，桌面与水平板之间的高度差为 h。给小球一个水平初速 $\vec{v}_0$，使其落到水平板上与水平板发生弹性碰撞，弹簧的最大压缩量是多少？

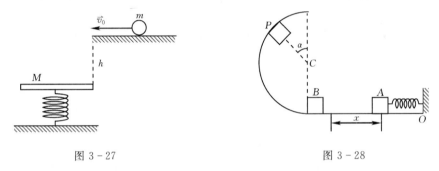

图 3−27　　　　　　　　　　　　　图 3−28

(2) 在如图 3−28 所示的装置中，光滑水平面与半径为 R 的竖直光滑半圆环轨道相接，两滑块 A、B 的质量均为 m，弹簧的劲度系数为 k，其一端固定在 O 点，另一端与滑块 A 接触。开始时滑块 B 静止在半圆环轨道的底端。用外力推滑块 A，使弹簧压缩一段距离 x 后再释放。滑块 A 脱离弹簧后与 B 做完全弹性碰撞，碰撞以后 B 将沿半圆环轨道上升，升到 P 点与轨道脱离，CP 与竖直方向成 60°夹角，求弹簧被压缩的距离 x。

(3) 如图 3−29 所示，弹簧原长等于光滑圆环的半径 R。当弹簧下端悬挂质量为 m 的小环状重物时，弹簧的伸长也等于 R。现在将弹簧的一端系在竖直放置的圆环上顶点 A，将重物套在圆环的 B 点，测得 AB 长为 1.6R，放手后重物由静止沿圆环滑动，求当重物滑到最低点 C 时，重物的加速度和对圆环压力的大小。

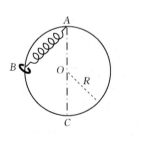　　　　　　　　　　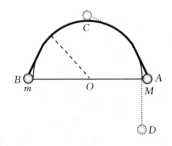

图 3−29　　　　　　　　　　　　　图 3−30

(4) 如图 3-30 所示，一根轻绳的两端各系一个小球，它们的质量分别为 M 和 m（$M>m$），被跨放在一个光滑的固定的半径为 R 的半圆柱体上，两球刚好贴在圆柱截面的水平直径 AB 两端。使两个小球以及轻绳从静止开始运动，已知 m 到达圆柱侧面最高点 C 时刚好要脱离圆柱体，求：①m 到达最高点时 M 的速度；②M 与 m 的比值。

第四章 刚体力学基础

一、基本内容

(一) 刚体的运动

刚体：在外力作用下形状和大小不发生变化的物体，或在外力作用下任意两点之间的距离保持不变的物体。

刚体也是一种理想化的物理模型。

刚体的平动：刚体在运动过程中，其中所有质点的运动轨迹都相同，或者任意两质点连线的方向保持不变的运动。

刚体的转动：刚体上各质点都绕同一直线（称为转轴）做圆周运动。

刚体的定轴转动：刚体在转动过程中，转轴相对于选定的参考系始终静止。

转动平面和转心：在任取一点 P，过刚体上任一点所做的垂直于固定轴的平面称为转动平面。转动平面与固定轴的交点称为转心。

质点做圆周运动的运动学知识也是刚体的定轴转动的运动学。

(二) 刚体定轴转动的转动定律

1. 刚体定轴转动的力矩

对刚体做定轴转动真正有贡献的力是在转轴平面内、垂直于矢径 $\vec{r}$ 的分力。

在转轴平面内的力 $\vec{F}$ 使刚体做定轴转动的力矩大小为

$$M = rF_{\perp} = rF\sin\varphi = Fd$$

其中，$d = r\sin\varphi$ 是力 $\vec{F}$ 对转轴的力臂大小。

刚体做定轴转动时受到的力矩 $\vec{M}$ 的方向沿着转轴。当刚体做加速转动时，其方向与角速度的方向相同；做减速转动，方向与角速度的方向相反。

2. 转动惯量

转动惯量是描述刚体转动惯性大小的量度。

转动惯量的定义式为

$$J = \sum_i \Delta m_i r_i^2$$

对于离散的质点系可以直接利用上式求转动惯量。如果刚体的质量是连续分布的，则转动惯量为

$$J = \int_{\Omega} r^2 \, \mathrm{d}m$$

其中，Ω 泛指刚体质量分布的区域。

转动惯量的单位为 $kg \cdot m^2$。

决定刚体转动惯量的因素：①刚体的质量；②刚体的质量分布；③转轴位置。

3. 刚体定轴转动的转动定律

刚体定轴转动的转动定律：刚体的角加速度与它所受的合外力矩成正比，与刚体的转动惯量成反比。即

$$M = J\alpha$$

该定律只适用于惯性参考系。

（三）刚体定轴转动的动能定理

刚体定轴转动的动能为
$$E_k = \frac{1}{2}J\omega^2$$

刚体做定轴转动时，力矩对刚体所做的功为
$$W = \int_{\theta_1}^{\theta_2} M d\theta$$

如果力矩 M 为恒量，则
$$W = M\Delta\theta$$

刚体做定轴转动的动能定理：合外力矩对定轴转动的刚体所做的功等于刚体转动动能的增量。即

$$W = \int_{\omega_1}^{\omega_2} J\omega d\omega = \frac{1}{2}J\omega_2^2 - \frac{1}{2}J\omega_1^2$$

（四）刚体定轴转动的角动量定理和角动量守恒定律

刚体绕定轴转动的角动量为
$$L = J\omega$$

刚体定轴转动的转动定律的另外一种表达方式为
$$M = \frac{dL}{dt}$$

刚体定轴转动的角动量定理：作用在刚体上的冲量矩（$\int_{t_1}^{t_2} M dt$）等于刚体角动量的增量。即

$$\int_{t_1}^{t_2} M dt = L_2 - L_1 = J\omega_2 - J\omega_1$$

刚体绕定轴转动的角动量守恒定律：如果做定轴转动的刚体所受的合外力为零，则刚体对定轴的角动量保持不变。即

$$L = J\omega = 恒量$$

二、思考与讨论题目详解

1. 刚体的运动

（1）如图 4-1 所示，用电动机拖动真空泵时采用皮带传动。电动机上装一个半径为 0.1m 的轮子，真空泵上装一个半径为 0.3m 的轮子，如果电动机的转速为 1500r/min，则真空泵上的轮子边缘上一点的线速度等于多少？真空泵的转速是多少？

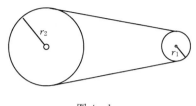

图 4-1

【答案：15.7m/s；500r/min】

详解： 真空泵上的轮子边缘一点的线速度等于电动机上的轮子边缘一点的线速度，因此，真空泵上的轮子边缘一点的线速度为

$$v_2 = v_1 = r_1\omega_1 = 2\pi n_1 r_1 = 15.7 \ (\text{m/s})$$

由 $v_1 = v_2$ 得

$$2\pi n_1 r_1 = 2\pi n_2 r_2$$

因此，真空泵的转速为

$$n_2 = \frac{r_1}{r_2} n_1 = 500 \ (\text{r/min})$$

（2）绕定轴转动的飞轮均匀地减速，$t=0$ 时的角速度为 $\omega_0 = 5\text{rad/s}$，$t=10\text{s}$ 时的角速度为 $\omega = 0.5\omega_0$，则飞轮的角加速度 $\alpha = ?$ $t=0$ 到 $t=50\text{s}$ 的时间内飞轮所转过的角度 $\theta = ?$

【答案：-0.25rad/s^2；50rad】

详解： 依题意，飞轮的角加速度为

$$\alpha = \frac{\omega_t - \omega_0}{\Delta t} = \frac{0.5\omega_0 - \omega_0}{\Delta t} = \frac{-0.5\omega_0}{\Delta t} = -0.25 \ (\text{rad/s}^2)$$

设飞轮停止转动的时间为 T，由式 $\omega_t = \omega_0 + \alpha t$ 得

$$T = -\frac{\omega_0}{\alpha} = 20 \ (\text{s})$$

因此，当 $t=50\text{s}$ 时飞轮已经停止转动了。由式 $\omega_t^2 = \omega_0^2 + 2\alpha\theta$ 得 $t=0$ 到 $t=50\text{s}$ 的时间内飞轮所转过的角度为

$$\theta = -\frac{\omega_0^2}{2\alpha} = 50 \ (\text{rad})$$

（3）半径为 0.3m 的飞轮从静止开始以 0.5rad/s 的匀角加速度转动，则飞轮边缘上一点在飞轮转过 300° 时的切向加速度 $a_\tau = ?$ 法向加速度 $a_n = ?$

【答案：0.15m/s^2；0.52m/s^2】

详解： 飞轮边缘上一点的切向加速度为

$$a_\tau = r\alpha = 0.15 \ (\text{m/s}^2)$$

飞轮边缘上一点在飞轮转过 300° 时的法向加速度为

$$a_n = \omega^2 r = 2\alpha\theta r = 0.52 \ (\text{m/s}^2)$$

（4）半径为 0.2m 的主动轮通过皮带拖动半径为 0.5m 的被动轮转动，皮带与轮之间没有相对滑动。如果主动轮从静止开始做匀角加速转动，在 4s 内被动轮的角速度达到 $8\pi\text{rad/s}$，则主动轮在这段时间内转过了多少圈？

【答案：20 圈】

详解： 设主动轮在时间 t 内角速度达到 ω_1，依题意有 $\dfrac{\theta_1}{t} = \dfrac{\omega_1}{2}$，由此解得主动轮在时间 t 内转过的角度为

$$\theta_1 = \frac{1}{2}\omega_1 t$$

在任一时刻，主动轮与被动轮的线速度相等，即 $r_1\omega_1 = r_2\omega_2$，由此解得

$$\omega_1 = \frac{r_2}{r_1}\omega_2$$

因此，主动轮在时间 t 内转过的角度为

$$\theta_1 = \frac{1}{2}\omega_2 t\frac{r_2}{r_1}$$

主动轮在这段时间内转过的圈数为

$$N = \frac{\theta_1}{2\pi} = \frac{\omega_2 t r_2}{4\pi r_1} = 20（圈）$$

2. 刚体定轴转动的转动定律

（1）如图 4-2 所示，A、B 是两个相同的绕着轻绳的定滑轮。A 滑轮上挂一个质量为 m 的物体，B 滑轮受拉力 F，并且 $F=mg$。在不考虑滑轮轴的摩擦情况下，两个定滑轮的角加速度哪一个大一些？

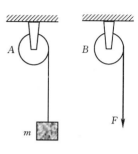

图 4-2

【答案：定滑轮 B 的角加速度大】

详解：设使定滑轮转动的绳拉力为 F_T，滑轮半径为 R，由转动定律得

$$F_T = J\alpha$$

对于滑轮 A，对物体 m 应用牛顿定律，有

$$mg - F_{T1} = ma$$

由此解得

$$F_{T1} = mg - ma$$

对于滑轮 B

$$F_{T2} = mg > F_{T1}$$

因此，B 定滑轮的角加速度比 A 定滑轮的角加速度大。

（2）一个圆盘绕过盘心且与盘面垂直的光滑固定轴 O 以角速度 ω 按图 4-3 所示的方向转动。如果将两个大小相等方向相反但不在同一条直线的力 $\vec{F}$ 沿着盘面同时作用在圆盘上，则圆盘的角速度 ω 将如何变化？

【答案：角速度增大】

详解：由于距转轴远的力对转轴的力臂大，因此它对转轴的力矩大，圆盘受到的合力矩方向垂直纸面向内。而初角速度的方向也向内，因此圆盘做加速转动，角速度增大。

（3）如图 4-4 所示，质量分布均匀的细棒 OP 可以绕通过其一端 O 而与棒垂直的水平固定光滑轴转动。在棒从竖直位置向上运动的过程中，其角速度和角加速度如何变化？

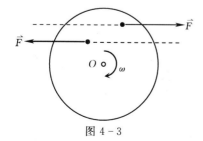

图 4-3

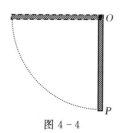

图 4-4

【答案：角速度逐渐变小；角加速度逐渐增大】

详解： 在棒从竖直位置向上运动的过程中，由于重力矩逐渐增大，根据转动定律可知，其角加速度逐渐增大。由于重力矩是阻碍棒向上运动的，因此，其角速度逐渐变小。

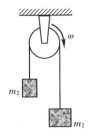

图 4-5

（4）如图 4-5 所示，一条轻绳跨过一个质量为 M、具有水平光滑轴的定滑轮，绳的两端分别悬有质量为 m_1 和 m_2 的两个物体（$m_1 < m_2$），绳与滑轮之间没有相对滑动。如果某时刻滑轮沿顺时针方向转动，则滑轮两侧绳中的张力哪个更大一些？

【答案：左侧绳中的张力大】

详解： 设 m_1 的加速度大小为 a，方向向下，则 m_2 的加速度大小也为 a，方向向上，定滑轮的角加速度 α 方向垂直纸面向内。对物体 m_1、m_2 应用牛顿定律，对定滑轮应用转动定律，得

$$m_1 g - F_{T1} = m_1 a \tag{①}$$

$$F_{T2} - m_2 g = m_2 a \tag{②}$$

$$F_{T1} R - F_{T2} R = J\alpha = J\frac{a}{R} \tag{③}$$

在式③中，J 是定滑轮对其转轴的转动惯量。同时注意到加速度 a 等于定滑轮边缘的切向加速度。

将式①～式③联立求解，得

$$a = \frac{(m_1 - m_2)gR^2}{(m_1 + m_2)R^2 + J} \tag{④}$$

由于 $m_1 < m_2$，因此 $a < 0$。由式③得

$$F_{T1} < F_{T2}$$

即滑轮左侧绳中的张力更大一些。

（5）两个质量相同、厚度相同的匀质圆盘 a 和 b 的密度分别为 ρ_a 和 ρ_b，如果 $\rho_a > \rho_b$，则两圆盘对通过盘心且垂直于盘面的轴的转动惯量 J_a 和 J_b 哪个更大一些？

【答案：J_b 大】

详解： 设匀质圆盘的质量为 m、半径为 R、厚度为 h，则

$$m = \rho\pi R^2 h$$

由此解得

$$R^2 = \frac{m}{\rho\pi h}$$

匀质圆盘的转动惯量为

$$J = \frac{1}{2}mR^2 = \frac{m^2}{2\rho\pi h}$$

可见，对质量 m 相同、厚度 h 相同的匀质圆盘而言，密度大的圆盘转动惯量小。因此，匀质圆盘 b 的转动惯量 J_b 更大一些。

（6）如图 4-6 所示，一根长为 l 的轻质直杆可绕通过其一端的水平光滑轴在竖直平面内做定轴转动，在杆的另一端固定着一个质量为 m 的小球。杆由水平位置无初转速地释放，则其

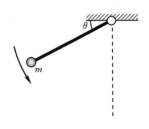

图 4-6

刚被释放时的角加速度为多少？杆与水平方向夹角为 $30°$ 时的角加速度为多少？

【答案：$\dfrac{g}{l}$；$\dfrac{\sqrt{3}g}{2l}$】

详解： 对小球处在任意位置处应用转动定律，得

$$mgl\cos\theta = ml^2\alpha$$

由此解得小球的角加速度为

$$\alpha = \frac{g\cos\theta}{l}$$

当小球刚被释放时，$\theta = 0$，此时的角加速度为

$$\alpha_1 = \frac{g\cos 0}{l} = \frac{g}{l}$$

当杆与水平方向夹角 $\theta = 30°$ 时，角加速度为

$$\alpha_2 = \frac{g\cos 30°}{l} = \frac{\sqrt{3}g}{2l}$$

（7）如图 4-7 所示，一根长为 l 的轻质直杆，两端分别固定有质量为 $3m$ 和 m 的小球，直杆可绕通过其中心 C 且与杆垂直的水平光滑固定轴在铅直平面内转动。开始时直杆与水平方向的夹角度为 α，处于静止状态。将直杆释放后，杆将绕 C 轴转动，当杆转到水平位置时，该系统受到的合外力矩的大小等于多少？此时该系统的角加速度大小等于多少？

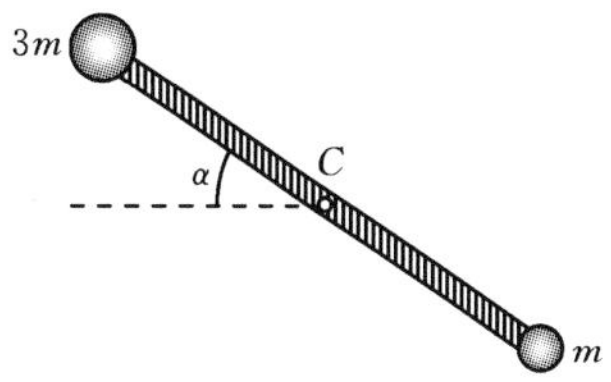

【答案：mgl；$\dfrac{g}{l}$】

图 4-7

详解： 当杆转到水平位置时，该系统受到的合外力矩的大小为

$$M = 3mg\,\frac{l}{2} - mg\,\frac{l}{2} = mgl$$

此系统绕 C 轴转动时的转动惯量为

$$J = 3m\left(\frac{l}{2}\right)^2 + m\left(\frac{l}{2}\right)^2 = ml^2$$

当杆转到水平位置时，对系统应用转动定律，得

$$mgl = ml^2\alpha$$

由上式解得此时该系统的角加速度大小为

$$\alpha = \frac{g}{l}$$

（8）一个以角速度 8.0rad/s 做匀速定轴转动的刚体，对转轴的转动惯量为 J。当对该刚体加一个恒定的制动力矩 0.4N·m 时，经过 4.0s 停止了转动。该刚体的转动惯量等于多少？

【答案：0.2kgm²】

详解： 依题意，由公式 $\omega_t = \omega_0 + \alpha t$ 得该刚体的角加速度为

$$\alpha = \frac{\omega_t - \omega_0}{\Delta t} = -\frac{\omega_0}{\Delta t}$$

由转动定律 $M = J\alpha$ 得该刚体的转动惯量为

$$J = \frac{M}{\alpha} = -\frac{M\Delta t}{\omega_0} = 0.2 \ (\text{kg} \cdot \text{m}^2)$$

（9）一个质量为 M、半径为 R 的定滑轮，可以当成均质圆盘，其光滑转轴过定滑轮的中心且与其平面垂直。在滑轮的边缘绕有一根不能伸长的轻质细绳，绳的下端悬挂一个物体，当物体下落的加速度为 a 时，绳中的张力等于多少？

【答案：$\frac{1}{2}Ma$】

详解： 依题意，定滑轮对转轴的转动惯量为

$$J = \frac{1}{2}MR^2$$

对该定滑轮应用转动定律得

$$F_T R = \frac{1}{2}MR^2\alpha$$

将关系式 $a = R\alpha$ 代入上式即得绳中的张力为

$$F_T = \frac{1}{2}MR\alpha = \frac{1}{2}Ma$$

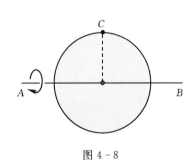

图 4-8

（10）如图 4-8 所示，一个质量为 m、半径为 R 的薄圆盘，可绕通过其直径的光滑固定轴 AB 转动，转动惯量 $J = \frac{1}{4}mR^2$。该圆盘从静止开始在恒定力矩 M 作用下转动，在圆盘边缘上有一点 C，它与轴 AB 的垂直距离为 R，在 t 时 C 点的切向加速度和法向加速度分别等于多少？

【答案：$\frac{4M}{mR}$；$\frac{16M^2 t^2}{m^2 R^3}$】

详解： 由转动定律 $M = J\alpha$ 得该刚体的角加速度为

$$\alpha = \frac{M}{J} = \frac{4M}{mR^2}$$

因此，依题意得 t 时 C 点的切向加速度为

$$a_\tau = R\alpha = \frac{4M}{mR}$$

由式 $\omega_t = \omega_0 + \alpha t$ 得 t 时 C 点的角速度为

$$\omega = \alpha t$$

因此，t 时 C 点的法向加速度为

$$a_n = R\omega^2 = R\left(\frac{4M}{mR^2}t\right)^2 = \frac{16M^2 t^2}{m^2 R^3}$$

3. 刚体定轴转动的动能定理

（1）一个半径为 R、质量为 m 的匀质圆盘 A 以角速度 ω 绕过圆盘中心且垂直于盘面

的固定轴做匀速转动。另一个质量也为 m 的物体 B 从距地面 h 高度处做自由落体运动，如果物体 B 落到地面时的动能恰好等于圆盘 A 的动能，则 h 应该等于多少？

【答案：$\dfrac{R^2\omega^2}{4g}$】

详解：本题的匀质圆盘 A 的转动动能为

$$E_{k1}=\frac{1}{2}J\omega^2=\frac{1}{2}\left(\frac{1}{2}mR^2\right)\omega^2=\frac{1}{4}mR^2\omega^2$$

根据机械能守恒定律，物体 B 从距地面 h 高度处自由落体落到地面时的动能为

$$E_{k2}=mgh$$

由题意 $E_{k1}=E_{k2}$，即

$$\frac{1}{4}mR^2\omega^2=mgh$$

由此解得

$$h=\frac{R^2\omega^2}{4g}$$

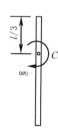

（2）如图 4-9 所示，一根质量为 m、长为 l 的匀质细杆可绕垂直于它而离其一端为 $l/3$ 的水平光滑固定轴在竖直平面内转动，已知它的转动惯量为 $J=\dfrac{1}{9}ml^2$。细杆最初自然下垂，如果这时给它一个初角速度 ω_0，使其恰能持续转动而不做往复摆动，则 ω_0 应该满足什么条件？

【答案：$\omega_0\geqslant\sqrt{\dfrac{6g}{l}}$】

图 4-9

详解：细杆在转动过程中机械能守恒。设细杆转过 180° 时的角速度为 ω，C 点为重力势能零点，则机械能守恒方程为

$$\frac{1}{2}J\omega_0^2-mg\frac{l}{6}=\frac{1}{2}J\omega^2+mg\frac{l}{6}$$

由此解得

$$\omega^2=\omega_0^2-\frac{2mgl}{3J}$$

细杆恰能持续转动而不做往复摆动的条件为 $\omega\geqslant 0$ 或 $\omega^2\geqslant 0$，即

$$\omega_0^2-\frac{2mgl}{3J}\geqslant 0$$

由此解得细杆恰能持续转动而不做往复摆动 ω_0 应满足为

$$\omega_0\geqslant\sqrt{\frac{2mgl}{3J}}=\sqrt{\frac{2mgl}{3ml^2/9}}=\sqrt{\frac{6g}{l}}$$

（3）如图 4-10 所示，长为 l、质量为 m 的匀质细杆，可绕通过杆的端点 C 并与杆垂直的水平光滑固定轴转动，杆的另一端连接一个质量也为 m 的小球。杆从水平位置由静止开始自由下摆，当杆转到与竖直方向成 α 角时，小球与杆构成的刚体系统的角速度等于多少？

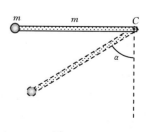

图 4-10

【答案：$\dfrac{3}{2}\sqrt{\dfrac{g\cos\alpha}{l}}$】

详解： 系统在转动过程中机械能守恒。设细杆转过 α 角时的角速度为 ω，C 点为重力势能零点，则机械能守恒方程为

$$0=\frac{1}{2}J\omega^2-mg\frac{l}{2}\cos\alpha-mgl\cos\alpha$$

由此解得

$$\omega=\sqrt{\frac{3mgl\cos\alpha}{J}}$$

其中，系统的转动惯量 J 为

$$J=\frac{1}{3}ml^2+ml^2=\frac{4}{3}ml^2$$

因此，当杆转到与竖直方向成 α 角时，小球与杆构成的系统角速度为

$$\omega=\sqrt{\frac{3mgl\cos\alpha}{4ml^2/3}}=\frac{3}{2}\sqrt{\frac{g\cos\alpha}{l}}$$

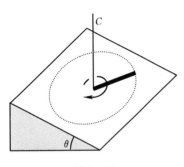

图 4-11

（4）如图 4-11 所示，长为 l 的均匀刚性细杆，放在倾角为 θ 的光滑斜面上，可以绕通过其一端垂直于斜面的光滑固定轴 C 在斜面上转动。在该杆绕轴 C 转动一周的过程中，杆对轴的角动量是否守恒？杆与地球构成的系统机械能是否守恒？

【答案：角动量不守恒；机械能守恒】

详解： 由于刚性细杆在转动过程受到重力矩，因此其角动量不守恒。

由于刚性细杆在转动过程除了保守力重力做功以外，没有其他力做功，因此杆与地球构成的系统机械能守恒。

（5）由于地球的平均气温升高，造成两极冰山融化，海平面上升。这种现象会引起地球的自转转动惯量发生怎样的变化？地球的自转动能发生怎样的变化？

【答案：自转转动惯量变大；自转动能变小】

详解： 地球两极冰山融化、海平面上升这种现象，使得地球在质量保持不变的情况下，质量分布远离地轴了，因此，自转转动惯量将变大。

地球在自转过程中角动量 L 守恒，其自转动能为

$$E_k=\frac{1}{2}J\omega^2=\frac{L^2}{2J}$$

由于自转转动惯量变大，使得地球的自转动能变小。

（6）如图 4-12 所示，已知光滑定滑轮的半径为 R，绕过定滑轮中心且垂直于纸面轴的转动惯量为 J。弹簧的倔强系数为 k，开始时处于自然长度。质量为 m 的物体开始时静止，固定光滑斜面的倾角为 φ。物体被释放后沿斜面下滑，在此过程中物体、滑轮、绳子、弹簧和地球组成的系统的机械能是否守恒？物体下滑距离为 x 时的速率是多少？

【答案：机械能守恒；$R\sqrt{\dfrac{2mgx\sin\varphi-kx^2}{J+MR^2}}$】

详解： 由于系统在运动过程中除了保守力重力、弹力做功以外，没有其他力做功，因此系统机械能守恒。

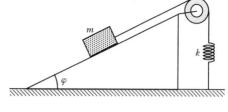

图 4 - 12

选取物体初始位置为重力势能零点，则机械能守恒方程为

$$0=\frac{1}{2}J\omega^2+\frac{1}{2}mv^2+\frac{1}{2}kx^2-mgx\sin\varphi$$

注意：定滑轮的角速度 ω 与物体的速率 v 之间的关系为 $v=R\omega$，由上式解得物体下滑距离为 x 时的速率为

$$v=R\sqrt{\frac{2mgx\sin\varphi-kx^2}{J+MR^2}}$$

（7）水平桌面上有一个质量为 m、半径为 R 的匀质圆盘，装在通过其中心、固定在桌面上的竖直转轴上。在外力作用下，圆盘绕此转轴以角速度 ω_0 转动。从撤去外力开始，到圆盘停止转动的过程中摩擦力对圆盘做的功为多少？

【答案：$-\dfrac{1}{4}mR^2\omega_0^2$】

详解： 由动能定理得摩擦力对圆盘做的功为

$$W=0-\frac{1}{2}J\omega_0^2=-\frac{1}{2}\times\frac{1}{2}mR^2\omega_0^2=-\frac{1}{4}mR^2\omega_0^2$$

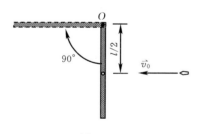

图 4 - 13

（8）如图 4 - 13 所示，一根长为 l、质量为 M 的均匀细棒悬挂于通过其上端的光滑水平固定轴上。有一颗质量为 m 的子弹以水平速度 v_0 射向棒的中心，并以 $\dfrac{1}{3}v_0$ 的速度穿出细棒。测得此后棒的最大偏转角为 $90°$，则子弹的水平速度大小等于多少？

【答案：$\dfrac{M}{m}\sqrt{3gl}$】

详解： 在子弹射穿细棒的过程中，系统对 O 点的角动量守恒，因此

$$mv_0\frac{l}{2}=m\frac{v_0}{3}\frac{l}{2}+J\omega$$

在细棒获得角速度 ω 后向上摆动的过程中，机械能守恒，依题意有

$$\frac{1}{2}J\omega^2=Mg\frac{l}{2}$$

以上两式联立解得

$$v_0=\frac{3}{m}\sqrt{\frac{JMg}{l}}$$

其中，$J=\dfrac{1}{3}Ml^2$ 为细棒对转轴 O 的转动惯量，将其代入上式即得子弹最初的水平速度大

小为

$$v_0 = \frac{M}{m}\sqrt{3gl}$$

4. 刚体定轴转动的角动量定理和角动量守恒定律

（1）如图 4-14 所示，一根长为 l、质量为 M 的静止均匀细棒，可绕通过棒的端点且垂直于棒长的光滑固定轴 O 在水平面内转动。一颗质量为 m、速率为 v 的子弹在水平面内沿与棒垂直的方向射穿棒的中心，测得子弹穿过棒后速率为 $v/2$，则此时棒的角速度为多少？

【答案：$\dfrac{3mv}{4Ml}$】

详解： 在子弹射穿细棒的过程中，系统对 O 点的角动量守恒，因此

$$mv\frac{l}{2} = m\frac{v}{2}\times\frac{l}{2} + \frac{1}{3}Ml^2\omega$$

解之得棒的角速度为

$$\omega = \frac{3mv}{4Ml}$$

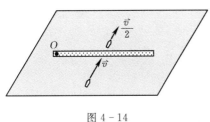

图 4-14

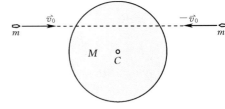

图 4-15

（2）如图 4-15 所示，一个圆盘正绕过盘心且垂直于盘面的水平光滑固定轴 C 转动，有两颗质量相同、速度大小相同、飞行方向相反并在一条直线上的子弹射射入圆盘并且留在盘内，在子弹射入圆盘后的瞬间，圆盘的角速度 ω 会发生变化吗？如果发生变化，会发生怎样的变化？

【答案：会发生变化；变小】

详解： 在子弹射入圆盘的过程中，系统对固定轴 C 的角动量守恒，因此

$$J\omega_0 + mv_0 d - mv_0 d = (J+J')\omega$$

其中，J 为圆盘对固定轴 C 的转动惯量，J' 为两颗留在盘内的子弹对固定轴 C 的转动惯量，ω_0 为圆盘的初角速度，d 为从 C 到 $\vec{v}_0$ 的垂直距离，ω 为系统的末角速度。由上式解得

$$\omega = \frac{J}{J+J'}\omega_0$$

可见，圆盘的角速度 ω 发生了变化，由于 $J+J'>J$，因此 ω 变小了。

（3）一个半径为 R 的圆盘正在绕过盘心且垂直于盘面的光滑固定轴转动沿逆时针方向转动，圆盘对该转轴的转动惯量为 J，这时有一只质量为 m 的甲壳虫在圆盘边缘上沿顺时针方向爬行。已知圆盘相对于地面的角速度为 ω_0，甲壳虫相对于地面的速率为 v。如

果小虫停止爬行，则圆盘的角速度变为多少？

【答案：$\dfrac{J\omega_0-mvR}{J+mR^2}$】

详解：圆盘、甲壳虫系统对盘心的角动量守恒，因此
$$J\omega_0-mvR=(J+mR^2)\omega$$

解之得圆盘的角速度变为
$$\omega=\frac{J\omega_0-mvR}{J+mR^2}$$

（4）如图 4-16 所示，有一根质量为 m、长度为 l 的均匀细杆水平放置，在细杆上套着一个质量也为 m 的小物体 P，一条拉直的长为 $l/2$ 的细线将 P 系在光滑固定轴 CC' 上，细杆和小物体 P 所组成的系统以角速度 ω_0 绕轴 CC' 转动。在转动过程中如果细线被拉断，小物体 P 将沿着细杆滑动。试求在小物体 P 滑动的过程中，该系统转动的角速度 ω 与套管离轴的距离 x 的函数关系。

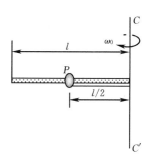

图 4-16

【答案：$\dfrac{7l^2}{4l^2+12x^2}\omega_0$】

详解：系统在整个运动过程中对光滑固定轴 CC' 的角动量守恒，因此
$$\left[\frac{1}{3}ml^2+m\left(\frac{l}{2}\right)^2\right]\omega_0=\left(\frac{1}{3}ml^2+mx^2\right)\omega$$

解之得系统转动的角速度 ω 与套管离轴的距离 x 的函数关系为
$$\omega=\frac{7l^2}{4l^2+12x^2}\omega_0$$

（5）地球的自转角速度可以认为是恒定的。地球对于自转轴的转动惯量为 9.8×10^{37} kg·m^2。地球对自转轴的角动量大小等于多少？

【答案：$7.1\times10^{33}\,\text{kg·m}^2/\text{s}$】

详解：设地球转动一周的时间为 t，则地球的自转角速度为
$$\omega=\frac{2\pi}{t}$$

因此，地球对自转轴的角动量大小为
$$L=J\omega=\frac{2\pi J}{t}=\frac{2\pi\times9.8\times10^{37}}{24\times60\times60}=7.1\times10^{33}\ (\text{kg·m}^2/\text{s})$$

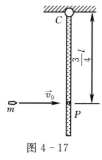

图 4-17

（6）如图 4-17 所示，长为 l、质量为 M 的匀质细杆可绕通过杆的一端 C 的水平光滑固定轴转动，开始时杆竖直下垂。有一颗质量为 m 的子弹以水平速度 $\vec{v}_0$ 射入杆上 P 点，并嵌在杆中，已知 P 点到 C 点距离为 $3l/4$，则子弹射入杆后瞬间，细杆和子弹组成的系统的角速度等于多少？

【答案：$\dfrac{144m}{16M+27m}\dfrac{v_0}{l}$】

详解：子弹射入杆的过程中对固定轴 C 的角动量守恒，因此

$$mv_0\frac{3l}{4}=\left[\frac{1}{3}Ml^2+m\left(\frac{3l}{4}\right)^2\right]\omega$$

解之得细杆和子弹组成的系统的角速度为

$$\omega=\frac{144m}{16M+27m}\frac{v_0}{l}$$

（7）一个人坐在转椅上，双手各握一只哑铃，两只哑铃与转椅转轴的距离均为0.8m。先让人体以4rad/s的角速度随转椅旋转。然后人将两只哑铃同时拉回，使它们与转轴的距离均为0.2m。人体和转椅对轴的转动惯量为6kg·m²，并视为不变。将每一只哑铃视为质量为5kg质点。当哑铃被拉回后，人、转椅和哑铃组成的系统的角速度等于多少？

【答案：7.75rad/s】

详解：人、哑铃系统在整个运动过程中对转椅转轴的角动量守恒，因此

$$(J+2mR^2)\omega_0=(J+2mr^2)\omega$$

由解得人、转椅和哑铃组成的系统的角速度为

$$\omega=\frac{J+2mR^2}{J+2mr^2}\omega_0=7.75\ (\text{rad/s})$$

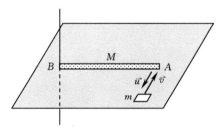

图 4 - 18

【答案：$\omega=\dfrac{3mu+v}{M}\dfrac{1}{l}$】

（8）如图4-18所示，有一根长度为l、质量为M的均匀细棒，静止平放在光滑水平桌面上，它可绕通过其端点B且与桌面垂直的光滑固定轴转动。另有一个质量为m的水平运动小滑块，从棒的侧面沿垂直于棒的方向与棒的另一端A相碰撞，碰撞反向弹回，碰撞时间极短。已知小滑块与细棒碰撞前后的速率分别为v和u，则碰撞后棒绕B轴转动的角速度ω等于多少？

详解：小滑块与细棒碰撞对B点的角动量守恒，因此

$$mvl=-mul+\frac{1}{3}Ml^2\omega$$

解之得棒与小滑块碰撞后绕B轴转动的角速度为

$$\omega=\frac{3mu+v}{M}\frac{1}{l}$$

三、课后习题解答

（1）如图4-19所示，a为电动机带动的绞盘，其半径为0.20m，b为动滑轮。小室c向上做匀减速运动，初速度大小为4.00m/s，加速度的大小为0.50m/s²，绳与绞盘之间没有相对滑动。求在任意时刻t：

1）配重d的速度和加速度。

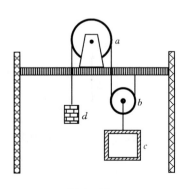

图 4 - 19

2）a 的角速度和角加速度。

解：1）取向上为坐标轴的正方向根据给定条件，则小室 c 的速度可以表示为

$$v_c = v_0 - at$$

由于配重 d 与小室 c 间装有动滑轮，因此配重 d 的速度和加速度分别为

$$v_d = -2(v_0 - at) = -2v_0 + 2at = -8.00 + 1.00t(\mathrm{m/s})$$

$$a_d = 2a = 1.00 \ (\mathrm{m/s^2})$$

2）由于绳与绞盘之间没有相对滑动，如果取逆时针为正，则 a 的角速度和角加速度分别为

$$\omega = \frac{v_d}{R_a} = \frac{-2v_0 + 2at}{R_a} = -40.00 + 5.00t(\mathrm{rad/s})$$

$$\alpha_d = \frac{a_d}{R_a} = \frac{2a}{R_a} = 5.00(\mathrm{rad/s^2})$$

（2）匀质的厚壁圆筒质量为 m，内外半径分别为 R_1 和 R_2，试计算它对中心轴的转动惯量。

解：设该匀质的厚壁圆筒的密度为 ρ，高为 h。

在圆筒上取一个半径为 r、宽度为 $\mathrm{d}r$ 的微分圆筒，如图 4-20 所示。其质量为

$$\mathrm{d}m = \rho 2\pi rh\mathrm{d}r$$

该微分圆筒对中心轴的转动惯量为

$$\mathrm{d}J = r^2\mathrm{d}m = 2\pi\rho hr^3\mathrm{d}r$$

对上式积分得

$$J = \int_{R_1}^{R_2} 2\rho\pi hr^3\mathrm{d}r = \frac{1}{2}\pi\rho h(R_2^4 - R_1^4)$$

由题意可知

$$\rho = \frac{m}{\pi(R_2^2 - R_1^2)h}$$

因此，整个圆盘对给定轴的转动惯量为

$$J = \frac{1}{2}\pi h(R_2^4 - R_1^4)\frac{m}{\pi(R_2^2 - R_1^2)h} = \frac{1}{2}m(R_1^2 + R_2^2)$$

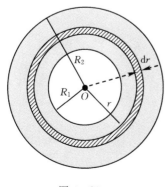

图 4-20

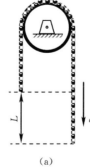 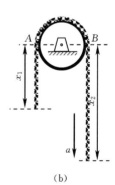

（a）　　　　　（b）

图 4-21

（3）如图 4-21（a）所示，质量为 M、半径为 R 的匀质圆盘，可绕通过圆盘中心且

垂直于盘面的固定光滑轴转动。绕过盘的边缘挂有质量为 m、长为 l 的匀质柔软绳索。设绳与圆盘之间没有相对滑动，试求当圆盘两侧绳长之差为 L 时绳的加速度大小。

解： 设 a 为绳的加速度，α 为盘的角加速度，它们之间的关系为

$$a = R\alpha \qquad \textcircled{1}$$

如图 4-21（b）所示，设在某时刻圆盘两侧的绳长分别为 x_1 和 x_2，在 A、B 两点处绳中的张力分别为 F_{T1} 和 F_{T2}，对这两段绳应用牛顿定律，有

$$F_{T1} - \lambda x_1 g = \lambda x_1 a \qquad \textcircled{2}$$

$$\lambda x_2 g - F_{T2} = \lambda x_2 a \qquad \textcircled{3}$$

其中，$\lambda = m/l$ 为绳的质量线密度。

对匀质圆盘应用转动定律，有

$$(F_{T2} - F_{T1})R = \left(\frac{1}{2}M + \lambda\pi R\right)R^2\alpha$$

整理上式，并将式①代入，得

$$F_{T2} - F_{T1} = \left(\frac{1}{2}M + \lambda\pi R\right)a \qquad \textcircled{4}$$

将式②、式③和式④相加，得

$$\lambda(x_2 - x_1)g = \left[\lambda(x_1 + x_2) + \frac{1}{2}M + \lambda\pi R\right]a$$

其中，$x_2 - x_1 = L$，$x_1 + x_2 = l - \pi R$，因此上式变为

$$\lambda Lg = \left[\lambda(l - \pi R) + \frac{1}{2}M + \lambda\pi R\right]a = \frac{1}{2}(M + 2\lambda l)a$$

由此解得当圆盘两侧绳长之差为 L 时绳的加速度大小为

$$a = \frac{2\lambda Lg}{M + 2\lambda l} = \frac{2mLg}{(M + 2m)l}$$

（4）有一个半径为 R、质量为 m 的圆形平板平放在水平桌面上，平板与桌面的摩擦系数为 μ，如果平板绕通过其中心且垂直板面的固定轴以角速度 ω_0 开始旋转，它将旋转几圈停止？

解： 考虑到圆盘上距离转轴相等的点摩擦力臂相等，在圆盘上取与圆盘同心的微分环带，它受到水平面的摩擦力矩为

$$dM_f = rdf = r\mu g dm = r\mu g \frac{m}{\pi R^2}2\pi r dr = \frac{2\mu mg}{R^2}r^2 dr$$

对上式积分，即得整个圆盘受到水平面的摩擦力矩为

$$M_f = \int_S dM_f = \frac{2\mu mg}{R^2}\int_0^R r^2 dr = \frac{2}{3}\mu mgR$$

由转动定律得平板绕固定轴转动的角加速度大小为

$$\alpha = \frac{M_f}{J} = \frac{\left(\frac{2}{3}\mu mgR\right)}{\left(\frac{1}{2}mR^2\right)} = \frac{4\mu g}{3R}$$

设平板停止转动前转过的角位移为 $\Delta\theta$，由公式 $\omega^2 = \omega_0^2 - 2\alpha\Delta\theta$ 得

$$\Delta\theta = \frac{\omega_0^2}{2\alpha} = \frac{3R\omega_0^2}{8\mu g}$$

因此，平板停止转动前转过的圈数为

$$N = \frac{\Delta\theta}{2\pi} = \frac{3R\omega_0^2}{16\pi\mu g}$$

（5）为求一个半径为 0.50m 的飞轮对于通过其中心且与盘面垂直的固定转轴的转动惯量，在飞轮上绕上细绳，细绳的末端悬一个质量为 8.0kg 的重锤。让重锤从 2.0m 高处由静止落下，测得其下落时间为 16s。再换用另一个质量 4.0kg 的重锤做同样的测量，测得下落时间为 25s。已知摩擦力矩恒定，求该飞轮对给定转轴的转动惯量。

解： 在第一种情况下，对重锤应用牛顿定律，对飞轮应用转动定律，有

$$m_1 g - F_{T1} = m_1 a_1 \qquad \qquad \text{①}$$

$$F_{T1} R - M_f = J\alpha_1 = J\frac{a_1}{R} \qquad \qquad \text{②}$$

对重锤应用运动学公式，得

$$h = \frac{1}{2} a_1 t_1^2 \qquad \qquad \text{③}$$

式①×R＋式②，并将式③代入其中，得

$$m_1 g R - M_f = \left(m_1 R + \frac{J}{R}\right)\frac{2h}{t_1^2} \qquad \qquad \text{④}$$

同理，在第二种情况下，有类似的方程为

$$m_2 g R - M_f = \left(m_2 R + \frac{J}{R}\right)\frac{2h}{t_2^2} \qquad \qquad \text{⑤}$$

式⑤－式④，解得飞轮对给定转轴的转动惯量为

$$J = \frac{R^2}{t_2^2 - t_1^2}\left[\frac{(m_1 - m_2)g t_1^2 t_2^2}{2h} - (m_1 t_2^2 - m_2 t_1^2)\right] = 1.06 \times 10^3 (\text{kg} \cdot \text{m}^2)$$

（6）一根轻绳跨过两个质量分别为 m 和 $2m$、半径均为 r 的均匀圆盘状定滑轮，绳的两端分别挂着质量分别为 m 和 $4m$ 的重物，如图 4-22（a）所示。绳与滑轮间没有相对滑动，滑轮轴光滑。将两个定滑轮和两个重物组成的系统从静止释放，求各段绳子中的张力。

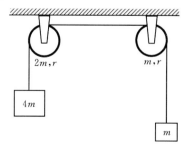

(a)

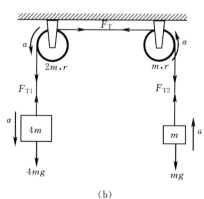

(b)

图 4-22

解：两个重物和两个定滑轮的受力情况及其加速度和角加速度如图 4 - 22（b）所示。对两个重物应用牛顿定律得

$$4mg - F_{T1} = 4ma$$

$$F_{T2} - mg = ma$$

对两个定滑轮应用转动定律得

$$F_{T1}r - F_T r = mr^2\alpha$$

$$F_T r - F_{T2}r = \frac{1}{2}mr^2\alpha$$

重物的加速度 a 和定滑轮的角加速度 α 之间的关系为

$$a = r\alpha$$

以上五个方程联立解得

$$F_{T1} = \frac{28}{13}mg, \quad F_T = \frac{22}{13}mg, \quad F_{T2} = \frac{19}{13}mg$$

（7）质量分别为 m 和 $2m$、半径分别为 R 和 $2R$ 的两个均匀圆盘同轴地粘在一起，可以绕通过盘心且垂直盘面的水平光滑固定轴转动，对转轴的转动惯量为 $J = \frac{9}{2}mR^2$，大小圆盘边缘各绕有一根绳子，绳子下端都挂有一个质量为 m 的重物，如图 4 - 23（a）所示。求圆盘的角加速度的大小和两段绳子中的张力。

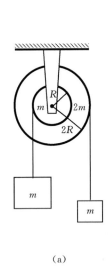

（a）

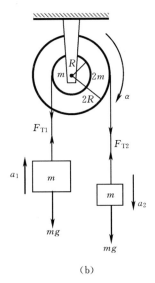

（b）

图 4 - 23

解：两个重物和两个定滑轮的受力情况及其加速度和角加速度如图 4 - 23（b）所示。对两个重物应用牛顿定律，得

$$F_{T1} - mg = ma_1$$

$$mg - F_{T2} = ma_2$$

对定滑轮应用转动定律，得

$$2F_{T2}R - F_{T1}R = \frac{9}{2}mR^2\alpha$$

重物的加速度 a_1、a_2 与定滑轮的角加速度 α 之间的关系为

$$a_1 = R\alpha$$
$$a_2 = 2R\alpha$$

以上五个方程联立求解，得

$$\alpha = \frac{2g}{19R}, \quad F_{T1} = \frac{21}{19}mg, \quad F_{T2} = \frac{15}{19}mg$$

（8）如图 4-24 所示，光滑物体 A 和 B 叠放在光滑水平桌面上，通过跨过圆盘形定滑轮的轻质细绳连接，物体 B 受到大小为 10N 的水平拉力 $\vec{F}$。已知滑轮与转轴之间没有摩擦，绳与滑轮之间不存在相对滑动，细绳不能伸长，物体 A、B 和滑轮的质量都等于 8.0kg，滑轮的半径为 5cm。求滑轮的角加速度以及物体 A、B 受到绳的拉力。

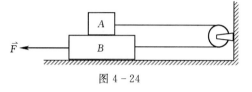

图 4-24

解： 设连接物体 A、B 的绳的拉力大小分别为 F_1、F_2，物体 A、B 的加速度大小相等，均为

$$a = R\alpha$$

其中，α 为定滑轮的角加速度。

对物体 A、B 应用牛顿定律，得

$$F_{T1} = mR\alpha$$
$$F - F_{T2} = mR\alpha$$

对定滑轮应用转动定律，得

$$F_{T2}R - F_{T1}R = \frac{1}{2}mR^2\alpha$$

对以上三个方程联立求解，得滑轮的角加速度和物体 A、B 受到绳的拉力大小分别为

$$\alpha = \frac{2F}{5mR} = 10 \ (\text{rad/s}^2)$$

$$F_{T1} = \frac{2}{5}F = 4 \ (\text{N})$$

$$F_{T2} = \frac{3}{5}F = 6 \ (\text{N})$$

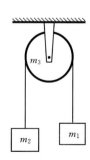

图 4-25

（9）如图 4-25 所示的阿特伍德机装置中，滑轮和绳子间没有滑动且绳子不可以伸长，轴与轮间存在阻力矩，试求滑轮两边绳子中的张力。已知 $m_1 = 20\text{kg}$，$m_2 = 10\text{kg}$，滑轮的质量 $m_3 = 5\text{kg}$，滑轮的半径 $R = 0.2\,\text{m}$。滑轮可视为匀质圆盘，阻力矩的大小 $M_f = 6.6\text{N·m}$。

解： 对物体 m_1、m_2 分别应用牛顿第二定律，有

$$m_1 g - F_{T1} = m_1 a$$
$$F_{T2} - m_2 g = m_2 a$$

对滑轮应用转动定律，有

$$F_{T1}R - F_{T2}R - M_f = \frac{1}{2}m_3 R^2 \alpha$$

对滑轮边缘上任一点，有

$$a = R\alpha$$

联立以上三个方程，解得物体 m_1 或 m_2 的加速度为

$$a = \frac{2(m_1 - m_2)gR - 2M_f}{(2m_1 + 2m_2 + m_3)R} = 2(\text{m/s}^2)$$

滑轮两边绳子中的张力分别为

$$F_{T1} = m_1(g - a) = 156 \ (\text{N})$$

$$F_{T2} = m_2(g + a) = 118 \ (\text{N})$$

（10）如图 4-26 所示，一根匀质细棒长为 l，质量为 m，以与棒长垂直的速度 v 在光滑水平面内平动时，与前方一个固定的光滑支点 C 发生完全非弹性碰撞。碰撞点到棒一端的距离为 $l/4$。试求该棒在碰撞以后的瞬间，绕 C 点转动的角速度 ω。

解： 碰撞前瞬时，由于棒上各点的速度相等，因此，整根棒对 C 点的角动量为

$$L_1 = \int_0^{3l/4} \lambda v x \, \mathrm{d}x - \int_0^{l/4} \lambda v x \, \mathrm{d}x = \frac{1}{4}\lambda v l^2$$

其中，棒的质量线密度为 $\lambda = \dfrac{m}{l}$，因此

$$L_1 = \frac{1}{4}v l^2 \frac{m}{l} = \frac{1}{4}mvl$$

在碰撞后瞬时，棒对 C 点的角动量为

$$L_2 = J\omega = \left[\frac{1}{12}ml^2 + m\left(\frac{l}{4}\right)^2\right]\omega = \frac{7}{48}ml^2\omega$$

由于棒在光滑水平面内运动，在碰撞前后所受的合外力矩为零，因此角动量守恒，即

$$\frac{1}{4}mvl = \frac{7}{48}ml^2\omega$$

由此解得该棒绕 C 点转动的角速度为

$$\omega = \frac{12v}{7l}$$

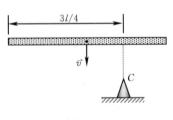

图 4-26

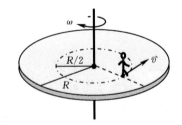

图 4-27

（11）如图 4-27 所示，在半径为 R 的具有光滑竖直固定中心轴的水平圆盘上，有一个人静止站立在距转轴 $R/2$ 处，人的质量是圆盘质量的 0.1 倍。开始时盘载人相对于对地面以角速度 ω_0 匀速转动，然后此人沿与盘转动相反的方向以速率 v 相对于圆盘做圆周运动。试求：

1）圆盘相对于对地面的角速度。

2) 如果想使圆盘停下了，速率 v 的方向如何？大小应等于多少？

解： 1) 设人沿与盘转动相反的方向以速率 v 相对于圆盘做圆周运动时，圆盘对地的角速度为 ω，则人对地的角速度为

$$\omega' = \omega - \frac{v}{R/2} = \omega - \frac{2v}{R}$$

将人与盘作为一个系统，由于系统受到的对转轴的合外力矩为零，因此系统的角动量守恒。设盘的质量为 M，则

$$\left[\frac{1}{2}MR^2 + 0.1M\left(\frac{R}{2}\right)^2\right]\omega_0 = \frac{1}{2}MR^2\omega + 0.1M\left(\frac{R}{2}\right)^2\left(\omega - \frac{2v}{R}\right)$$

解之得

$$\omega = \omega_0 + \frac{2v}{21R}$$

2) 如果想使圆盘停下了，应有 $\omega = 0$，即

$$\omega_0 + \frac{2v}{21R} = 0$$

解之得

$$v = -\frac{21}{2}\omega_0 R$$

其中，负号表示人的走动方向与题目中人走动的方向相反，即与盘的初始转动方向一致。

（12）如图 4-28 所示，质量为 M、长度为 l 的均匀细棒静止平放在滑动摩擦系数为 μ 的水平桌面上，它可以绕通过其端点 A 且与桌面垂直的固定光滑轴转动。另有一个质量为 m 的小滑块平行于桌面运动，运动方向与棒垂直。小滑块与棒的另一端 B 发生极短时间的碰撞。已知小滑块在

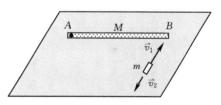

图 4-28

与棒碰撞前后的速度分别为 $\vec{v}_1$ 和 $\vec{v}_2$，求碰撞后从细棒开始转动到停止转动的过程中所需要的时间。

解： 在滑块与棒碰撞过程中，由于碰撞时间极短，因此，可以认为系统的角动量守恒，即

$$mv_1 l = -mv_2 l + \frac{1}{3}Ml^2\omega_0 \qquad ①$$

其中，ω_0 是碰撞棒的角速度。

碰撞以后棒在转动过程中所受的摩擦力矩为

$$M_{\mathrm{f}} = \int_0^l -\mu g \frac{M}{l}x\,\mathrm{d}x = -\frac{1}{2}\mu Mgl \qquad ②$$

对棒的转动过程应用角动量定理，有

$$\int_0^t M_{\mathrm{f}}\,\mathrm{d}t = 0 - \frac{1}{3}Ml^2\omega_0$$

解之得

$$M_{\mathrm{f}}\Delta t = -\frac{1}{3}Ml^2\omega_0 \qquad ③$$

联立方程①、方程②和方程③，解得细棒从开始到停止转动的过程中所需要的时间为

$$\Delta t = \frac{2m(v_1 + v_2)}{\mu Mg}$$

（13）某人站在水平转台的中央，与转台一起以恒定的转速 n_1 转动，他的两手各握一个质量为 m 的砝码，它们到转轴的距离均为 R_1。然后此人将砝码拉近，直到它们到转轴的距离为 R_2 为止，这时整个系统的转速变为 n_2。在此过程中该人做了多少功？

解： 由于在人将砝码拉近的过程中没有外力矩作用，因此，系统的角动量守恒，即

$$(J_0 + 2mR_1^2)\omega_1 = (J_0 + 2mR_2^2)\omega_2$$

由此解得转台对给定转轴的转动惯量为

$$J_0 = \frac{2m(R_1^2\omega_1 - R_2^2\omega_2)}{\omega_2 - \omega_1}$$

将转台、砝码和人看做一个系统，根据动能定理得人将砝码拉近的过程中人所做的功为

$$W = E_{k2} - E_{k1} = \frac{1}{2}(J_0 + 2mR_2^2)\omega_2^2 - \frac{1}{2}(J_0 + 2mR_1^2)\omega_1^2$$

将 J_0 的表达式代入上式，同时注意到 $\omega_1 = 2\pi n_1$、$\omega_1 = 2\pi n_2$，即得

$$W = 4\pi^2 mn_1 n_2 (R_1^2 - R_2^2)$$

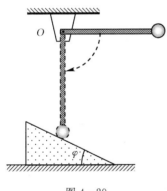

图 4 - 29

（14）如图 4 - 29 所示，一个质量为 0.1kg 的小球固定在刚性轻杆的一端，该杆的长度为 0.2m，可以绕通过 O 点的水平光滑固定轴转动。将杆拉起使小球与 O 点在同一高度处，放手使小球由静止开始运动。当小球落到最低点时，与一个倾角为 30° 的光滑固定斜面发生完全弹性碰撞，碰撞过程历时 0.01s。在碰撞过程中，小球受到斜面的平均冲力大小等于多少？

解： 杆与小球组成一个绕 O 轴转动的刚体。设小球落到最低点与斜面发生碰撞前的角速度为 ω_0，则

$$mgl = \frac{1}{2}J\omega_0^2$$

解之得

$$\omega_0 = \sqrt{\frac{2mgl}{J}} = \sqrt{\frac{2mgl}{ml^2}} = \sqrt{\frac{2g}{l}}$$

由于斜面是固定的，小球与斜面发生完全弹性碰撞后将被反弹回来，即小球碰撞后的角速度 ω 为

$$\omega = -\omega_0 = -\sqrt{\frac{2g}{l}}$$

设在碰撞过程中小球受到斜面的平均冲力为 $\vec{F}$，其方向与斜面垂直。由刚体定轴转动的角动量定理得

$$-\vec{F}l\sin\varphi\Delta t = J\omega - J\omega_0 = -2J\omega_0$$

由此式解得小球受到斜面的平均冲力大小为

$$\vec{F}=\frac{2J\omega_0}{l\sin\varphi\Delta t}=\frac{2ml^2}{l\sin\varphi\Delta t}\sqrt{\frac{2g}{l}}=\frac{2m\sqrt{2gl}}{\sin\varphi\Delta t}=79.2\,(\text{N})$$

（15）如图 4-30 所示，长度为 l、质量为 M 的匀质细杆可以绕过杆的一端 O 点的水平光滑固定轴转动，开始时静止于竖直位置。邻近 O 点悬挂一个单摆，轻质摆线的长度也是 l，摆球质量为 m。如果单摆从水平位置由静止开始自由摆到竖直位置时，摆球与细杆发生完全弹性碰撞，碰撞后摆球恰好静止。求：

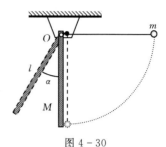

图 4-30

1）细杆的质量与摆球质量的关系。

2）细杆离开竖直位置的最大角度 α。

解：1）设摆球摆到竖直位置时的速度为 v_0，由机械能守恒定律得

$$mgl=\frac{1}{2}mv_0^2$$

摆球与细杆碰撞过程中系统角动量守恒，设碰撞后细杆的角速度为 ω，有

$$J\omega=mv_0l$$

此外，由于摆球与细杆的碰撞是完全弹性碰撞，因此碰撞过程中机械能守恒，即

$$\frac{1}{2}J\omega^2=\frac{1}{2}mv_0^2$$

注意到细杆的转动惯量 $J=\frac{1}{3}Ml^2$，以上三式联立求解，得细杆的质量与摆球质量的关系

$$M=3m$$

2）设细杆离开竖直位置的最大角度为 α，由机械能守恒定律得

$$\frac{1}{2}J\omega^2=\frac{1}{2}Mgl(1-\cos\alpha)$$

其中，$\frac{1}{2}J\omega^2=\frac{1}{2}mv_0^2=mgl$，$M=3m$，因此

$$\cos\alpha=\frac{1}{3}\ 或\ \alpha=\arccos\frac{1}{3}$$

四、自我检测题

1. 单项选择题（每题 3 分，共 30 分）

（1）某刚体以 60r/min 绕 z 轴做匀速转动（$\vec{\omega}$ 沿 z 轴正方向）。设某时刻刚体上的点 P 的位置矢量为 $\vec{r}=3\vec{i}+4\vec{j}+5\vec{k}$，其单位为 cm，如果速度以 cm/s 为单位，则该时刻 P 点的速度为 [ ]。

(A) $\vec{v}=94.2\vec{i}+125.6\vec{j}+157.0\vec{k}$； (B) $\vec{v}=-25.1\vec{i}+18.8\vec{j}$；

(C) $\vec{v}=-25.1\vec{i}-18.8\vec{j}$； (D) $\vec{v}=31.4\vec{k}$。

（2）有两个力作用在一个有固定转轴的刚体上。有如下四种说法：①这两个力都平行

于转轴时，它们对转轴的合力矩一定为零；②这两个力都垂直于转轴时，它们对转轴的合力矩可能为零；③当这两个力的合力为零时，它们对转轴的合力矩也一定为零；④当这两个力对转轴的合力矩为零时，它们的合力也一定为零。在这些说法中，[   ]。

(A) 只有①是正确的；   (B) 只有①、②是正确的；

(C) ①、②、③是正确的；   (D) ①、②、③、④都正确。

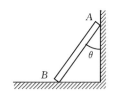

（3）如图 4-31 所示，质量为 m 的匀质细杆 AB 静止，其 A 端靠在粗糙的竖直墙壁上，B 端置于粗糙水平地面上。杆身与竖直方向成 θ 角，则 A 端对墙壁的压力大小[   ]。

(A) 为 $0.25mg\cos\theta$；   (B) 为 $0.5mg\tan\theta$；

(C) 为 $mg\sin\theta$；   (D) 不能唯一确定。

图 4-31

（4）将细绳绕在一个具有水平光滑轴的飞轮边缘上，然后在绳端挂上质量为 m 的重物，这时飞轮的角加速度为 α。如果以 $2mg$ 的拉力代替重物拉绳时，飞轮的角加速度将 [   ]。

(A) 小于 α；   (B) 大于 α，小于 2α；   (C) 等于 2α；   (D) 大于 2α。

（5）水平圆盘可绕通过其中心的固定竖直轴转动，圆盘上站着一个人。将人和圆盘当做一个系统，当此人在盘上随意走动时，在忽略轴的摩擦的情况下，该系统 [   ]。

(A) 动量守恒；   (B) 机械能守恒；

(C) 对转轴的角动量守恒；   (D) 动量、机械能和角动量都守恒。

（6）刚体角动量守恒的充分且必要条件是 [   ]。

(A) 刚体不受外力矩的作用；

(B) 刚体所受的合外力和合外力矩均为零；

(C) 刚体所受合外力矩为零；

(D) 刚体的转动惯量和角速度均保持不变。

（7）关于力矩有以下几种说法：①对某个定轴而言，内力矩不会改变刚体的角动量；②作用力和反作用力对同一个转轴的力矩之和必为零；③质量相等，形状和大小不同的两个刚体，在相同的力矩作用下，它们的角加速度一定相等。在上述说法中，[   ] 是正确的。

(A) 只有②；   (B) ①、②；   (C) ②、③；   (D) ①、②、③。

（8）有一半径为 R 的水平圆转台，可绕通过其中心的竖直固定光滑轴转动，转动惯量为 J，开始时转台以匀角速度 ω_0 转动，此时有一个质量为 m 的人站在转台中心。然后人沿半径向外跑去，当人到达转台边缘时，转台的角速度为 [   ]。

(A) $\dfrac{J\omega_0}{J+mR^2}$；   (B) $\dfrac{J\omega_0}{J+2mR^2}$；   (C) ω_0；   (D) $\dfrac{J\omega_0}{mR^2}$。

（9）某人站在旋转平台的中央，两臂侧平举，整个系统以 $2\pi\text{rad/s}$ 的角速度旋转，转动惯量为 $6.0\text{kg}\cdot\text{m}^2$。如果将双臂收回则系统的转动惯量变为 $2.0\text{kg}\cdot\text{m}^2$，此时系统的转动动能与原来的转动动能之比为 [   ]。

(A) 3；   (B) $\sqrt{3}$；   (C) 2；   (D) $\sqrt{2}$。

（10）一个圆盘在水平面内绕一个竖直固定轴转动，转动惯量为 J，初始角速度为 ω_0，

后来变为 $\omega_0/2$。在上述过程中，阻力矩所做的功为 [　　]。

(A) $\dfrac{1}{4}J\omega_0^2$；　　　(B) $-\dfrac{1}{8}J\omega_0^2$；　　　(C) $-\dfrac{1}{4}J\omega_0^2$；　　　(D) $-\dfrac{3}{8}J\omega_0^2$。

2. 填空题（每空 2 分，共 30 分）

(1) 有三个质量均为 m 的质点，位于边长为 b 的等边三角形的三个顶点上。该系统对通过三角形中心并垂直于三角形平面的轴的转动惯量为（　　）；对通过三角形中心且平行于其一边的轴的转动惯量为（　　）；对通过三角形中心和一个顶点的轴的转动惯量为（　　）。

(2) 一扇质量分布均匀的门的质量为 m，宽为 a，它对与其长边重合的轴的转动惯量为（　　）。

(3) 一根均匀细杆的质量为 m，长度为 l。此杆对通过其端点且与杆成 θ 角的轴的转动惯量为（　　）。

(4) 一个可以绕水平轴转动的飞轮的直径为 0.8m，一条绳子绕在飞轮的外周边缘上。如果飞轮从静止开始做匀角加速转动，且在 4s 内绳被展开 8.0m，则飞轮的角加速度为（　　）。

(5) 一个做定轴转动的物体对转轴的转动惯量为 $3.0\text{kg}\cdot\text{m}^2$，角速度为 6.0rad/s。然后对物体施加恒定的制动力矩 $-12\text{N}\cdot\text{m}$，当物体的角速度减小到 2.0rad/s 时，物体转过的角度为（　　）。

(6) 转动着的飞轮的转动惯量为 J，在初始时刻角速度为 ω_0。此后飞轮经历制动过程，阻力矩 M 的大小与角速度 ω 的平方成正比，比例系数为 k（k 为大于 0 的常量）。当 $\omega=\omega_0/3$ 时，飞轮的角加速度为（　　）。从开始制动到 $\omega=\omega_0/3$ 所经过的时间为（　　）。

(7) 一根质量为 m、长为 l 的均匀细杆，可以在水平桌面上绕通过其一端的竖直固定轴转动。已知细杆与桌面的滑动摩擦系数为 μ，则杆转动过程中受到的摩擦力矩的大小为（　　）。

(8) 一个飞轮以角速度 ω_0 绕光滑固定轴旋转，飞轮对轴的转动惯量为 J_1；另一个静止的飞轮突然和上述转动的飞轮啮合，该飞轮对轴的转动惯量为前者的两倍，则啮合以后整个系统的角速度为（　　）。

(9) 一根长为 50cm 的杆子可以绕通过其上端的水平光滑固定轴在竖直平面内转动，该杆相对于转轴的转动惯量为 $5\text{kg}\cdot\text{m}^2$。原来杆静止并自然下垂。如果在杆的下端水平射入质量为 0.01kg、速率为 400m/s 的子弹并嵌入杆内，则杆的角速度为（　　）。

(10) 某人站在以 $2\pi\text{rad/s}$ 的角速度旋转的平台上，这时他的双臂水平伸直，并且两手都握着重物，整个系统的转动惯量是 $6.0\text{kg}\cdot\text{m}^2$。如果他将双臂收回，系统的转动惯量减到 $2.0\text{kg}\cdot\text{m}^2$，此时转台的旋转角速度变为（　　）；转动动能增量为（　　）。计算过程中忽略轴上的摩擦。

(11) 一个滑冰者开始时张开手臂绕自身竖直轴旋转，其动能为 E_0，转动惯量为 J_0。如果他将手臂收拢，其转动惯量变为 $J_0/2$，则其动能将变为（　　）。计算过程中不考虑轴上的摩擦。

3. 计算题（每题 10 分，共 40 分）

(1) 如图 4-32 所示，设两个重物的质量分别为 m_1 和 m_2，并且 $m_1>m_2$，定滑轮的

半径为 R，对转轴的转动惯量为 J，轻绳与滑轮间没有滑动，滑轮轴上的摩擦不计。设开始时系统静止，试求 t 时刻滑轮的角速度。

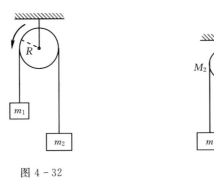

图 4-32   图 4-33

（2）如图 4-33 所示，质量为 $M_1 = 24\text{kg}$ 的圆轮可以绕水平光滑固定轴转动，一根轻绳缠绕于轮上，绳通过质量为 $M_2 = 5\text{kg}$ 的圆盘形定滑轮，在另一端悬有质量为 $m = 10\text{kg}$ 的物体。求当重物由静止开始下降了 $h = 0.5\text{m}$ 时：①物体的速度；②绳中张力。设绳与定滑轮之间没有相对滑动，圆轮和定滑轮均当做匀质圆盘看待。

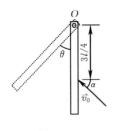

（3）如图 4-34 所示，一根质量为 M、长为 l 的均匀细棒，悬在通过其上端 O 且与棒垂直的水平光滑固定轴上，开始时自由下垂。质量为 m 的小泥团以与水平方向夹角为 α 的速度 v_0 击在棒长的 $3l/4$ 处并粘在棒上。求：①细棒被击中后的瞬时角速度；②当细棒摆到最高点时，细棒与竖直方向的夹角 θ。

图 4-34

（4）质量为 $M = 0.03\text{ kg}$，长为 $l = 0.2\text{m}$ 的均匀细棒，在水平面内绕通过棒中心并与棒垂直的光滑固定轴自由转动。细棒上套有两个可以沿棒滑动的小物体，每个小物体的质量都为 $m = 0.02\text{kg}$。开始时两个小物体分别被固定在棒中心的两侧且距棒中心各为 $r = 0.05\text{m}$ 处，此系统以 $n_1 = 15\text{rev/ min}$ 的转速转动。如果将小物体松开，设它们在滑动过程中受到的阻力正比于它们相对于棒的速度，求：①当两小物体到达棒端时，系统的角速度是多少？②当两小物体飞离棒端时，棒的角速度又是多少？

第五章　真空中的静电场

一、基本内容

（一）电荷　库仑定律

1. 电荷守恒定律

电荷守恒定律：在一个孤立的系统内，不论发生什么物理过程，正负电荷的代数和总是保持不变的。

电荷守恒定律对宏观和微观物理过程都成立。

2. 电荷的量子化

元电荷 e：电子所带电量的绝对值。

$$e = 1.60 \times 10^{-19}\text{C}$$

电荷的量子化：物体所带的电荷是元电荷的整数倍的现象。即

$$q = \pm Ne \quad N = 1,\ 2,\ 3,\ \cdots$$

在物体所带电荷的数目非常巨大的情况下，可以认为电荷是连续分布的。

3. 库仑定律

点电荷：本身的几何线度与其到考察点的距离相比小得多的带电体。

真空中的库仑定律：真空中两个静止点电荷 q_1 和 q_2 之间的相互作用力的大小与 q_1 与 q_2 的乘积成正比，与它们之间的距离 r 的平方成反比，作用力的方向沿着两个点电荷的连线。即

$$\vec{F} = \frac{1}{4\pi\varepsilon_0}\frac{q_1 q_2}{r^3}\vec{r} = \frac{1}{4\pi\varepsilon_0}\frac{q_1 q_2}{r^2}\vec{e}_r$$

其中，$\vec{r}$ 是由施力电荷向受力电荷所做的矢径，$\vec{e}_r$ 是 $\vec{r}$ 的单位矢量。$\varepsilon_0 = 8.85 \times 10^{-12}\,\text{C}^2 /(\text{N} \cdot \text{m}^2)$ 为真空电容率。

4. 电场和电场强度

电荷周围空间存在电场，处在电场中的其他电荷会受到电场力。

静电场：由相对于观测者静止的带电体产生的电场。

电场是一种特殊形态的物质。

试验电荷：为定量描述电场而引入的、具备电量充分小和几何线度充分小两个条件的电荷。

电场强度 $\vec{E}$：放置在考察点的单位正试验电荷所受的电场力。即

$$\vec{E} = \frac{\vec{F}}{q_0}$$

电场强度的单位为 N/C 或 V/m。

点电荷 q 在电场 $\vec{E}$ 中所受的电场力为

$$\vec{F} = q\vec{E}$$

匀强电场：空间各点的场强大小和方向都相同的电场。

点电荷 q 的电场强度为

$$\vec{E} = \frac{1}{4\pi\varepsilon_0}\frac{q}{r^3}\vec{r} = \frac{1}{4\pi\varepsilon_0}\frac{q}{r^2}\vec{e}_r$$

（二）电场强度叠加原理

电场强度叠加原理：多个带电体在某点产生的电场强度，等于各个带电体单独存在时在该点产生的电场强度的矢量和。即

$$\vec{E} = \sum_{i=1}^{n}\vec{E}_i$$

离散电荷系统的电场强度叠加原理为

$$\vec{E} = \frac{1}{4\pi\varepsilon_0}\sum_{i=1}^{n}\frac{q_i}{r_i^3}\vec{r}_i = \frac{1}{4\pi\varepsilon_0}\sum_{i=1}^{n}\frac{q_i}{r_i^2}\vec{e}_{r_i}$$

连续电荷系统的电场强度叠加原理为

$$\vec{E} = \frac{1}{4\pi\varepsilon_0}\int_{\Omega}\frac{dq}{r^2}\vec{e}_r$$

其中，Ω 泛指带电体所占据的空间。如果电荷连续分布在一个体上，Ω 用 V 代替，电荷元 $dq = \rho dV$，其中的电荷体密度定义为 $\rho = dq/dV$；如果电荷连续分布在一个面上，Ω 用 S 代替，电荷元 $dq = \sigma dS$，其中的电荷面密度定义为 $\sigma = dq/dS$；如果电荷连续分布在一条线上，Ω 用 L 代替，电荷元 $dq = \lambda dL$，其中的电荷线密度定义为 $\lambda = dq/dL$。

（三）高斯定理

1. 电场线

电场线：为了形象地描述电场分布，在电场中做出一系列的曲线，使曲线上每一点的切线方向都与该点的场强方向一致。

电场线的性质：①起于正电荷（或来自无穷远），止于负电荷（或伸向无穷远）；②不相交；③不形成闭合曲线。

在电场中任一点，通过与场强方向垂直的单位面积的电场线条数（即电场线密度）等于该点电场强度的大小。因此电场线密集处场强大，稀疏处场强小。

2. 电通量

电通量 Φ_e：通过电场中给定曲面的电场线条数。

通过曲面 S 的电通量为

$$\Phi_e = \int_S E\cos\theta dS = \int_S \vec{E}\cdot d\vec{S}$$

3. 高斯定理

高斯定理：在真空中通过闭合曲 S（称为高斯面）的电通量等于该曲面所包围的代数和除以 ε_0。即

$$\oint_S \vec{E}\cdot d\vec{S} = \frac{1}{\varepsilon_0}\sum_i q_i$$

注意：① $\vec{E}$ 是高斯面内、外所有电荷在高斯面上共同激发的总场强；② $\sum_i q_i$ 是对高斯面内的电荷求和，即只有高斯面内的电荷才对总穿过高斯面的电通量有贡献。

（四）静电场的环路定理

静电场的环路定理：在静电场中电场强度的环流为零。即

$$\oint_L \vec{E} \cdot d\vec{l} = 0$$

该定理表明静电场是保守力场（或有势场）。

（五）电势能和电势

1. 电势能

设 P_0 点为零电势能参考点，即 $\varepsilon_{P_0} = 0$，则电场中 P 点的电势能为

$$\varepsilon_P = W_{PP_0} = q \int_P^{P_0} \vec{E} \cdot d\vec{l}$$

即电荷 q 在电场中某点的电势能，等于将该电荷由该点沿任意路径移到零电势能参考点时静电场力所做的功。

如果电荷分布在有限区域时，取无穷远处为零电势能参考点，即 $\varepsilon_\infty = 0$，这时电场中 P 点的电势能为

$$\varepsilon_P = W_{P\infty} = q_0 \int_P^\infty \vec{E} \cdot d\vec{l}$$

2. 电势

设 P_0 点为零电势参考点，即 $U_{P_0} = 0$，则电场中 P 点的电势为

$$U_P = \frac{\varepsilon_P}{q} = \int_P^{P_0} \vec{E} \cdot d\vec{l}$$

即电场中某点 P 的电势 U_P 等于：①置于 P 点的单位正电荷所具有的电势能；②将单位正电荷从 P 点沿任意路径移动到零电势参考点时静电场力所做的功。

如果电荷分布在有限区域时，取无穷远处为零电势参考点（在工程应用中取大地的电势为零），即 $U_\infty = 0$，这时电场中 P 点的电势为

$$U_P = \frac{\varepsilon_P}{q} = \int_P^\infty \vec{E} \cdot d\vec{l}$$

点电荷的电势为

$$U = \frac{q}{4\pi\varepsilon_0 r}$$

电势的单位是 V。

电场中 a、b 两点的电势差（或电压）U_{ab} 为

$$U_{ab} = U_a - U_b = \int_a^b \vec{E} \cdot d\vec{l}$$

3. 电势、电势能、电场力的功之间的关系

电势与电势能的关系为

$$\varepsilon_P = q_0 U_P$$

电场力的功与电势能、电势的关系为

$$W_{ab} = \varepsilon_a - \varepsilon_b = q_0(U_a - U_b)$$

4. 电势叠加原理

电势叠加原理：多个带电体在空间某点产生的电势等于各个带电体单独存在时在该点产生的电势的代数和。即

$$U = \sum_{i=1}^{n} U_i$$

离散电荷系统的电势叠加原理为

$$U = \sum_{i=1}^{n} \frac{q_i}{4\pi\varepsilon_0 r_i}$$

连续电荷系统的电场强度叠加原理为

$$U = \int_{\Omega} \frac{\mathrm{d}q}{4\pi\varepsilon_0 r}$$

（六）电场强度与电势的关系

1. 等势面

等势面：电势相等的点构成的曲面。

在绘制等势面时，一般两相邻等势面间的电势差相等。

静电场中等势面的性质：①沿等势面移动电荷时电场力不做功；②电场线与等势面处处正交；③任意两个等势面不相交。

2. 电场强度与电势的关系

电势梯度是指电势在空间的变化率，其定义为

$$\mathrm{grad}U = \nabla U = \frac{\partial U}{\partial x}\vec{i} + \frac{\partial U}{\partial y}\vec{j} + \frac{\partial U}{\partial z}\vec{k}$$

电场强度与电势的关系：在电场中任一点的电场强度矢量，等于该点的电势梯度矢量的负值。即

$$\vec{E} = -\mathrm{grad}U = -\nabla U$$

上式表明：①电场强度 $\vec{E}$ 的方向是电势变化最快的方向；②等势面越密集的地方电场越强，等势面越稀疏的地方电场越弱；③电场强度 $\vec{E}$ 总是指向电势降低的方向。

（七）典型带电体的电场

1. 电偶极子的电场

电偶极子：由两个相距很近、等值异号的点电荷构成的电荷系统。

电偶极子的轴：由 $-q$ 到 $+q$ 的矢径 $\vec{l}$。

电偶极子的电偶极矩：$\vec{p} = q\vec{l}$

电偶极子的电势分布为

$$U = \frac{\vec{p} \cdot \vec{r}}{4\pi\varepsilon_0 r^3} = \frac{p\cos\theta}{4\pi\varepsilon_0 r^2}$$

其中，$\vec{r}$ 为从电偶极子的中心指向场点的矢径。

电偶极子的电场分布为

$$\vec{E} = \frac{p(2x^2 - y^2)}{4\pi\varepsilon_0 (x^2 + y^2)^{5/2}}\vec{i} + \frac{3pxy}{4\pi\varepsilon_0 (x^2 + y^2)^{5/2}}\vec{j}$$

在电偶极子的延长线上（$y=0$）和中垂线上（$x=0$）的电场强度分别为

$$\vec{E}=\frac{p}{2\pi\varepsilon_0 x^3}\vec{i},\ \vec{E}=-\frac{p}{4\pi\varepsilon_0 y^3}\vec{i}$$

2. 均匀带电细棒的电场

如图 5-1 所示，均匀带电细棒外的电场分布为

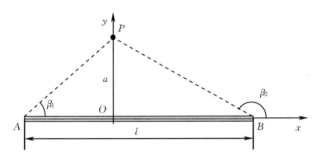

图 5-1

$$\vec{E}=\frac{\lambda}{4\pi\varepsilon_0 a}(\sin\beta_2-\sin\beta_1)\vec{i}+\frac{\lambda}{4\pi\varepsilon_0 a}(\cos\beta_1-\cos\beta_2)\vec{j}$$

无限长（$\beta_1=0$、$\beta_2=\pi$）带电细棒的电场分布为

$$\vec{E}=\frac{\lambda}{2\pi\varepsilon_0 a}\vec{j}$$

半无限长带电细棒一端正上方（$\beta_1=0$、$\beta_2=\pi/2$）的场强为

$$\vec{E}=\frac{\lambda}{4\pi\varepsilon_0 a}\vec{i}+\frac{\lambda}{4\pi\varepsilon_0 a}\vec{j}$$

3. 均匀带电圆环轴线上的电场

均匀带电圆环轴线上的电势分布为

$$U=\frac{q}{4\pi\varepsilon_0 r}=\frac{q}{4\pi\varepsilon_0 \sqrt{R^2+x^2}}$$

均匀带电圆环轴线上的电场分布为

$$\vec{E}=\frac{q}{4\pi\varepsilon_0 r^2}\cos\theta\,\vec{i}=\frac{qx}{4\pi\varepsilon_0 (R^2+x^2)^{3/2}}\vec{i}$$

4. 均匀带电圆盘轴线上的电场

均匀带电圆环盘线上的电势分布为

$$U=\frac{\sigma}{2\varepsilon_0}(\sqrt{R^2+x^2}-x)$$

均匀带电圆环盘线上的电场分布为

$$\vec{E}=\frac{\sigma}{2\varepsilon_0}\left(1-\frac{x}{\sqrt{R^2+x^2}}\right)\vec{i}$$

无限大带电平面（$R\rightarrow\infty$）两侧的场强为

$$E=\frac{\sigma}{2\varepsilon_0}$$

平行板电容器两极板之间的场强为

$$E = \frac{\sigma}{\varepsilon_0}$$

5. 均匀带电球面的电场

均匀带电球面的电势分布为

$$U = \begin{cases} \dfrac{Q}{4\pi\varepsilon_0 R} & (r \leqslant R) \\[3mm] \dfrac{Q}{4\pi\varepsilon_0 r} & (r > R) \end{cases}$$

均匀带电球面的电场分布为

$$\vec{E} = \begin{cases} 0 & (r < R) \\[3mm] \dfrac{Q}{4\pi\varepsilon_0 r^2}\vec{e}_{\mathrm{r}} & (r > R) \end{cases}$$

二、思考与讨论题目详解

1. 电场和电场强度

（1）如图 5-2 所示，在坐标 $(b, 0)$、$(-b, 0)$ 处放置分别放置点电荷 $+q$ 和 $-q$。$M(x, 0)$ 点和 $N(0, y)$ 点分别为 x 轴和 y 轴上的点。当 $x \gg b$、$y \gg b$ 时，这两点场强的大小分别等于多少？方向如何？

【**答案**：$E_{\mathrm{M}} = \dfrac{qb}{\pi\varepsilon_0 x^3}$，沿 x 轴正方向；$E_{\mathrm{N}} = \dfrac{qb}{2\pi\varepsilon_0 x^3}$，沿 x 轴负方向】

详解：由于 $x \gg b$、$y \gg b$，因此该点电荷系统相当于电偶极子。

M 点的场强大小为

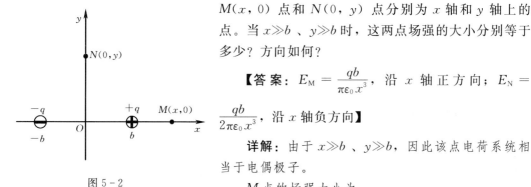

图 5-2

$$E_{\mathrm{M}} = \frac{2bq}{2\pi\varepsilon_0 x^3} = \frac{qb}{\pi\varepsilon_0 x^3}$$

方向沿 x 轴正方向。

N 点的场强大小为

$$E_{\mathrm{N}} = \frac{2bq}{4\pi\varepsilon_0 x^3} = \frac{qb}{2\pi\varepsilon_0 x^3}$$

方向沿 x 轴负方向。

（2）设有一个无限大的均匀带正电荷的平面。x 轴垂直于带电平面，坐标原点在带电平面上，规定电场强度 $\vec{E}$ 的方向沿 x 轴正向为正、反之为负，试画出该无限大均匀带电平面周围空间各点的场强随距离平面的位置坐标 x 变化的关系曲线。

【**答案**：见图 5-3】

详解：见图 5 - 3。

（3）图 5 - 4(a) 所示为一条沿 x 轴放置的无限长分段均匀的带电直线，电荷线密度分别为 $+\lambda(x<0)$ 和 $-\lambda(x>0)$，xOy 坐标平面上点 $P(0, r)$ 处的场强 $\vec{E}$ 等于多少？

【答案：$\dfrac{\lambda}{2\pi\varepsilon_0 a}\vec{i}$】

详解：由《大学物理（上册）》（石永锋、叶必卿，中国水利水电出版社，2011）[例 5 - 2] 可知，在均匀带电细棒的一端，与棒垂直的平面上一点的电场强度为

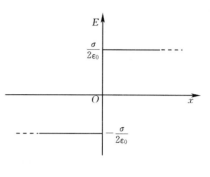

图 5 - 3

$$\vec{E}=\frac{\lambda}{4\pi\varepsilon_0 a}\vec{i}+\frac{\lambda}{4\pi\varepsilon_0 a}\vec{j}$$

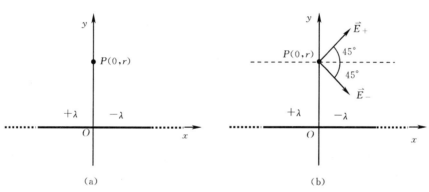

图 5 - 4

因此，得两段均匀带电细棒在 P 点产生的电场强度方向如图 5 - 4(b) 所示。由于 $\vec{E}_+$ 和 $\vec{E}_-$ 的 y 分量大小相等，方向相反，相互抵消。而 x 分量大小相等，方向相同，因此 xOy 坐标平面上点 $P(0, r)$ 处的场强 $\vec{E}$ 为

$$\vec{E}=2\times\frac{\lambda}{4\pi\varepsilon_0 a}\vec{i}=\frac{\lambda}{2\pi\varepsilon_0 a}\vec{i}$$

（4）如图 5 - 5 (a) 所示，A、B 为真空中两个平行的无限大均匀带电平面，已知两平面之间的电场强度大小为 E_0，两平面外侧的电场强度大小均为 $\dfrac{1}{3}E_0$，方向如图所示。A、B 两个无限大带电平面上的电荷面密度分别等于多少？

【答案：$\dfrac{4}{3}\varepsilon_0 E_0$；$-\dfrac{2}{3}\varepsilon_0 E_0$】

详解：A、B 两个无限大均匀带电平面在左、中、右三个区域产生的电场强度如图 5 - 5(b) 所示，可见左、右两个区域内两个分场强的方向相同，因此，这两个区域内的电场强度大小相等，均为

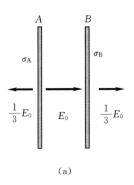

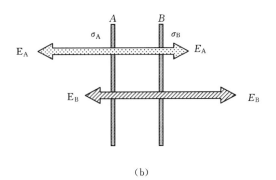

（a）　　　　　　　　　　　　（b）

图 5 - 5

$$\frac{\sigma_A}{2\varepsilon_0} + \frac{\sigma_B}{2\varepsilon_0} = \frac{1}{3}E_0$$

中间区域内两个分场强的方向相反，由题意可知 A 带电平面产生的分场强大，因此，该区域的电场强度大小为

$$\frac{\sigma_A}{2\varepsilon_0} - \frac{\sigma_B}{2\varepsilon_0} = E_0$$

以上两式联立解得 A、B 两个无限大带电平面上的电荷面密度分别为

$$\sigma_A = \frac{4}{3}\varepsilon_0 E_0, \quad \sigma_B = -\frac{2}{3}\varepsilon_0 E_0$$

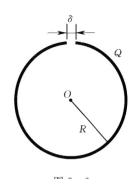

图 5 - 6

（5）图 5 - 6 所示为一个半径为 R 的带有缺口的细圆环，缺口的长度为 δ（$\delta \ll R$），环上均匀带有正电 Q，则圆心 O 处的场强大小和方向如何？

【答案：$\dfrac{Q\delta}{8\pi^2\varepsilon_0 R^3}$，从 O 点指向缺口中心】

详解：如果细圆环均匀带电，则由于各个等长的微元在 O 点产生的场强大小相等、方向相反，它们一一抵消，使得 O 点场强为零。

在电荷线密度不变的情况下，缺口处的电荷微元被挖掉了，其对称处的微元在 O 点产生的场强不能被抵消，它形成了有缺口细圆环圆心 O 处的场强。其场强大小为

$$E = \frac{\lambda\delta}{4\pi\varepsilon_0 R^2}$$

由于 $\delta \ll R$，因此，其中的电荷线密度为

$$\lambda = \frac{Q}{2\pi R - \delta} \approx \frac{Q}{2\pi R}$$

圆心 O 处的场强大小为

$$E = \frac{\delta}{4\pi\varepsilon_0 R^2}\frac{Q}{2\pi R} = \frac{Q\delta}{8\pi^2\varepsilon_0 R^3}$$

方向从 O 点指向缺口的中心。

（6）如图 5-7（a）所示，一根电荷线密度为 λ 的无限长带电直线垂直通过图面上的 A 点。一个带有电荷 q 的均匀带电球体的球心处于 B 点。$\triangle ABC$ 是边长为 r 的等边三角形，为了使 C 点处的场强方向垂直于 BC，带电直线和带电球体带同号电荷还是异号电荷？λ 和 q 的数量关系怎样？

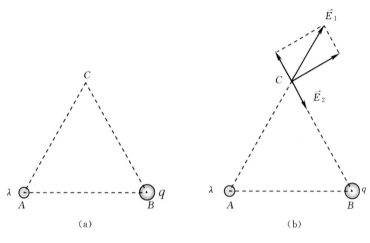

图 5-7

【答案：异号；$q=\lambda r$】

详解： 无限长带电直线和均匀带电球体在 C 点产生的场强大小分别为

$$E_1=\frac{\lambda}{2\pi\varepsilon_0 r}, \ E_2=\frac{q}{4\pi\varepsilon_0 r^2}$$

$\vec{E_1}$ 的方向平行于 AC 边，$\vec{E_2}$ 的方向平行于 BC 边，如果带电直线和带电球体带有同号电荷，$\vec{E_1}$ 平行于 BC 边的分量与 $\vec{E_2}$ 的方向相同，它们的合场强方向就不会垂直于 BC，因此这两个带电体必须带有异号电荷，才能使 $\vec{E_1}$ 平行于 BC 边的分量与 $\vec{E_2}$ 的方向相反，如果这个分量的大小与 $\vec{E_2}$ 的大小相等，合场强的方向垂直于 BC 边，如图 5-7(b) 所示。这时

$$E_1\cos60°=E_2$$

将 E_1 和 E_2 的表达式代入上式，有

$$\frac{\lambda}{2\pi\varepsilon_0 r}\cos60°=\frac{q}{4\pi\varepsilon_0 r^2}$$

解之得

$$q=\lambda r$$

2. 高斯定理

（1）如图 5-8 所示，半径为 R 的半球面置于场强为 $\vec{E}$ 的均匀电场中，如果场强方向沿 x 轴正方向，通过半球面的电通量等于多少？如果场强方向沿 y 轴正方向，通过半球面的电通量又等于多少？

【答案：0；$\pi R^2 E$】

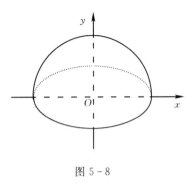

图 5-8

详解： 如果场强方向沿 x 轴正方向，则从半球面的左面穿入的电通量等于从半球面右面穿出的电通量，通过半球面电通量的代数和等于 0。

如果场强方向沿 y 轴正方向，可以认为半球面与其底面构成一个高斯面，由于高斯面内部没有包围电荷，由高斯定理得

$$\oint_S \vec{E} \cdot \mathrm{d}\vec{S} = \int_{S_1} \vec{E} \cdot \mathrm{d}\vec{S} + \int_{S_2} \vec{E} \cdot \mathrm{d}\vec{S} = 0$$

其中，$\int_{S_1} \vec{E} \cdot \mathrm{d}\vec{S}$，$\int_{S_2} \vec{E} \cdot \mathrm{d}\vec{S}$ 分别为通过底面和半球面的电通量。

由于底面为平面，场强方向与底面垂直，电场线穿入该底面，因此，通过底面的电通量为

$$\int_{S_1} \vec{E} \cdot \mathrm{d}\vec{S} = -\int_{S_1} E \mathrm{d}S = -E \int_{S_1} \mathrm{d}S = -\pi R^2 E$$

由高斯定理得过半球面的电通量为

$$\int_{S_2} \vec{E} \cdot \mathrm{d}\vec{S} = -\int_{S_1} \vec{E} \cdot \mathrm{d}\vec{S} = \pi R^2 E$$

（2）如图 5-9(a) 所示，一条均匀带电直线长度为 r，电荷线密度为 $+\lambda$，以导线中点 O 为球心，R 为半径（$R > r$）做一个球面，则通过该球面的电通量等于多少？带电直线的延长线与球面交点 P 处的电场强度的大小等于多少？方向如何？

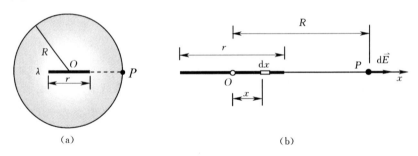

图 5-9

【答案： $\dfrac{\lambda r}{\varepsilon_0}$；$\dfrac{\lambda r}{\pi \varepsilon_0 (4R^2 - r^2)}$；沿矢径 OP 方向**】**

详解： 由于球面内包围的电量为 λr，因此通过该球面的电通量为

$$\oint_S \vec{E} \cdot \mathrm{d}\vec{S} = \frac{\lambda r}{\varepsilon_0}$$

为求 P 点的场强，以导线中点 O 为原点，沿矢径 OP 方向为 x 轴正方向建立如图 5-9(b) 所示的坐标系，则微元 $\mathrm{d}x$ 在 P 点产生的场强大小为

$$\mathrm{d}E = \frac{\lambda \mathrm{d}x}{4\pi \varepsilon_0 (R-x)^2}$$

方向沿 x 轴正方向。

对上式积分得 P 处的电场强度大小为

$$E = \int_{-\frac{r}{2}}^{\frac{r}{2}} \frac{\lambda \mathrm{d}x}{4\pi\varepsilon_0 (R-x)^2} = -\frac{\lambda}{4\pi\varepsilon_0} \int_{-\frac{r}{2}}^{\frac{r}{2}} \frac{\mathrm{d}(R-x)}{(R-x)^2} = \frac{\lambda}{4\pi\varepsilon_0} \frac{1}{R-x}\Big|_{-\frac{r}{2}}^{\frac{r}{2}} = \frac{\lambda r}{\pi\varepsilon_0 (4R^2 - r^2)}$$

该处的电场强度方向沿矢径 OP 方向。

（3）图 5-10 所示为一个边长为 a 的正方体，如果将电荷为 q 的正点电荷放在正方体中心 N 点，则通过正方体的一个侧面 Σ 的电通量等于多少？如果将 q 放在正方体一个顶点 M 处，通过该侧面的电通量又等于多少？

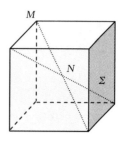

图 5-10

【答案：$\dfrac{q}{6\varepsilon_0}$；$\dfrac{q}{24\varepsilon_0}$】

详解：当电荷为 q 的正点电荷放在正方体中心 N 点时，根据高斯定理可知，通过整个正方体表面的电通量为 $\dfrac{q}{\varepsilon_0}$，由对称性可知，通过正方体每一个面的电通量相等，因此通过侧面 Σ 的电通量为

$$\Phi_{e\Sigma} = \frac{q}{6\varepsilon_0}$$

如果将 q 放在正方体一个顶点 M 处，这时可以以 M 点为原点建立三维直角坐标系，根据高斯定理可知，通过八个卦限的电通量为 $\dfrac{q}{\varepsilon_0}$，本题的正方体占据其中一个卦限，因此，通过整个正方体的电通量为 $\dfrac{q}{8\varepsilon_0}$。由于电场线与上、左、后表面平行，因此通过这三个面的电通量为 0。考虑到对称性，通过下、右（即侧面Σ）、前表面的电通量，因此这种情况下通过侧面Σ的电通量为

$$\Phi_{e\Sigma} = \frac{1}{3} \times \frac{q}{8\varepsilon_0} = \frac{q}{24\varepsilon_0}$$

（4）如图 5-11 所示，两个"无限长"的、半径分别为 R_1 和 R_2 的共轴圆柱面均匀带电，沿轴线方向单位长度上所带电荷分别为 λ_1 和 λ_2，则在内圆柱面内部、两圆柱面之间和外圆柱面外部的电场强度大小分别等于多少？

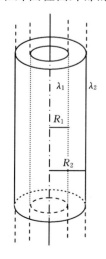

图 5-11

【答案：0；$\dfrac{\lambda_1}{2\pi\varepsilon_0 r}$；$\dfrac{\lambda_1 + \lambda_2}{2\pi\varepsilon_0 r}$】

详解：以共轴无限长圆柱面的轴为轴、做半径为 r、长为 l 的圆柱形高斯面，通过高斯面的电通量为

$$\oint_S \vec{E} \cdot \mathrm{d}\vec{S} = 2\pi r l E$$

由高斯定理得

$$2\pi r l E = \frac{1}{\varepsilon_0} \sum_i q_i$$

由此解得

$$E = \frac{\sum_i q_i}{2\pi\varepsilon_0 r l}$$

在内圆柱面内部，即 $r < R_1$，由于 $\sum_i q_i = 0$，由上式即得

$$E = 0$$

在两圆柱面之间，即 $R_1 < r < R_2$，由于 $\sum_i q_i = \lambda_1 l$，因此

$$E = \frac{\lambda_1 l}{2\pi\varepsilon_0 rl} = \frac{\lambda_1}{2\pi\varepsilon_0 r}$$

在外圆柱面外部，即 $r > R_2$，由于 $\sum_i q_i = \lambda_1 l + \lambda_2 l$，因此

$$E = \frac{(\lambda_1 + \lambda_2) l}{2\pi\varepsilon_0 rl} = \frac{\lambda_1 + \lambda_2}{2\pi\varepsilon_0 r}$$

（5）在场强为 $\vec{E}$ 的均匀电场中，有一半径为 R、长为 l 的半圆柱面，其轴线与 $\vec{E}$ 的方向垂直。在通过轴线并垂直 $\vec{E}$ 的方向将此柱面切去一半，如图 5-12 所示。则穿过剩下的半圆柱面的电通量等于多少？

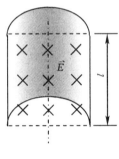

图 5-12

【答案：$2RlE$】

详解： 认为半圆柱面、长方形截面、上下底面构成一个高斯面，由于高斯面内部没有包围电荷，由高斯定理得

$$\oint_S \vec{E} \cdot \mathrm{d}\vec{S} = \int_{S_1} \vec{E} \cdot \mathrm{d}\vec{S} + \int_{S_2} \vec{E} \cdot \mathrm{d}\vec{S} + \int_{S_3} \vec{E} \cdot \mathrm{d}\vec{S} + \int_{S_4} \vec{E} \cdot \mathrm{d}\vec{S} = 0$$

其中，$\int_{S_1} \vec{E} \cdot \mathrm{d}\vec{S}$、$\int_{S_2} \vec{E} \cdot \mathrm{d}\vec{S}$、$\int_{S_3} \vec{E} \cdot \mathrm{d}\vec{S}$、$\int_{S_4} \vec{E} \cdot \mathrm{d}\vec{S}$ 分别为通过半圆柱面、长方形截面、上底面、下底面的电通量。

由于电场线与上底面、下底面表面平行，因此

$$\int_{S_3} \vec{E} \cdot \mathrm{d}\vec{S} = \int_{S_4} \vec{E} \cdot \mathrm{d}\vec{S} = 0$$

由于长方形截面为平面，场强方向与其垂直，电场线穿入该底面，因此

$$\int_{S_2} \vec{E} \cdot \mathrm{d}\vec{S} = -\int_{S_2} E \mathrm{d}S = -E \int_{S_2} \mathrm{d}S = -2RlE$$

由高斯定理得通过半圆柱面的电通量为

$$\int_{S_1} \vec{E} \cdot \mathrm{d}\vec{S} = -\int_{S_2} \vec{E} \cdot \mathrm{d}\vec{S} = 2RlE$$

（6）图 5-13 中的（a）、（b）两条曲线表示球对称性静电场的场强大小 E 的分布，r 表示离对称中心的距离。它们分别是由什么带电体产生的电场？

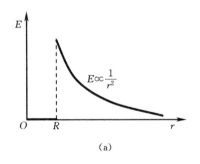

（a）

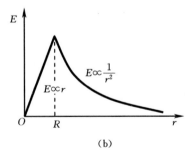

（b）

图 5-13

【**答案**：半径为 R 的均匀带电球面；半径为 R 的均匀带电球体】

详解：半径为 R、带电量为 q 的均匀带电球面的电场分布为

$$E = \begin{cases} 0 & (r < R) \\ \dfrac{q}{4\pi\varepsilon_0 r^2} & (r > R) \end{cases}$$

半径为 R、带电量为 q 的均匀带电球体的电场分布为

$$E = \begin{cases} \dfrac{qr}{4\pi\varepsilon_0 R^3} & (r < R) \\ \dfrac{q}{4\pi\varepsilon_0 r^2} & (r > R) \end{cases}$$

(7) 图 5-14 (a)、(b) 所示的两条曲线表示轴对称性静电场的场强大小 E 的分布，r 表示离对称轴的距离，它们分别是由什么带电体产生的电场？

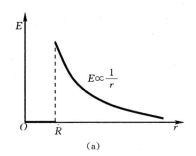
(a)

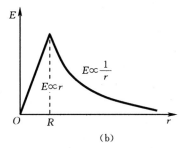
(b)

图 5-14

【**答案**：半径为 R 的无限长均匀带电圆柱面；半径为 R 的无限长均匀带电圆柱体】

详解：半径为 R、电荷线密度为 λ 的无限长均匀带电圆柱面的电场分布为

$$E = \begin{cases} 0 & (r < R) \\ \dfrac{\lambda}{2\pi\varepsilon_0 r} & (r > R) \end{cases}$$

半径为 R、电荷线密度为 λ 的无限长均匀带电圆柱体的电场分布为

$$E = \begin{cases} \dfrac{\lambda r}{2\pi\varepsilon_0 R^2} & (r < R) \\ \dfrac{\lambda}{2\pi\varepsilon_0 r} & (r > R) \end{cases}$$

3. 电势、电势能和电场力做功

(1) 图 5-15 所示为点电荷 $+q$ 形成的电场，取图中 P 点处为电势零点，则 M 点的电势等于多少？

【**答案**：$\dfrac{q}{4\pi\varepsilon_0}\left(\dfrac{1}{r} - \dfrac{1}{a}\right)$】

详解：根据电势定义式得

$$U_M = \int_M^P \vec{E} \cdot \mathrm{d}\vec{r} = \int_r^a \frac{q}{4\pi\varepsilon_0 r^2} \mathrm{d}r = \frac{q}{4\pi\varepsilon_0}\left(\frac{1}{r} - \frac{1}{a}\right)$$

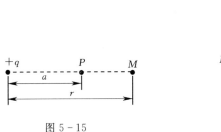

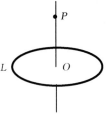

图 5 - 15　　　　　　　　　　　　图 5 - 16

（2）如图 5 - 16 所示，有 N 个电量均为 q 的点电荷以两种方式分布在圆周 L 上，一种方式是无规则分布，另一种方式是均匀分布。在这两种情况下，在过圆心 O 并垂直于圆平面的轴上任一点 P 处的场强是否相等？电势是否相等？

【答案：场强不相等；电势相等】

详解： N 个电量均为 q 的点电荷分布圆周 L 上，各个点电荷在 P 处产生的场强大小相等，将各个场强沿平行于 OP 和垂直于 OP 方向进行分解，在电荷均匀分布的情况下，其垂直于 OP 方向的场强分量——抵消，总场强的大小等于所有平行分量的和，方向平行于 OP；在电荷无规则分布的情况下，总场强的平行于 OP 方向的分量大小仍然等于所有平行分量的和，而垂直于 OP 方向的场强分量不能完全抵消，它与总场强的平行分量叠加的结果使得总场强的大小大于电荷均匀分布时的总场强，方向也不再与 OP 平行。因此，在这两种情况下，P 处的场强不相等。

不论电荷在圆周 L 上是否均匀分布，各个电荷在 P 处产生的电势都相等，它们的代数和也相等，即两种情况下 P 处的电势相等。

（3）如图 5 - 17 所示，一个半径为 R_1 的无限长圆柱面上均匀带电，其电荷线密度为 λ。在它外面同轴地套有一个半径为 R_2 的接地薄金属圆筒，圆筒原来不带电。设地的电势为零，则在内圆柱面内部、距离轴线为 r 处的 P 点的场强大小和电势分别等于多少？如果 P 点在两个金属圆筒之间或外圆柱面的外部，上述结果有什么变化？

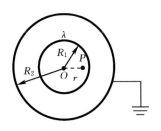

图 5 - 17

【答案： 0，$\dfrac{\lambda}{2\pi\varepsilon_0}\ln\dfrac{R_2}{R_1}$；$\dfrac{\lambda}{2\pi\varepsilon_0 r}$，$\dfrac{\lambda}{2\pi\varepsilon_0}\ln\dfrac{R_2}{r}$；$0$，$0$**】**

详解： 该带电系统的场强分布为

$$E=\begin{cases} 0 & (r\leqslant R_1) \\[2mm] \dfrac{\lambda}{2\pi\varepsilon_0 r} & (R_2>r>R_1) \\[2mm] 0 & (r\geqslant R_2) \end{cases}$$

由电势定义式得 $r\leqslant R_1$ 时的电势分布为

$$U=\int_P^{P_0}\vec{E}\cdot\mathrm{d}\vec{l}=\int_r^{R_1}0\mathrm{d}r+\int_{R_1}^{R_2}\frac{\lambda}{2\pi\varepsilon_0 r}\mathrm{d}r=\frac{\lambda}{2\pi\varepsilon_0}\ln\frac{R_2}{R_1}$$

$R_1<r<R_2$ 时的电势分布为

$$U=\int_P^{P_0}\vec{E}\cdot\mathrm{d}\vec{l}=\int_r^{R_2}\frac{\lambda}{2\pi\varepsilon_0 r}\mathrm{d}r=\frac{\lambda}{2\pi\varepsilon_0}\ln\frac{R_2}{r}$$

$r>R_2$ 时的电势分布为

$$U = \int_P^{P_0} \vec{E} \cdot d\vec{l} = \int_r^{R_2} 0 dr = 0$$

（4）如图 5-18 所示，两个同心均匀带电球面，内球面半径为 a、带电荷 Q_1，外球面半径为 b、带电荷 Q_2。设无穷远处为电势零点，则在两个球面之间、距离球心为 r 处的 P 点处的电势 U 等于多少？如果 P 点在内球面的内部或在外球面的外部，P 点处的电势 U 分别等于多少？

【答案：$\dfrac{Q_1}{4\pi\varepsilon_0 r} + \dfrac{Q_2}{4\pi\varepsilon_0 R_2}$；$\dfrac{Q_1}{4\pi\varepsilon_0 R_1} + \dfrac{Q_2}{4\pi\varepsilon_0 R_2}$；$\dfrac{Q_1 + Q_2}{4\pi\varepsilon_0 r}$】

详解： 由高斯定理容易得到该带电系统的场强分布为

$$E = \begin{cases} 0 & (r \leqslant R_1) \\[2mm] \dfrac{Q_1}{4\pi\varepsilon_0 r^2} & (R_2 > r > R_1) \\[2mm] \dfrac{Q_2}{4\pi\varepsilon_0 r^2} & (r \geqslant R_2) \end{cases}$$

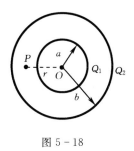

图 5-18

由电势定义式得 $r \leqslant R_1$ 时的电势分布为

$$U = \int_P^{P_0} \vec{E} \cdot d\vec{l} = \int_r^{R_1} 0 dr + \int_{R_1}^{R_2} \frac{Q_1}{4\pi\varepsilon_0 r^2} dr + \int_{R_2}^{\infty} \frac{Q_1 + Q_2}{4\pi\varepsilon_0 r^2} dr$$

$$= \frac{Q_1}{4\pi\varepsilon_0}\left(\frac{1}{R_1} - \frac{1}{R_2}\right) + \frac{Q_1 + Q_2}{4\pi\varepsilon_0 R_2} = \frac{Q_1}{4\pi\varepsilon_0 R_1} + \frac{Q_2}{4\pi\varepsilon_0 R_2}$$

$R_1 < r < R_2$ 时的电势分布为

$$U = \int_P^{P_0} \vec{E} \cdot d\vec{l} = \int_r^{R_2} \frac{Q_1}{4\pi\varepsilon_0 r^2} dr + \int_{R_2}^{\infty} \frac{Q_1 + Q_2}{4\pi\varepsilon_0 r^2} dr$$

$$= \frac{Q_1}{4\pi\varepsilon_0}\left(\frac{1}{r} - \frac{1}{R_2}\right) + \frac{Q_1 + Q_2}{4\pi\varepsilon_0 R_2} = \frac{Q_1}{4\pi\varepsilon_0 r} + \frac{Q_2}{4\pi\varepsilon_0 R_2}$$

$r > R_2$ 时的电势分布为

$$U = \int_P^{P_0} \vec{E} \cdot d\vec{l} = \int_r^{\infty} \frac{Q_1 + Q_2}{4\pi\varepsilon_0 r^2} dr = \frac{Q_1 + Q_2}{4\pi\varepsilon_0 r}$$

（5）真空中有一个半径为 R 的均匀带电球面，总电荷为 Q。如果选取无穷远处电势为零，则球心处电势等于多少？如果在球面上挖去一块很小的面积 δ（连同其上电荷），若其他电荷分布不发生改变，则挖去小块后球心处电势又等于多少？

【答案：$\dfrac{Q}{4\pi\varepsilon_0 R}$；$\dfrac{Q}{4\pi\varepsilon_0 R}\left(1 - \dfrac{\delta}{4\pi R^2}\right)$】

详解： 半径为 R、总电荷为 Q 的均匀带电球面，在选取无穷远处的电势为零时，球心处的电势为

$$U = \int_S \frac{dQ}{4\pi\varepsilon_0 R} = \frac{Q}{4\pi\varepsilon_0 R}$$

在球面上挖去的小面积 δ 上的电荷为 $\sigma\delta$，这相当于在完整的球面上补上一块电荷 $-\sigma\delta$。因此，挖去小块后球心处的电势为

$$U = \frac{Q}{4\pi\varepsilon_0 R} + \frac{-\sigma\delta}{4\pi\varepsilon_0 R} = \frac{Q - \sigma\delta}{4\pi\varepsilon_0 R}$$

其中，电荷面密度为 $\sigma = \dfrac{Q}{4\pi R^2}$，因此

$$U = \frac{Q}{4\pi\varepsilon_0 R}\left(1 - \frac{\delta}{4\pi R^2}\right)$$

（6）一个半径为 R 的绝缘实心非均匀带电球体，电荷体密度为 $\rho = \rho_0 r$（其中 r 为离球心的距离，ρ_0 为常量）。如果选取无穷远处电势为零，讨论球内（$r < R$）和球外（$r > R$）的电势分布。

【答案： $\dfrac{\rho_0(4R^3 - r^3)}{12\varepsilon_0}$；$\dfrac{\rho_0 R^4}{4\varepsilon_0 r}$**】**

详解： 以 $r(r \leqslant R)$ 为半径，做与绝缘实心球同心的高斯面。由于电荷分布具有球对称性，因此，高斯面上各个点的场强大小相等，方向沿半径方向向外。则通过该高斯面的电通量为

$$\int_S \vec{E} \cdot d\vec{S} = \int_S E\, dS = E\int_S dS = 4\pi r^2 E$$

在高斯面内，做半径为 $a(a \leqslant r)$ 与高斯面同心的微分球壳，其中的电荷为

$$dq = \rho 4\pi a^2\, da = 4\pi\rho_0 a^3\, da$$

积分得高斯面内包围的总电荷为

$$q = \int_V dq = 4\pi\rho_0 \int_0^r a^3\, da = \pi\rho_0 r^4$$

由高斯定理得

$$4\pi r^2 E = \frac{\pi\rho_0 r^4}{\varepsilon_0}$$

由此解得绝缘实心带电球体内部（$r \leqslant R$）的场强为

$$E = \frac{\rho_0 r^2}{4\varepsilon_0}$$

如果高斯面做在绝缘实心带电球体的外部（$r > R$），则由高斯定理得

$$4\pi r^2 E = \frac{\pi\rho_0 R^4}{\varepsilon_0}$$

由此解得绝缘实心带电球体外部（$r > R$）的场强为

$$E = \frac{\rho_0 R^4}{4\varepsilon_0 r^2}$$

由电势定义式得绝缘实心带电球体内部（$r \leqslant R$）的电势分布为

$$U = \int_P^\infty \vec{E} \cdot d\vec{l} = \int_r^R \frac{\rho_0 r^2}{4\varepsilon_0}\, dr + \int_R^\infty \frac{\rho_0 R^4}{4\varepsilon_0 r^2}\, dr$$

$$= \frac{\rho_0(R^3 - r^3)}{12\varepsilon_0} + \frac{\rho_0 R^3}{4\varepsilon_0} = \frac{\rho_0(4R^3 - r^3)}{12\varepsilon_0}$$

绝缘实心带电球体外部（$r > R$）的电势分布为

$$U = \int_P^\infty \vec{E} \cdot d\vec{l} = \int_r^\infty \frac{\rho_0 R^4}{4\varepsilon_0 r^2}\, dr = \frac{\rho_0 R^4}{4\varepsilon_0 r}$$

（7）如图 5-19 所示，点电荷 $+Q$ 位于圆心 O 点处，P、A、B、C 为同一圆周上的四个点。如果将试验电荷 q_0 从 P 点分别移动到 A、B、C 各点，则电场力所做的功分别等

于多少?

【答案:都等于 0】

详解: 电场力是保守力,因此,电场力所做的功等于电势能的减少量,即
$$W_{AB} = q(U_A - U_B)$$

由于 P、A、B、C 各点的电势相等,因此,将试验电荷 q_0 从 P 点分别移动到 A、B、C 各点,电场力所做的功相等,均等于 0。

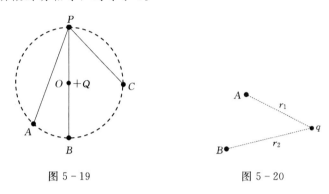

图 5 - 19　　　　　　　　图 5 - 20

(8) 如图 5 - 20 所示,在电荷为 q 的点电荷静电场中,将另一个电荷为 q_0 的点电荷从 A 点移到 B 点。A、B 两点距离点电荷 q 的距离分别为 r_1 和 r_2。则移动 q_0 的过程中电场力做的功等于多少?

【答案:$\dfrac{qq_0}{4\pi\varepsilon_0}\left(\dfrac{1}{r_1} - \dfrac{1}{r_2}\right)$】

详解: A、B 两点的电势分别为
$$U_A = \frac{q}{4\pi\varepsilon_0 r_1}, \quad U_B = \frac{q}{4\pi\varepsilon_0 r_2}$$

移动 q_0 的过程中电场力做的功为
$$W_{AB} = q_0(U_A - U_B) = \frac{qq_0}{4\pi\varepsilon_0}\left(\frac{1}{r_1} - \frac{1}{r_2}\right)$$

(9) 已知均匀静电场的电场强度 $\vec{E} = 300\vec{i} + 800\vec{j}\,(\text{V/m})$,则点 $A(5,1)$ 和点 $B(4,2)$ 之间的电势差 $U_{AB} = ?$(点的坐标 x、y 的单位为 m)

【答案:500V】

详解: 由电势差定义式得 A、B 两点的电势差为
$$U_{AB} = \int_A^B \vec{E} \cdot d\vec{l} = \int_A^B (300\vec{i} + 800\vec{j}) \cdot d\vec{r} = \int_5^4 300dx + \int_1^2 800dy = 500(\text{V})$$

(10) 如图 5 - 21 所示,A 点与 B 点间距离为 $2R$,OCD 是以 B 点为中心、R 为半径的半圆形路径。A、B 两处各放有一个点电荷,电荷分别为 $+q$ 和 $-q$。将另一个电荷为 Q 的点电荷从 O 点沿路径 OCD 移到 D 点,电场力做了多少功? 如果将电荷 Q 从 O 点沿路径 OCD 移到 D 点后,再沿着 x 轴正方向移动到无穷远处,电场力做的功又

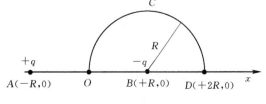

图 5 - 21

等于多少？

【答案：$\dfrac{qQ}{6\pi\varepsilon_0 R}$；0】

详解：O、D 两点和无限远处的电势分别为

$$U_O = \frac{q}{4\pi\varepsilon_0 R} + \frac{-q}{4\pi\varepsilon_0 R} = 0$$

$$U_D = \frac{q}{4\pi\varepsilon_0 \cdot 3R} + \frac{-q}{4\pi\varepsilon_0 R} = -\frac{q}{6\pi\varepsilon_0 R}$$

$$U_\infty = 0$$

将点电荷 Q 从 O 点沿路径 OCD 移到 D 点的过程中，电场力做的功为

$$W_{OD} = Q(U_O - U_D) = \frac{qQ}{6\pi\varepsilon_0 R}$$

将电荷 Q 从 O 点沿路径 OCD 移到 D 点后，再沿着 x 轴正方向移动到无穷远处，电场力做的功为

$$W_{O\infty} = Q(U_O - U_\infty) = 0$$

4. 电场强度与电势的关系

（1）在图 5-22 中，实线表示电场线，虚线表示该电场的等势面，a、b、c 三点是三个等势面上的点，请你将由三点的电场强度大小 E_a、E_b 和 E_c 按从小到大的顺序排列起来；电势 U_a、U_b 和 U_c 按从低到高的顺序排列起来。

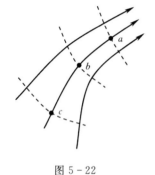

图 5-22

【答案：E_c、E_b、E_a；U_a、U_b、U_c】

详解：因为电场线越密集的地方场强越大，所以 E_a、E_b 和 E_c 的关系为

$$E_a > E_b > E_c$$

因为沿着电场线的方向电势逐渐降低，所以 U_a、U_b 和 U_c 的关系为

$$U_c > U_b > U_a$$

（2）已知某区域的电势为 $U = k\ln(y^2 + x^3 + 2)$，式中 k 为常量。则该区域的场强的各个分量分别等于多少？

【答案：$E_x = -\dfrac{3kx^2}{y^2+x^3+2}$；$E_y = -\dfrac{2ky}{y^2+x^3+2}$；$E_z = 0$】

详解：根据场强与电势的微分关系，得

$$E_x = -\frac{\partial U}{\partial x} = -\frac{3kx^2}{y^2+x^3+2}$$

$$E_y = -\frac{\partial U}{\partial y} = -\frac{2ky}{y^2+x^3+2}$$

$$E_z = -\frac{\partial U}{\partial z} = 0$$

（3）已知某静电场的电势为 $U = x^3 - 6xy - 4y^2$，式中的各个物理量均采用国际单位。点 $(1,2,3)$ 处的电场强度等于多少？

【答案：$\vec{E} = 9\vec{i} + 22\vec{j}$（V/m）】

详解： 根据场强与电势的微分关系，得

$$E_x = -\frac{\partial U}{\partial x} = -3x^2 + 6y$$

$$E_y = -\frac{\partial U}{\partial y} = 6x + 8y$$

$$E_z = -\frac{\partial U}{\partial z} = 0$$

在点（1，2，3）处的电场强度的三个分量大小分别为

$$E_x = 9\text{V/m}, \ E_y = 22\text{V/m}, \ E_z = 0$$

因此点（1，2，3）处的电场强度为

$$\vec{E} = 9\vec{i} + 22\vec{j} \ (\text{V/m})$$

三、课后习题解答

（1）如图 5-23（a）所示，一根细橡胶棒被弯成半径为 R 的半圆形，沿其左半部分均匀分布有电荷 $+Q$，沿其右半部分均匀分布有电荷 $-Q$。试求圆心 O 处的电场强度。

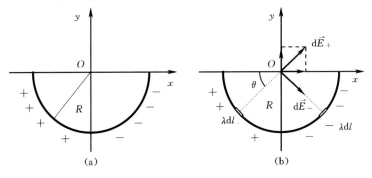

图 5-23

解： 如图 5-23（b）所示，在半圆环的左半部分取元电荷 $\lambda \mathrm{d}l$，在右半部分对称位置处也取一个元电荷 $-\lambda \mathrm{d}l$，它们在 O 点产生的电场强度大小相等，均为

$$\mathrm{d}E = \frac{\lambda \mathrm{d}l}{4\pi\varepsilon_0 R^2}$$

这两个电场强度的方向不同，将它们都沿着坐标轴方向进行分解，它们的 y 分量互相抵消，x 分量互相加强。其 x 分量为

$$\mathrm{d}E_x = \mathrm{d}E\cos\theta = \frac{\lambda \mathrm{d}l}{4\pi\varepsilon_0 R^2}\cos\theta$$

其中，$\lambda = \dfrac{Q}{\pi R/2} = \dfrac{2Q}{\pi R}$，$\mathrm{d}l = R\mathrm{d}\theta$，因此

$$\mathrm{d}E_x = \frac{Q}{2\pi^2\varepsilon_0 R^2}\cos\theta\mathrm{d}\theta$$

对上式积分，即得圆心 O 处的电场强度大小为

$$E = 2\int_0^{\pi/2} \frac{Q}{2\pi^2\varepsilon_0 R^2}\cos\theta\mathrm{d}\theta = \frac{Q}{\pi^2\varepsilon_0 R^2}$$

考虑到方向性，O 处的电场强度可以写为

$$\vec{E} = \frac{Q}{\pi^2 \varepsilon_0 R^2} \vec{i}$$

（2）如图 5-24 所示，半径为 R 的带电细圆环的电荷线密度 $\lambda = \lambda_0 \cos\theta$，其中 θ_0 为常数，θ 是半径 R 与 x 轴之间的夹角。试求圆环中心 O 点处的电场强度。

解： 在任意角 θ 处取微分电量 $dq = \lambda dl$，它在 O 点产生的场强大小为

$$dE = \frac{\lambda dl}{4\pi\varepsilon_0 R^2} = \frac{\lambda_0 \cos\theta d\theta}{4\pi\varepsilon_0 R}$$

将该场强沿 x、y 轴取分量，得

$$dE_x = -dE\cos\theta = -\frac{\lambda_0 \cos^2\theta d\theta}{4\pi\varepsilon_0 R}$$

$$dE_y = -dE\sin\theta = -\frac{\lambda_0 \sin\theta\cos\theta d\theta}{4\pi\varepsilon_0 R}$$

对以上两式求积分，得 O 点场强的 x、y 分量，分别为

$$E_x = -\frac{\lambda_0}{4\pi\varepsilon_0 R}\int_0^{2\pi}\cos^2\theta d\theta = -\frac{\lambda_0}{4\varepsilon_0 R}$$

$$E_y = -\frac{\lambda_0}{4\pi\varepsilon_0 R}\int_0^{2\pi}\sin\theta\cos\theta d\theta = 0$$

因此，圆环中心 O 点处的电场强度为

$$\vec{E} = E_x\vec{i} + E_y\vec{j} = -\frac{\lambda_0}{4\varepsilon_0 R}\vec{i}$$

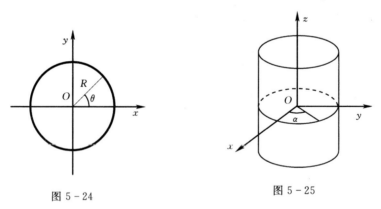

图 5-24　　　　　　　　　　　　图 5-25

（3）如图 5-25 所示，一个无限长的带电圆柱面上的电荷面密度 $\sigma = \sigma_0 \cos\alpha$，式中 α 为半径 R 与 x 轴之间的夹角，试求圆柱轴线上一点的场强。

解： 将圆柱面分成许多与轴线平行的细长微分条，每根微分条可视为无限长均匀带电直线，其电荷线密度为

$$d\lambda = \sigma R d\alpha = \sigma_0 \cos\alpha R d\alpha$$

微分条在圆柱轴线上一点产生的场强大小为

$$dE = \frac{\lambda}{2\pi\varepsilon_0 R} = \frac{\sigma_0}{2\pi\varepsilon_0}\cos\alpha d\alpha$$

该场强沿 x、y 轴上的两个分量分别为

$$dE_x = -dE\cos\alpha = -\frac{\sigma_0}{2\pi\varepsilon_0}\cos^2\alpha d\alpha$$

$$dE_y = -dE\sin\alpha = -\frac{\sigma_0}{2\pi\varepsilon_0}\sin\alpha\cos\alpha d\alpha$$

对以上两式求积分，得圆柱轴线上场强的 x、y 分量，分别为

$$E_x = -\frac{\sigma_0}{2\pi\varepsilon_0}\int_0^{2\pi}\cos^2\alpha d\alpha = -\frac{\sigma_0}{2\varepsilon_0}$$

$$E_y = -\frac{\sigma_0}{2\pi\varepsilon_0}\int_0^{2\pi}\sin\alpha\cos\alpha d\alpha = 0$$

因此，圆柱轴线上的电场强度为

$$\vec{E} = E_x\vec{i} + E_y\vec{j} = -\frac{\sigma_0}{2\varepsilon_0}\vec{i}$$

（4）如图 5-26（a）所示，一个无限长均匀带电的半圆柱面，半径为 R，设半圆柱面沿轴线 AB 单位长度上的电荷为 λ，试求轴线上任一点的电场强度。

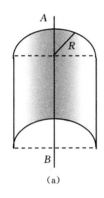
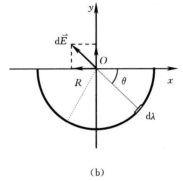

（a）　　　　　　　　　　（b）

图 5-26

解： 图 5-26（b）是半圆柱面的俯视图，建立如图所示的坐标系。将半圆柱面划分成许多微分条。dl 宽的微分条的电荷线密度为

$$d\lambda = \frac{\lambda}{\pi}d\theta$$

在 θ 位置处取任一微分条，它在轴线上一点产生的场强大小为

$$dE = \frac{d\lambda}{2\pi\varepsilon_0 R} = \frac{\lambda}{2\pi^2\varepsilon_0 R}d\theta$$

将这个微分电场强度沿着坐标轴方向进行分解，考虑到对称性。其 x 分量一一抵消，y 分量互相加强。其 y 分量为

$$dE_y = dE\sin\theta = \frac{\lambda}{2\pi^2\varepsilon_0 R}\sin\theta d\theta$$

对上式积分，得轴线上任一点电场强度的大小为

$$E = \int_0^\pi \frac{\lambda}{2\pi^2\varepsilon_0 R}\sin\theta d\theta = \frac{\lambda}{\pi^2\varepsilon_0 R}$$

考虑到方向性，轴线上任一点的电场强度可以写为

$$\vec{E} = \frac{\lambda}{\pi^2\varepsilon_0 R}\vec{j}$$

（5）如图 5-27 所示，一个电荷面密度为 σ 的无限大平面，在距离平面 r 处的 P 点的场强大小的 1/4 是由平面上的一个半径为 R 的圆面积范围内的电荷所产生的。试求该圆半径的大小。

解： 电荷面密度为 σ 的无限大均匀带电平面在任意点产生的场强大小为

$$E = \frac{\sigma}{2\varepsilon_0}$$

半径为 R 的圆平面在其轴线上距圆心为 r 处的 P 点产生的场强大小为

$$E' = \frac{\sigma}{2\varepsilon_0}\left(1 - \frac{r}{\sqrt{r^2 + R^2}}\right)$$

由题意可得，$E' = E/4$，即

$$\frac{\sigma}{2\varepsilon_0}\left(1 - \frac{r}{\sqrt{r^2 + R^2}}\right) = \frac{1}{4} \cdot \frac{\sigma}{2\varepsilon_0} = \frac{\sigma}{8\varepsilon_0}$$

由上式解得该圆半径为

$$R = \frac{\sqrt{7}}{3}r$$

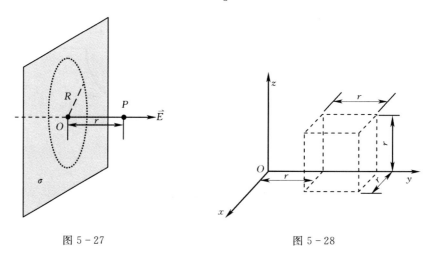

图 5-27　　　　　　　　　　　图 5-28

（6）图 5-28 中的虚线表示一个边长 $r = 5\text{cm}$ 的立方形的高斯面。已知空间的场强分布为

$$\vec{E} = ky\vec{j}$$

其中，常量 $k = 500\text{N/(C·m)}$。试求该立方形高斯面中包含的净电荷。

解： 通过立方形高斯面的电通量为

$$\Phi_e = -kr \cdot r^2 + 2kr \cdot r^2 = kr^3$$

由高斯定理

$$\Phi_e = \frac{Q}{\varepsilon_0}$$

得该立方形高斯面中包含的净电荷 Q 为

$$Q = \varepsilon_0\Phi_e = k\varepsilon_0 r^3 = 5.53 \times 10^{-13} \quad (\text{C})$$

（7）如图 5-29（a）所示，真空中有一个半径为 R 的圆平面，在通过圆心 O 点与圆平面垂直的轴线上有一点 P，它到 O 点的距离为 l。在 P 处放置一个点电荷 Q，试求通过该圆平面的电通量。

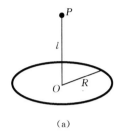

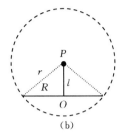

(a)　　　　　　　　　　　　　(b)

图 5-29

解： 如图 5-29（b）所示，以 P 点为球心，以 $r=\sqrt{R^2+l^2}$ 为半径做一个球形高斯面。显然，通过半径为 R 的圆平面的电通量与通过以它为周界的球冠面的电通量相等。

整个球面面积和球冠面的面积分别为

$$S_0=4\pi r^2,\ S=2r(r-l)$$

通过整个球面的电通量为

$$\Phi_0=\frac{Q}{\varepsilon_0}$$

通过圆平面即球冠面的电通量为

$$\Phi=\Phi_0\frac{S}{S_0}=\frac{q}{\varepsilon_0}\frac{2\pi r(r-l)}{4\pi r^2}=\frac{q}{2\varepsilon_0}\left(1-\frac{l}{r}\right)=\frac{q}{2\varepsilon_0}\left(1-\frac{l}{\sqrt{R^2+l^2}}\right)$$

（8）图 5-30（a）所示的是一个厚度为 a 的无限大均匀带电平板，其电荷体密度为 ρ。设坐标原点 O 在带电平板的中央平面上，坐标轴垂直于平板。试求板内、板外的场强分布，并画出场强随 r 的变化图线。

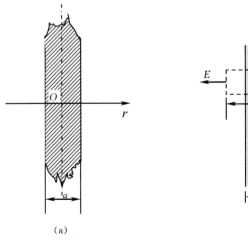

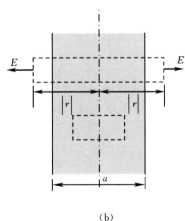

(a)　　　　　　　　　　　　　(b)

图 5-30

解： 由电荷分布的对称性可知，在中心平面两侧离中心平面距离相等处场强均沿 x 轴，大小相等而方向相反。

如图 5-30（b）所示，在板内做底面为 S 的高斯柱面（右图中板的厚度被放大了），两底面距离中心平面均为 $|x|$，通过该高斯面的电通量为

$$\oint_S \vec{E} \cdot d\vec{S} = 2ES$$

由高斯定理得

$$2ES = \frac{\sum q_i}{\varepsilon_0}$$

解之得

$$E = \frac{\sum q_i}{2\varepsilon_0 S}$$

当 $|r| \leqslant \dfrac{a}{2}$ 时，$\sum q_i = 2\rho |r| S$，该区域的场强大小为

$$E = \frac{2\rho |r| S}{2\varepsilon_0 S} = \frac{\rho |r|}{\varepsilon_0}$$

考虑到方向性，上式可以写为

$$\vec{E} = \frac{\rho r}{\varepsilon_0} \vec{i}$$

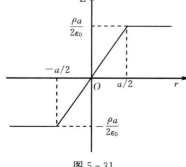

图 5-31

当 $|r| > \dfrac{a}{2}$ 时，$\sum q_i = \rho a S$，该区域的场强大小为

$$E = \frac{\rho a S}{2\varepsilon_0 S} = \frac{\rho a}{2\varepsilon_0}$$

考虑到方向性，上式可以写为

$$\vec{E} = \begin{cases} \dfrac{\rho a}{2\varepsilon_0} & \left(r > \dfrac{a}{2}\right) \\[2mm] -\dfrac{\rho a}{2\varepsilon_0} & \left(r < -\dfrac{a}{2}\right) \end{cases}$$

场强随 r 的变化图线如图 5-31 所示。

（9）一个半径为 R 的带电球体，其电荷体密度分布为

$$\begin{cases} \rho = kr^2 & r \leqslant R \\ \rho = 0 & r > R \end{cases}$$

其中，k 为常量。试求球内、球外的场强分布。

解： 做半径为 r，与带电球体同心的球形高斯面，通过该高斯面的电通量为

$$\oint_S \vec{E} \cdot d\vec{S} = 4\pi r^2 E$$

由高斯定理得

$$4\pi r^2 E = \frac{\sum q_i}{\varepsilon_0}$$

解之得

$$E = \frac{\sum q_i}{4\pi r^2 \varepsilon_0}$$

为求高斯面包围的电量，在高斯面内做与高斯面同心的半径为 a、厚度为 da 微分球

壳，其内包含的电量为

$$dq = \rho dV = \rho 4\pi a^2 da$$

当 $r \leqslant R$ 时，高斯面内包围的电量为

$$\sum q_i = \int_0^r \rho 4\pi a^2 da = \int_0^r ka^2 \cdot 4\pi a^2 da = 4\pi k \int_0^r a^4 da = \frac{4}{5}\pi kr^5$$

该区域的场强分布为

$$E = \frac{4\pi kr^5/5}{4\pi r^2 \varepsilon_0} = \frac{kr^3}{5\varepsilon_0}$$

当 $r > R$ 时，高斯面内包围的电量为

$$\sum q_i = \int_0^R \rho 4\pi a^2 da + \int_R^r \rho 4\pi a^2 da$$

$$= \int_0^R ka^2 \cdot 4\pi a^2 da + \int_R^r 0 \cdot 4\pi a^2 da$$

$$= 4\pi k \int_0^R a^4 da = \frac{4}{5}\pi kR^5$$

该区域的场强分布为

$$E = \frac{4\pi kR^5/5}{4\pi r^2 \varepsilon_0} = \frac{kR^5}{5\varepsilon_0 r^2}$$

球内、球外的场强方向均沿径向，当 $k > 0$ 时向外，$k < 0$ 时向内。

（10）如图 5-32（a）所示，一块厚度为 h 的无限大带电平板，其电荷体密度为 $\rho = ax(0 \leqslant x \leqslant h)$，式中 a 是大于零的常量。试求：

1）平板外两侧任一点处的电场强度。

2）平板内任一点处的电场强度。

3）何处的电场强度为零？

解： 1）如果认为该无限大带电厚平板由许多无限大带电薄平板构成，由于每一片薄平板在两侧产生的电场都是场强大小相等的均强电场，它们叠加的结果必然也是场强大小相等的均强电场。

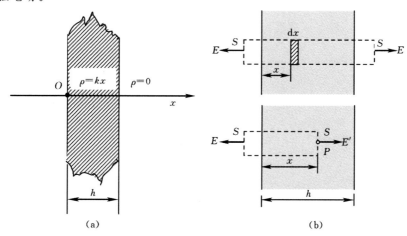

（a）　　　　　　　　（b）

图 5-32

做如图 5-32（b）所示的垂直于带电平板的柱形高斯面，其两底面积大小均为 S，通过该高斯面的电通量为

$$\oint_S \vec{E} \cdot d\vec{S} = 2ES$$

为求高斯面包围的电量，在高斯面内做底面积大小为 S、厚度为 dx 的微分柱体，其电荷为

$$dq = \rho S dx = ax S dx$$

对上式积分得高斯面包围的电量为

$$\sum q_i = \int_0^h aSx \, dx = \frac{1}{2} ah^2 S$$

由高斯定理得

$$2ES = \frac{ah^2 S}{2\varepsilon_0}$$

解之得平板外两侧任一点处的电场强度大小为

$$E = \frac{ah^2}{4\varepsilon_0}$$

当 $x > h$ 时，电场强度的方向沿 x 轴正方向，当 $x < 0$ 时，电场强度的方向沿 x 轴负方向。

2）设平板内任一点 P 到 O 点的距离为 x，该点的场强大小为 E'。做如图 5-32（b）所示的高斯面，通过该高斯面的电通量为

$$\oint_S \vec{E} \cdot d\vec{S} = ES + E'S$$

高斯面包围的电量为

$$\sum q_i = \int_0^x \rho S dx = \int_0^x aSx \, dx = \frac{1}{2} aSx^2$$

由高斯定理得

$$(E + E')S = \frac{aSx^2}{2\varepsilon_0}$$

将 $E = \frac{ah^2}{4\varepsilon_0}$ 代入上式，解之得平板内任一点处的电场强度大小为

$$E' = \frac{a(2x^2 - h^2)}{4\varepsilon_0}$$

当 $x > h/\sqrt{2}$ 时，电场强度的方向沿 x 轴正方向，当 $x < h/\sqrt{2}$ 时，电场强度的方向沿 x 轴负方向。

3）令 $E' = 0$，即

$$\frac{a(2x^2 - h^2)}{4\varepsilon_0} = 0$$

解之得

$$x = \frac{h}{\sqrt{2}}$$

即当 $x = h/\sqrt{2}$ 时，电场强度等于零。

（11）如图 5-33 所示，一个无限大平面的中部有一半径为 R 的圆孔，设平面上均匀带电，电荷面密度为 σ。试求通过圆孔中心 O 并与平面垂直的直线上各点的电场强度和电势（选圆孔中心 O 点的电势为零）。

解： 将题中的电荷分布看做面密度为 σ 的大平面和面密度为 $-\sigma$ 的圆盘叠加的结果。选 x 轴垂直于平面，坐标原点 O 在圆盘中心，则大平面和圆盘在 x 处产生的场强分别为

$$\vec{E}_1 = \frac{\sigma x}{2\varepsilon_0 |x|}\vec{i}$$

$$\vec{E}_2 = \frac{-\sigma x}{2\varepsilon_0}\left(\frac{1}{|x|} - \frac{1}{\sqrt{R^2 + x^2}}\right)\vec{i}$$

因此，通过圆孔中心 O 并与平面垂直的直线上各点的电场强度为

$$\vec{E} = \vec{E}_1 + \vec{E}_2 = \frac{\sigma x}{2\varepsilon_0}\frac{1}{\sqrt{R^2 + x^2}}\vec{i}$$

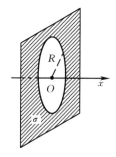

图 5-33

由于选取了圆孔中心 O 点的电势为零，因此电势分布为

$$U = \frac{\sigma}{2\varepsilon_0}\int_x^0 \frac{x}{\sqrt{R^2 + x^2}}\mathrm{d}x = \frac{\sigma}{2\varepsilon_0}(R - \sqrt{R^2 + x^2})$$

（12）一个半径为 R 的无限长圆柱形带电体，其电荷体密度为 $\rho = br(r \leqslant R)$，式中 b 为常量。试求：

1）圆柱体内、外各点场强大小分布。

2）选取与圆柱体轴线距离为 h（$h > R$）处的电势为零，计算圆柱体内、外各点的电势分布。

解： 1）做半径为 r、长度为 l、与无限长圆柱形带电体同心的柱形高斯面，通过该高斯面的电通量为

$$\oint_S \vec{E} \cdot \mathrm{d}\vec{S} = 2\pi r l E$$

由高斯定理得

$$2\pi r l E = \frac{\sum q_i}{\varepsilon_0}$$

解之得

$$E = \frac{\sum q_i}{2\pi\varepsilon_0 r l}$$

为求高斯面包围的电量，在高斯面内做与高斯面同轴的长度为 l、半径为 a、厚度为 $\mathrm{d}a$ 微分柱面。

当 $r \leqslant R$ 时，高斯面内包围的电量为

$$\sum q_i = \int_0^r \rho \cdot 2\pi a l \mathrm{d}a = \int_0^r ba \cdot 2\pi a l\, \mathrm{d}a = 2\pi bl\int_0^r a^2\, \mathrm{d}a = \frac{2}{3}\pi b l r^3$$

该区域的场强分布为

$$E = \frac{2\pi b l r^3/3}{2\pi\varepsilon_0 r l} = \frac{br^2}{3\varepsilon_0}$$

当 $r > R$ 时，高斯面内包围的电量为

$$\sum q_i = \int_0^R ba \cdot 2\pi al \, \mathrm{d}a = 2\pi bl \int_0^R a^2 \, \mathrm{d}a = \frac{2}{3}\pi blR^3$$

该区域的场强分布为

$$E = \frac{2\pi blR^3/3}{2\pi\varepsilon_0 rl} = \frac{bR^3}{3\varepsilon_0 r}$$

2）利用电势定义式，由题意得圆柱体内的各点（$r \leqslant R$）的电势分布为

$$U = \int_P^{P_0} \vec{E} \cdot \mathrm{d}l = \int_r^R \frac{br^2}{3\varepsilon_0} \mathrm{d}r + \int_R^h \frac{bR^3}{3\varepsilon_0 r} \mathrm{d}r = \frac{b}{9\varepsilon_0}(R^3 - r^3) + \frac{bR^3}{3\varepsilon_0}\ln\frac{h}{R}$$

圆柱体外的各点（$r > R$）的电势分布为

$$U = \int_P^{P_0} \vec{E} \cdot \mathrm{d}l = \int_r^h \frac{bR^3}{3\varepsilon_0 r} \mathrm{d}r = \frac{bR^3}{3\varepsilon_0}\ln\frac{h}{r}$$

（13）有 8 个完全相同的球状小水滴，它们表面都均匀地分布着等量、同号的电荷。如果将它们聚集成一个球状的大水滴，设在水滴聚集的过程中总电荷没有损失，电荷也是均匀分布在大水滴的表面。则大水滴的电势是小水滴电势的多少倍？

解：设小水滴的半径为 r、电荷 q；大水滴的半径为 R、电荷为 $Q = 8q$。8 个小水滴聚成大水滴时体积保持不变，因此

$$8 \times \frac{4}{3}\pi r^3 = \frac{4}{3}\pi R^3$$

解之得

$$R = 2r$$

小水滴的电势为

$$U_0 = \frac{q}{4\pi\varepsilon_0 r}$$

大水滴的电势为

$$U = \frac{Q}{4\pi\varepsilon_0 R} = \frac{8q}{4\pi\varepsilon_0 \times 2r} = 4 \times \frac{q}{4\pi\varepsilon_0 r} = 4U_0$$

即大水滴的电势是小水滴电势的 4 倍。

（14）电荷以相同的面密度 σ 分布在半径为 0.2m 和 0.4m 的两个同心球面上。设无限远处电势为零，球心处的电势为 $U_0 = 600\text{V}$。

1）求电荷面密度 σ。

2）如果要使球心处的电势为零，外球面上应放掉多少电荷？

解：1）球心处的电势为两个同心带电球面各自在球心处产生的电势的叠加，即

$$U_0 = \frac{1}{4\pi\varepsilon_0}\left(\frac{q_1}{r_1} + \frac{q_2}{r_2}\right) = \frac{1}{4\pi\varepsilon_0}\left(\frac{4\pi r_1^2\sigma}{r_1} + \frac{4\pi r_2^2\sigma}{r_2}\right) = \frac{\sigma}{\varepsilon_0}(r_1 + r_2)$$

由此解得电荷面密度 σ 为

$$\sigma = \frac{U_0\varepsilon_0}{r_1 + r_2} = 8.85 \times 10^{-9} \ (\text{C/m}^2)$$

2）为使球心处的电势为零，设外球面上放电后电荷面密度为 σ'，则应有

$$U_0' = \frac{1}{\varepsilon_0}(\sigma r_1 + \sigma' r_2) = 0$$

解之得

$$\sigma' = -\frac{r_1}{r_2}\sigma$$

因此，外球面上应放掉的电荷为

$$q' = 4\pi r_2^2\sigma - 4\pi r_2^2\sigma' = 4\pi r_2^2\sigma\left(1 + \frac{r_1}{r_2}\right) = 4\pi\sigma r_2(r_1 + r_2)$$

将 $\sigma = \dfrac{U_0\varepsilon_0}{r_1 + r_2}$ 代入上式得

$$q' = 4\pi\varepsilon_0 U_0 r_2 = 2.67\times10^{-8} \quad (C)$$

（15）一个内半径为 R_1、外半径为 R_2 的均匀带电球层，其电荷体密度为 ρ。无穷远处为电势零点，求该球层的电势分布。

解：以球层的球心为圆心，以 r 为半径做球形高斯面，设场强方向沿半径方向向外，则由高斯定理得

$$\oint_S \vec{E}\cdot d\vec{S} = 4\pi r^2 E = \frac{\sum q_i}{\varepsilon_0}$$

由此解得场强大小为

$$E = \frac{\sum q_i}{4\pi\varepsilon_0 r^2}$$

如果 $r < R_1$，$\sum q_i = 0$，该区域的场强大小为

$$E = 0$$

如果 $R_1 < r < R_2$

$$\sum q_i = \frac{4}{3}\rho\pi \ (r^3 - R_1^3)$$

该区域的场强大小为

$$E = \frac{\frac{4}{3}\rho\pi(r^3 - R_1^3)}{4\pi\varepsilon_0 r^2} = \frac{\rho(r^3 - R_1^3)}{3\varepsilon_0 r^2}$$

如果 $r > R_2$

$$\sum q_i = \frac{4}{3}\rho\pi(R_2^3 - R_1^3)$$

该区域的场强大小为

$$E = \frac{\frac{4}{3}\rho\pi(R_2^3 - R_1^3)}{4\pi\varepsilon_0 r^2} = \frac{\rho(R_2^3 - R_1^3)}{3\varepsilon_0 r^2}$$

因此，在 $r < R_1$ 区域内的电势分布为

$$U = \int_{R_1}^{R_2} \frac{\rho(r^3 - R_1^3)}{3\varepsilon_0 r^2}dr + \int_{R_2}^{\infty} \frac{\rho(R_2^3 - R_1^3)}{3\varepsilon_0 r^2}dr$$

$$= \frac{\rho}{3\varepsilon_0}\left(\frac{1}{2}r^2 + \frac{R_1^3}{r}\right)\Big|_{R_1}^{R_2} - \frac{\rho}{3\varepsilon_0}\frac{R_2^3 - R_1^3}{r}\Big|_{R_2}^{\infty}$$

$$= \frac{\rho}{2\varepsilon_0}(R_2^2 - R_1^2)$$

在 $R_1 < r < R_2$ 区域内的电势分布为

$$U = \int_r^{R_2} \frac{\rho(r^3 - R_1^3)}{3\varepsilon_0 r^2} dr + \int_{R_2}^{\infty} \frac{\rho(R_2^3 - R_1^3)}{3\varepsilon_0 r^2} dr$$

$$= \frac{\rho}{3\varepsilon_0}\left(\frac{1}{2}r^2 + \frac{R_1^3}{r}\right)\Big|_r^{R_2} - \frac{\rho}{3\varepsilon_0}\frac{R_2^3 - R_1^3}{r}\Big|_{R_2}^{\infty}$$

$$= \frac{\rho}{6\varepsilon_0}(R_2^2 - r^2) + \frac{\rho}{3\varepsilon_0}\left(R_2^2 - \frac{R_1^3}{r}\right)$$

在 $r > R_2$ 区域内的电势分布为

$$U = \int_r^{\infty} \frac{\rho(R_2^3 - R_1^3)}{3\varepsilon_0 r^2} dr = \frac{\rho(R_2^3 - R_1^3)}{3\varepsilon_0 r}$$

本题也可以用电势叠加原理进行求解，读者不妨动手试一试。

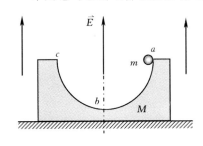

图 5-34

(16) 如图 5-34 所示，一个半径为 R、质量为 M 的半球形光滑绝缘槽放在光滑水平面上，匀强电场 $\vec{E}$ 的方向竖直向上。一个质量为 m、带电量为 $+q$ 的小球从槽的顶点 a 处由静止释放。已知质点受到的重力大于其所受电场力，如果忽略空气阻力，求：

1）小球由顶点 a 滑到槽最低点 b 时相对地面的速度。

2）小球通过 b 点时，槽相对地面的速度。

3）小球通过 b 点后，能不能再上升到右端最高点 c 处？

解： 设小球滑到 b 点时相对地的速度为 v，槽相对地的速度为 V。

小球从 $a \rightarrow b$ 的过程中，球、槽组成的系统在水平方向上动量守恒，即

$$mv + MV = 0$$

由动能定理得

$$mgR - qER = \frac{1}{2}mv^2 + \frac{1}{2}MV^2$$

以上两式联立解得

$$v = -\sqrt{\frac{2MR(mg - qE)}{m(M + m)}}$$

方向水平向左。

$$V = \sqrt{\frac{2mR(mg - qE)}{M(M + m)}}$$

方向水平向右。

由于系统运动过程中没有非保守力做功，因此小球通过 b 点后，可以再上升到右端最高点 c 处。

(17) 如图 5-35 所示，一个空气平板电容器的下极板固定，上极板是静电天平右端的秤盘。已知极板面积为 S，两极板相距 d。电容器不带电时，天平恰好平衡；当电容器两极板间加上电势差 U 时，天平左端要加质量为 m 的砝码才能平衡。求所加电势差 U 有多大？

解： 当加电势差 U 天平达到新的平衡时，电容器上极板所受电场力与右端秤盘中砝码所受的重力相等，即

$$F_e = mg$$

电容器上极板所受电场力为

$$F_e = \frac{\sigma}{2\varepsilon_0} q = \frac{\sigma}{2\varepsilon_0} \sigma S = \frac{\sigma^2 S}{2\varepsilon_0}$$

由 $U = Ed = \dfrac{\sigma}{\varepsilon_0} d$ 解得

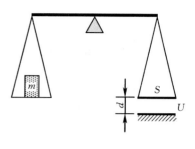

图 5-35

$$\sigma = \frac{\varepsilon_0 U}{d}$$

因此

$$F_e = \frac{S}{2\varepsilon_0} \left(\frac{\varepsilon_0 U}{d} \right)^2 = \frac{\varepsilon_0 S U^2}{2d^2}$$

平衡方程可以写为

$$\frac{\varepsilon_0 S U^2}{2d^2} = mg$$

由此解得所加电势差为

$$U = d\sqrt{\frac{2mg}{\varepsilon_0 S}}$$

（18）在盖革计数器中有一个直径为 2.00cm 的金属圆筒，在圆筒轴线上有一条直径为 0.150mm 的导线。如果在导线与圆筒之间加上 1000V 的电压，则导线表面和金属圆筒内表面的电场强度大小分别为多少？

解： 设导线上的电荷线密度为 λ，由高斯定理容易解得导线与圆筒之间的场强分布为

$$E = \frac{\lambda}{2\pi\varepsilon_0 r}$$

其方向沿半径指向圆筒。

由于导线与圆筒之间的电势差为

$$U = \int_{R_1}^{R_2} \vec{E} \cdot \mathrm{d}\vec{r} = \frac{\lambda}{2\pi\varepsilon_0} \int_{R_1}^{R_2} \frac{\mathrm{d}r}{r} = \frac{\lambda}{2\pi\varepsilon_0} \ln \frac{R_2}{R_1}$$

因此，场强分布也可以表示为

$$E = \frac{U}{r \ln(R_2/R_1)}$$

在导线表面处的电场强度大小为

$$E = \frac{U}{R_1 \ln(R_2/R_1)} = 2.73 \times 10^6 (\mathrm{V/m})$$

在金属圆筒内表面处的电场强度大小为

$$E = \frac{U}{R_2 \ln(R_2/R_1)} = 1.02 \times 10^4 (\mathrm{V/m})$$

（19）某真空二极管的主要构件是一个半径 $R_1 = 0.5\mathrm{mm}$ 的圆柱形阴极 M 和一个套在

阴极外的半径 $R_2 = 4.5\,\text{mm}$ 的同轴圆筒形阳极 N，如图 5-36 所示。测得阳极电势比阴极高 300V，在忽略边缘效应的情况下，求电子刚从阴极 M 射出时所受到的电场力。

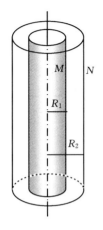

解： 与阴极同轴做半径为 r（$R_1 < r < R_2$）的单位长度圆柱形高斯面，设阴极上的电荷线密度为 λ。按高斯定理有

$$2\pi r E = \frac{\lambda}{\varepsilon_0}$$

因此

$$E = \frac{\lambda}{2\pi\varepsilon_0 r} \qquad (R_1 < r < R_2)$$

电场强度的方向沿半径指向轴线。

两极之间的电势差为

图 5-36

$$U_M - U_N = \int_M^N \vec{E} \cdot \mathrm{d}\vec{r} = -\frac{\lambda}{2\pi\varepsilon_0}\int_{R_1}^{R_2}\frac{\mathrm{d}r}{r} = -\frac{\lambda}{2\pi\varepsilon_0}\ln\frac{R_2}{R_1}$$

由此解得

$$\frac{\lambda}{2\pi\varepsilon_0} = \frac{U_N - U_M}{\ln(R_2/R_1)}$$

因此，两极之间的电场强度大小为

$$E = \frac{U_N - U_M}{\ln(R_2/R_1)}\frac{1}{r}$$

在阴极表面处的电子受到的电场力大小为

$$F = eE_{R_1} = e\frac{U_N - U_N}{\ln(R_2/R_1)}\frac{1}{R_1} = 4.37 \times 10^{-14}\,(\text{N})$$

电场力的方向沿半径指向阳极 N。

（20）如图 5-37 所示，一个半径为 R 的均匀带电细圆环的总电荷为 Q。设无限远处为电势零点，试求圆环轴线上距离圆心 O 为 x 处 P 点的电势，并利用电势梯度求该点场强。

解： 在圆环上取电荷元 $\mathrm{d}q$，该电荷元在 P 点产生的电势为

$$\mathrm{d}U = \frac{\mathrm{d}q}{4\pi\varepsilon_0\sqrt{R^2 + x^2}}$$

带电圆环在 P 点产生的电势为

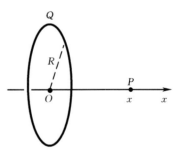

$$U = \oint_L \mathrm{d}U = \frac{1}{4\pi\varepsilon_0\sqrt{R^2+x^2}}\oint_L \mathrm{d}q = \frac{q}{4\pi\varepsilon_0\sqrt{R^2+x^2}}$$

图 5-37

P 点的电场强度为

$$\vec{E} = -\frac{\mathrm{d}U}{\mathrm{d}x}\vec{i} = \frac{qx}{4\pi\varepsilon_0(R^2+x^2)^{3/2}}\vec{i}$$

（21）如图 5-38（a）所示，一根均匀带电的细直杆沿 x 轴放置，其电荷线密度为 λ。试求 y 轴上距 O 点为 y 处 P 点的电势，并利用电势梯度求该点场强。

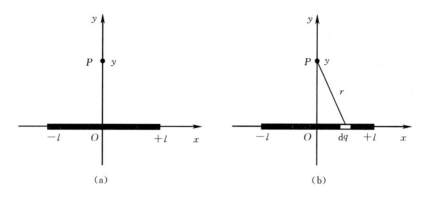

图 5-38

解： 如图 5-38（b）所示，在 x 轴上取微元电荷 $dq=\lambda dx$，它在 y 轴 P 点处产生的电势为

$$dU=\frac{dq}{4\pi\varepsilon_0 r}=\frac{\lambda dx}{4\pi\varepsilon_0\sqrt{x^2+y^2}}$$

因此，y 轴上距 O 点为 y 处 P 点的电势为

$$U=\int_{-l}^{l}\frac{\lambda dx}{4\pi\varepsilon_0\sqrt{x^2+y^2}}=\frac{\lambda}{4\pi\varepsilon_0}\ln\frac{\sqrt{y^2+l^2}+l}{\sqrt{y^2+l^2}-l}$$

P 点场强的三个分量分别为

$$E_x=-\frac{\partial U}{\partial x}=0$$

$$E_y=-\frac{\partial U}{\partial y}=-\frac{\lambda}{4\pi\varepsilon_0}\left[\frac{y}{(\sqrt{y^2+l^2}+l)\sqrt{y^2+l^2}}-\frac{y}{(\sqrt{y^2+l^2}-l)\sqrt{y^2+l^2}}\right]$$

$$=\frac{\lambda l}{2\pi\varepsilon_0 y\sqrt{y^2+l^2}}$$

$$E_z=-\frac{\partial U}{\partial z}=0$$

因此，P 点的场强为

$$\vec{E}=E_y\vec{j}=\frac{\lambda l}{2\pi\varepsilon_0 y\sqrt{y^2+l^2}}\vec{j}$$

（22）如图 5-39（a）所示，一个半径为 R 的球冠对球心的张角为 2α，该球冠面上均匀带电，其电荷面密度为 σ。设无限远处为电势零点，试求其轴线上与球心 O 相距为 h（$h>R$）处 P 点的电势，并利用电势梯度求该点的场强。

解： 建立如图 5-39（b）所示的坐标系，在球冠上任取微分环带，其上所带的电荷为

$$dq=\sigma dS=\sigma\cdot 2\pi R\sin\theta\cdot Rd\theta=2\pi\sigma R^2\sin\theta d\theta$$

微分环带与 P 点的距离为

$$r=\sqrt{(h-R\cos\theta)^2+R^2\sin^2\theta}=\sqrt{h^2+R^2-2Rh\cos\theta}$$

微分环带在 P 点产生的电势为

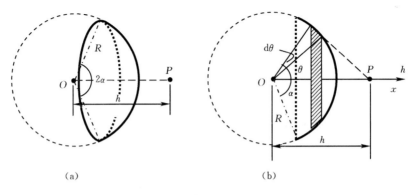

（a）　　　　　　　　　　　　（b）

图 5 - 39

$$dU = \frac{dq}{4\pi\varepsilon_0 r} = \frac{2\pi\sigma R^2 \sin\theta d\theta}{4\pi\varepsilon_0 \sqrt{h^2 + R^2 - 2Rh\cos\theta}} = \frac{\sigma R^2}{2\varepsilon_0} \frac{\sin\theta d\theta}{\sqrt{h^2 + R^2 - 2Rh\cos\theta}}$$

由于

$$d(h^2 + R^2 - 2Rh\cos\theta) = 2Rh\sin\theta d\theta$$

因此

$$dU = \frac{\sigma R}{4\varepsilon_0 h} \frac{d(h^2 + R^2 - 2Rh\cos\theta)}{\sqrt{h^2 + R^2 - 2Rh\cos\theta}}$$

对上式积分得 P 点的电势为

$$U = \frac{\sigma R}{4\varepsilon_0 h} \int_0^a \frac{d(h^2 + R^2 - 2Rh\cos\theta)}{\sqrt{h^2 + R^2 - 2Rh\cos\theta}} = \frac{\sigma R}{2\varepsilon_0 h} \left[\sqrt{h^2 + R^2 - 2Rh\cos\alpha} - (h - R) \right]$$

认为 P 点是所建立的坐标系 x 轴上的任一点，则上式可以改写为

$$U = \frac{\sigma R}{2\varepsilon_0 x} \left[\sqrt{x^2 + R^2 - 2Rx\cos\alpha} - (x - R) \right]$$

其中，$x > R$。

由电场强度与电势的微分关系得电场强度分布为

$$\vec{E} = -\frac{dU}{dx}\vec{i} = \frac{R^2\sigma}{2\varepsilon_0 x^2} \left[1 + \frac{R - x\cos\alpha}{\sqrt{x^2 + R^2 - 2Rx\cos\alpha}} \right]\vec{i}$$

因此，P 点的电场强度为

$$\vec{E} = \frac{R^2\sigma}{2\varepsilon_0 h^2} \left[1 + \frac{R - h\cos\alpha}{\sqrt{h^2 + R^2 - 2Rh\cos\alpha}} \right]\vec{i}$$

（23）设某电场中电势沿 x 轴的变化曲线如图 5 - 40（a）所示。试求各区间（忽略各区间端点的情况）电场强度的 x 分量，并做出 E_x 与 x 的关系曲线。

解：由场强与电势梯度的关系式

$$E_x = -\frac{\Delta U}{\Delta x}$$

可得各区间电场强度的 x 分量为

Ⅰ—Ⅱ 段 　　　　　　$-\dfrac{16 - 0}{-3 - (-8)} = -3.2 \ (\text{V/m})$

Ⅱ—Ⅲ 段

$$-\frac{-16-16}{1-(-3)}=8 \text{ (V/m)}$$

Ⅲ—Ⅳ 段

$$-\frac{-16-(-16)}{5-1}=0$$

Ⅳ—Ⅴ 段

$$-\frac{8-(-16)}{8-5}=-8 \text{ (V/m)}$$

E_x 与 x 的关系曲线如图 5–40 （b）所示。

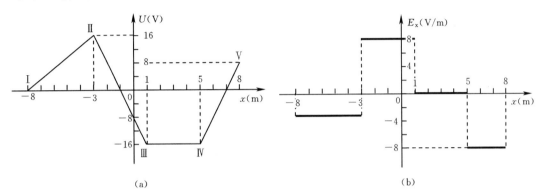

图 5–40

四、自我检测题

1. 单项选择题（每题 3 分，共 30 分）

（1）下列几个说法中正确的是 〔　　〕。

（A）电场中某点的场强方向就是将点电荷放在该点所受电场力的方向；

（B）在以点电荷为中心的球面上，由该点电荷所产生的场强处处相同；

（C）场强可由 $\vec{E}=\vec{F}/q$ 给出，其中 q 为试验电荷，q 可以为正也可以为负，$\vec{F}$ 为试验电荷所受的电场力；

（D）以上说法都不正确。

（2）以下列出的真空中静电场的场强公式中，正确的是 〔　　〕。

（A）点电荷 q 的电场为 $\vec{E}=\dfrac{q}{4\pi\varepsilon_0 r^2}$，其中 r 为点电荷到场点的距离；

（B）电荷线密度为 λ 的无限长均匀带电直线的电场为 $\vec{E}=\dfrac{\lambda}{2\pi\varepsilon_0 r^3}\vec{r}$，其中 $\vec{r}$ 为从带电直线到场点的垂直于直线的矢量；

（C）电荷面密度为 σ 的无限大均匀带电平面的电场为 $\vec{E}=\dfrac{\sigma}{2\varepsilon_0}$；

（D）电荷面密度为 σ、半径为 R 的均匀带电球面外的电场为 $\vec{E}=\dfrac{\sigma R^2}{\varepsilon_0 r^3}\vec{r}$，其中 $\vec{r}$ 为从球心到场点的矢量。

（3）已知某高斯面所包围的电荷代数和等于零，则 〔　　〕。

（A）高斯面上各点场强均为零；　　　　　（B）穿过整个高斯面的电通量为零；

（C）穿过高斯面上各个面元的电通量均为零；　（D）以上说法都不对。

（4）静电场中某点电势的数值等于 〔　　〕。

（A）单位试验电荷置于该点时具有的电势能；

（B）将单位正电荷从该点移到电势零点时外力所做的功；

（C）单位正试验电荷置于该点时具有的电势能；

（D）试验电荷置于该点时具有的电势能。

（5）下列关于静电场中某点电势值的正负的说法中，正确的是 〔　　〕。

（A）电势值的正负取决于置于该点的试验电荷的正负；

（B）电势值的正负取决于产生电场的电荷的正负；

（C）电势值的正负取决于电势零点的选取；

（D）电势值的正负取决于电场力对试验电荷做功的正负。

（6）在已知静电场分布的情况下，任意两点之间的电势差取决于 〔　　〕。

（A）这两点处的电场强度的大小和方向；　　（B）这两点的位置；

（C）试验电荷的正负；　　　　　　　　　　（D）试验电荷的电量大小。

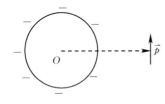

图 5 - 41

（7）在一个均匀带负电的球外，放置一个电偶极子，其电矩 $\vec{p}$ 的方向如图 5 - 41 所示。当电偶极子被释放后，该电偶极子将 〔　　〕。

（A）沿逆时针方向旋转直到电矩 $\vec{p}$ 沿径向指向球面为止；

（B）沿逆时针方向旋转至 $\vec{p}$ 沿径向指向球面，同时沿电场线方向向着球面移动；

（C）沿顺时针方向旋转至 $\vec{p}$ 沿径向朝外，同时沿电场线方向向着球面移动；

（D）沿逆时针方向旋转至 $\vec{p}$ 沿径向指向球面，同时逆电场线方向远离球面移动。

（8）电子绕静止的氢原子核（即质子）做半径为 r 的匀速率圆周运动，已知电子的质量为 m_e，电荷为 $-e$，则电子绕核运动的速率为 〔　　〕。

（A）$2e \sqrt{\pi\varepsilon_0 m_e r}$；　　　　　　　　（B）$\dfrac{e}{\sqrt{2\pi\varepsilon_0 m_e r}}$；

（C）$\dfrac{e}{2 \sqrt{\pi\varepsilon_0 m_e r}}$；　　　　　　　（D）$\dfrac{e}{2 \sqrt{2\pi\varepsilon_0 m_e r}}$。

（9）密立根油滴实验是利用作用在油滴上的电场力和重力平衡的原理测量电荷的。该实验的电场由两块带电平行板产生。在实验中，当半径为 r、带有两个电子电荷的油滴保持静止时，其所在电场的两块极板间的电势差为 U；当电势差增加到 $4U$ 时，半径为 $2r$ 的油滴保持静止，这个油滴所带的电荷为 〔　　〕。

（A）$2e$；　　　（B）$4e$；　　　（C）$8e$；　　　（D）$16e$。

（10）一个带正电荷的质点在电场力作用下从 a 点出发经 c 点运动到 b 点，其运动轨迹如图 5 - 42 所示。已知质点运动的速率是递减的，下面关于 c 点场强方向的四个图示中正确的是 〔　　〕。

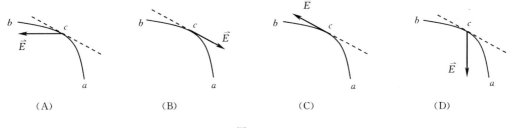

(A)　　　　　　(B)　　　　　　(C)　　　　　　(D)

图 5-42

2. 填空题（每空 2 分，共 30 分）

（1）真空中半径为 a 的均匀带电球面带有正电荷 Q。如图 5-43 所示，在球面上挖去一个面积为 ΔS 的小块（连同上面的电荷），设这样不影响其他位置处的电荷分布，则挖去 ΔS 以后球心处电场强度的大小为（　　　），方向为（　　　）。

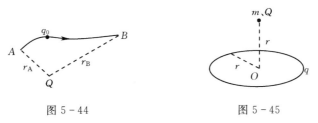

图 5-43

（2）某闭合曲面包围一个电矩为 $\vec{p}=q\,\vec{l}$ 的电偶极子，则通过该闭合曲面的电通量为（　　　）。

（3）一块面积为 S 的平面，放在场强为 $\vec{E}$ 的均匀电场中，已知 $\vec{E}$ 与该平面间的夹角为 β（$\beta<\pi/2$），则通过该平面的电通量为（　　　）。

（4）一根电荷线密度为 λ 的均匀带正电导线，其单位长度上发出的电场线条数（即电通量）为（　　　）。

（5）已知空气的击穿场强为 35kV/cm，空气中一带电球壳的直径为 2.0m，以无限远处为电势零点，则该球壳能达到的最高电势为（　　　）。

（6）半径为 b 的均匀带电球面带有电荷 Q。如果规定该球面上的电势值为零，则无限远处的电势为（　　　）。

（7）静电力做功的特点是（　　　），因此静电力属于（　　　）力。

（8）如图 5-44 所示，在电荷为 Q 的点电荷的静电场中，将一个电荷为 q_0 的试验电荷从 A 点经任意路径移动到 B 点，电场力所做的功为（　　　）。

（9）在无限大均匀带电平板附近有一个点电荷 q，将该点电荷沿电场线方向移动距离 l 时电场力做的功为 W，由此可知平板上的电荷面密度为（　　　）。

（10）已知某静电场的电势分布为

$$U=2x+3x^2y-5y^2$$

则场强分布 $\vec{E}=$（　　　）。

图 5-44　　　　　　　　　　　图 5-45

（11）如图 5-45 所示，水平放置的半径为 r 的均匀带电细圆环带有电荷 q，在圆环轴

线的上方离圆心 r 处有一个质量为 m、带电荷为 Q 的小球。当小球从静止下落到圆心位置时，它的速率为（   ）。

（12）一个电矩为 $\vec{p}$ 的电偶极子处在场强为 $\vec{E}$ 的均匀电场中，$\vec{p}$ 与 $\vec{E}$ 间的夹角为 θ，则它所受的电场力为（   ），力矩的大小为（   ）。

3. 计算题（共 40 分）

（1）用绝缘细线弯成的半圆环的半径为 R，其上均匀带有正电荷 Q，试求圆心 O 点的电场强度。（本题 5 分）

（2）一个半径为 R 的带电球体，其电荷体密度为

$$\rho = \begin{cases} kr & (r \leqslant R) \\ 0 & (r > R) \end{cases}$$

其中，q 为正的常量。试求：①该带电球体的总电荷；②球内、外各点的电场强度；③球内、外各点的电势。（本题 10 分）

（3）图 5-46 所示为两个同轴带电长直金属圆筒，其内、外筒半径分别为 R_1 和 R_2，两筒之间为空气，内、外筒的电势分别为 $2U_0$ 和 U_0，U_0 为已知常量。求两金属圆筒之间的电势分布。（本题 10 分）

（4）两个带等量异号电荷的均匀带电同心球面，半径分别为 3cm 和 10cm。已知两者的电势差为 900V，求内球面上所带的电荷。（本题 5 分）

（5）如图 5-47 所示，一个半径为 R、电荷面密度为 σ 的均匀带正电的圆板，有一个质量为 m，电荷为 $-q$（$q>0$）的粒子沿圆板轴线方向向着圆板运动，已知在距圆心 O 为 a 的位置上时速率为 v_0，求粒子击中圆板时的速率。（本题 10 分）

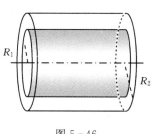

图 5-46

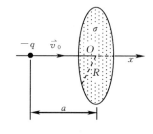

图 5-47

第六章　静电场中的导体和电介质

一、基本内容

（一）静电场中的导体

1. 导体的静电平衡

导体的静电平衡：导体中及其表面没有电荷的定向移动的状态。

导体处于静电平衡状态时的性质：①导体内部场强处处等于零（称为导体静电平衡的条件）；②导体表面上各个点的场强垂直于导体表面；③导体表面是等势面，整个导体是等势体，并且导体表面与导体内部的电势相等（是导体静电平衡条件的另外一种表述）。

2. 静电平衡时导体上的电荷分布

在静电平衡状态下，导体内部不会存在净电荷，如果导体上带有电荷，这些电荷只能分布在导体的表面上。

如果导体空腔内没有电荷，在导体达到静电平衡时，空腔表面不存在净电荷，空腔内部场强处处为零、电势处处相等。

导体达到静电平衡时，表面的场强与该处导体表面的电荷面密度成正比。即

$$E=\frac{\sigma}{\varepsilon_0}$$

孤立的带电导体达到静电平衡时，表面曲率大处电荷面密度大，曲率小处电荷面密度小，表面凹处曲率为负值，电荷面密度更小，但电荷面密度与曲率不成正比关系。

静电屏蔽：接地的空腔导体不仅能使其内部不受外电场的影响，也能避免空腔内的电场对外界产生影响，它起到了防止和隔绝内外电场相互影响的作用。

（二）电容器

1. 电容器及其电容

电容器：由两个导体（称为电容器的极板）组成的、用来储存电荷或电能的装置。

电容 C：描述电容器储存电荷能力的物理量，其定义为电容器两极板间加单位电势差时所容纳的电量，即

$$C=\frac{Q}{\Delta U}$$

电容的单位为 F（法拉）。$1F=10^6\mu F=10^{12}pF$。

2. 典型电容器的电容

电容器电容的计算方法：首先假设电容器两极板上分别带有等量异号的电荷 $+Q$ 和 $-Q$，再求出两极板的电势差，最后将电势差表达式代入电容定义式，消去电量 Q 得到电

容器的电容公式。

电介质：电阻率很大、导电能力很差的物质。

电介质的电容率 ε 与真空电容率 ε_0 的关系为

$$\varepsilon = \varepsilon_r \varepsilon_0$$

其中，ε_r 为电介质的相对电容率，$\varepsilon_r > 1$。

（1）平板电容器的电容为

$$C = \frac{\varepsilon S}{d}$$

其中，S 为两极板的面积，d 为两极板间的距离。

（2）球形电容器的电容为

$$C = \frac{4\pi\varepsilon R_A R_B}{R_B - R_A}$$

其中，R_A 和 R_B 分别为内外球壳的半径。

半径为 R 的孤立的导体球的电容为

$$C = 4\pi\varepsilon R$$

（3）圆柱形电容器的电容为

$$C = \frac{2\pi\varepsilon L}{\ln \dfrac{R_B}{R_A}}$$

其中，R_A 和 R_B 分别为内外圆柱面的半径，L 为两圆柱面的长度。

电容器的电容与极板的尺寸、形状和相对位置有关，还与两极板间的介质性质有关，而与电容器所带电量和两极板间的电势差无关。

3. 电容器的连接

（1）电容器的串联。电容器串联时，每个电容器两端的电压之和等于总电压，即

$$\Delta U = \Delta U_1 + \Delta U_2 + \Delta U_3 + \cdots + \Delta U_n$$

电容器串联时，每个电容器带的电量都相等，即

$$q = q_1 = q_2 = q_3 = \cdots = q_n$$

电容器串联的总电容的倒数等于各个电容器电容的倒数之和，即

$$\frac{1}{C} = \frac{1}{C_1} + \frac{1}{C_2} + \frac{1}{C_3} + \cdots + \frac{1}{C_n}$$

电容器串联时，电压的分配与电容器的电容成反比。即

$$\Delta U_1 : \Delta U_2 : \Delta U_3 : \cdots : \Delta U_n = \frac{1}{C_1} : \frac{1}{C_2} : \frac{1}{C_3} : \cdots : \frac{1}{C_n}$$

电容器的耐压值：电容器不被击穿而能承受的最高电压值。

电容器串联可以提高耐压能力。

（2）电容器的并联。电容器并联时，每个电容器两端的电压等于总电压，即

$$\Delta U = \Delta U_1 = \Delta U_2 = \Delta U_3 = \cdots = \Delta U_n$$

电容器并联时，每个电容器带的电量之和等于总电量，即

$$q = q_1 + q_2 + q_3 + \cdots + q_n$$

电容器并联的总电容等于各电容器的电容之和，即

$$C = C_1 + C_2 + C_3 + \cdots + C_n$$

电容器并联时，电量的分配与电容器的电容成正比。即

$$q_1 : q_2 : q_3 : \cdots : q_n = C_1 : C_2 : C_3 : \cdots : C_n$$

如果需要比较大的电容，可以将几个电容器并联起来使用。

（三）电介质中静电场的基本规律

1. 电介质的极化

等效正电荷（或负电荷）中心：所有正电荷（或负电荷）的集中点。

无极分子和有极分子：等效正电荷中心与等效负电荷中心重合的电介质分子称为无极分子，而等效正电荷中心与等效负电荷中心不重合的电介质分子称为有极分子。

极化：电介质在外电场力的作用下，在沿着电场方向的两个端面上出现正、负电荷的现象。

极化电荷：电介质极化时，其表面出现的电荷。极化电荷是束缚电荷。

电介质极化时，其内部的总电场 $\vec{E}$ 等于外电场 $\vec{E}_0$ 与极化电荷产生的附加电场 $\vec{E}'$ 的矢量和，即

$$\vec{E} = \vec{E}_0 + \vec{E}'$$

上式的标量式为

$$E = E_0 - E'$$

对于各向同性的均匀电介质，$\vec{E}$ 与 $\vec{E}_0$ 的关系为

$$\vec{E} = \frac{\vec{E}_0}{\varepsilon_r}$$

2. 有电介质时的高斯定理

电位移　　　　　　　　　$\vec{D} = \varepsilon \vec{E}$

电位移的单位是 C/m^2，其量纲为 $IL^{-2}T$。

有电介质时的高斯定理：通过任意闭合曲面的电位移通量等于该曲面所包围的自由电荷的代数和。即

$$\oint_S \vec{D} \cdot d\vec{S} = \sum_i q_i$$

（四）静电场的能量

1. 带电电容器的能量

电容器储能公式为

$$W_e = \frac{Q^2}{2C} = \frac{1}{2} C \Delta U^2 = \frac{1}{2} Q \Delta U^2$$

2. 静电场的能量

电场能量密度 w_e：单位体积内的电场能量。

$$w_e = \frac{1}{2} \varepsilon E^2 = \frac{1}{2} DE$$

电场能量　　　　　　　　$W_e = \int_V w_e dV$

二、思考与讨论题目详解

1. 静电场中的导体

（1）如图 6-1 所示，一根弹簧吊着一个接地的不带电金属球。如果在金属球的下方放置一点电荷为 q，则金属球会怎样移动？移动的方向与点电荷的正负有关吗？

【答案：向下移动；无关】

详解： 由于金属球的下端会感应出与 q 异号的电荷，在 q 的电场力的作用下，金属球将向下移动。

不论 q 带正电荷还是带负电荷，金属球都会向下移动，即金属球移动的方向与点电荷 q 的正负无关。

（2）如图 6-2 所示，在一块无限大的均匀带电平面 M 附近放置一块与它平行的、具有一定厚度的无限大平面导体板 N。已知 M 上的电荷面密度为 $+\sigma$，则在导体板 N 的两个表面 A 和 B 上的感生电荷面密度分别为多少？

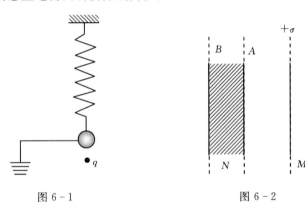

图 6-1   图 6-2

【答案：$\sigma_A = -\dfrac{\sigma}{2}$；$\sigma_B = \dfrac{\sigma}{2}$】

详解： 由电荷守恒定律得

$$\sigma_A + \sigma_B = 0$$

由于在导体板 N 内的任一场强等于零，因此

$$\frac{\sigma_A}{2\varepsilon_0} - \frac{\sigma_B}{2\varepsilon_0} + \frac{\sigma}{2\varepsilon_0} = 0$$

通过以上两式解得

$$\sigma_A = -\frac{\sigma}{2}, \quad \sigma_B = \frac{\sigma}{2}$$

（3）半径分别为 a 和 b 的两个带电金属球相距很远，如果用一根细长导线将两球连接起来，在忽略导线影响的情况下，两个金属球表面的电荷面密度之比等于多少？

【答案：$b：a$】

详解： 对半径为 R 的均匀带电金属球，设无限远处为零电势参考点，其表面上的电荷面密度为 σ，则其电势为

$$U = \frac{Q}{4\pi\varepsilon_0 R} = \frac{4\pi R^2 \sigma}{4\pi\varepsilon_0 R} = \frac{R\sigma}{\varepsilon_0}$$

在本题中，将两个带电金属球用一根细长导线连接起来，当达到静电平衡时它们的电势相等，即

$$\frac{a\sigma_a}{\varepsilon_0} = \frac{b\sigma_b}{\varepsilon_0}$$

因此，两个金属球表面的电荷面密度之比为

$$\frac{\sigma_a}{\sigma_b} = \frac{b}{a}$$

（4）一个不带电的导体球壳内有一个点电荷 $+q$，它与球壳内壁不接触。如果将该球壳与地面接触一下后，再将点电荷 $+q$ 取走，则球壳带的电荷为多少？电场分布在什么范围？

【答案：$-q$；球壳外的整个空间】

详解：将导体球壳与地面接触一下后，导体球壳的电势为零。设球壳表面均匀带有电荷 Q，由电势叠加原理得球壳表面的电势为

$$\frac{q}{4\pi\varepsilon_0 R} + \frac{Q}{4\pi\varepsilon_0 R} = 0$$

即球壳表面带有的电荷 $Q = -q$，即使将点电荷 $+q$ 取走，球壳带的电荷也不会改变。

将点电荷 $+q$ 取走后，球壳表面的电荷 $-q$ 产生的电场分布在球壳外的整个空间，球壳内的场强等于零。

（5）如图 6-3 所示，两块很大的具有一定厚度的导体平板平行放置，面积都是 S，带电荷分别为 q 和 Q。在不考虑边缘效应的情况下，则 a、b、c、d 四个表面上的电荷面密度分别为多少？

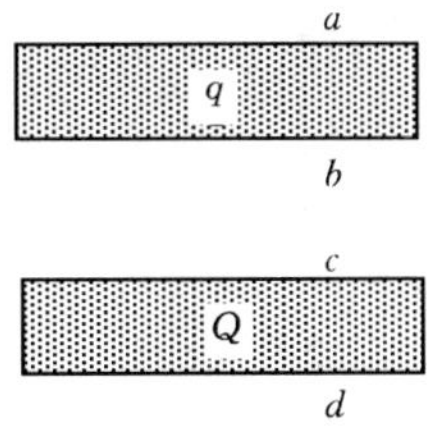

【答案：$\sigma_a = \dfrac{q+Q}{2S}$；$\sigma_b = \dfrac{q-Q}{2S}$；$\sigma_c = \dfrac{Q-q}{2S}$；$\sigma_d = \dfrac{q+Q}{2S}$】

详解：设四个表面上的电荷面密度分别为 σ_a、σ_b、σ_c、σ_d，对两块导体平板分别应用电荷守恒定律得

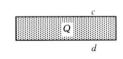

图 6-3

$$\sigma_a S + \sigma_b S = q$$
$$\sigma_c S + \sigma_d S = Q$$

当两块导体达到静电平衡时，它们内部任一点的场强等于零。即

$$\frac{\sigma_a}{2\varepsilon_0} - \frac{\sigma_b}{2\varepsilon_0} - \frac{\sigma_c}{2\varepsilon_0} - \frac{\sigma_d}{2\varepsilon_0} = 0$$

$$-\frac{\sigma_a}{2\varepsilon_0} - \frac{\sigma_b}{2\varepsilon_0} - \frac{\sigma_c}{2\varepsilon_0} + \frac{\sigma_d}{2\varepsilon_0} = 0$$

以上四式联立求解，得

$$\sigma_a = \frac{q+Q}{2S}, \quad \sigma_b = \frac{q-Q}{2S}, \quad \sigma_c = \frac{Q-q}{2S}, \quad \sigma_d = \frac{q+Q}{2S}$$

（6）地球表面附近的电场强度约为 98N/C。如果将地球看做半径为 6.4×10^5 m 的导体球，则地球表面的电荷等于多少？

【答案：4460.1C】

详解： 地球表面附近的电场强度大小为

$$E = \frac{Q}{4\pi\varepsilon_0 R^2}$$

因此，地球表面的电荷为

$$Q = 4\pi\varepsilon_0 R^2 E = 4460.1 \quad (C)$$

（7）已知空气的击穿场强为 4.0×10^6 V/m，则处于空气中的一个半径为 0.5m 的球形导体所能达到的最高电势为多少？

【答案：2.0×10^6 V】

详解： 由于球形导体表面的电场强度最大，这里的空气首先被击穿，因此

$$E_{\max} = \frac{Q}{4\pi\varepsilon_0 R^2}$$

这时球形导体的电势最高，即

$$U_{\max} = \frac{Q}{4\pi\varepsilon_0 R}$$

由以上两式解得

$$U_{\max} = RE_{\max} = 2.0 \times 10^6 \quad (V)$$

2. 电容器

（1）两个半径相同的金属球，一个空心，一个实心，试比较两者各自孤立时的电容值大小。为什么会有这样的结果？

【答案：相等；电荷都分布在外表面】

详解： 两者的电容值相等。

因为使空心金属球和实心金属球带电时，当达到静电平衡时电荷都分布在外表面，两者没有任何差别。

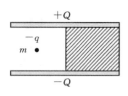

图 6-4

（2）如图 6-4 所示，一个大平行板电容器水平放置，两极板间的一半空间充有各向同性的均匀电介质，另一半为空气。当两极板带上恒定的等量异号电荷时，有一个质量为 m、带电荷为 $-q$ 的质点，在极板间的空气区域中处于平衡状态。如果这时将电介质抽出去，该质点会发生怎样的运动？为什么会这样？

【答案：向上运动；向上的电场力增大】

详解： 如果将电介质抽出去，该质点将向上运动。

有电介质存在时，相当于两个电容器并联。由于有电介质一侧的电容大，根据电容器并联的电量分配关系，有电介质一侧的极板上电荷多。将电介质抽出去以后，一部分电荷从原电介质一侧移动到原空气一侧，使得这一侧的场强增大了。

原来带电质点受到的向下的重力和向上的电场力是平衡的，当场强增大时，带电质点受到的向上电场力增大了，在向上的合力作用下，该质点向上运动。

（3）有两只电容分别为 $C_1 = 8\mu F$、$C_2 = 2\mu F$ 的电容器，首先将它们分别充电到 1000 V，然后将它们按如图 6-5 所示那样反接，此时两极板间的电势差等于多少？

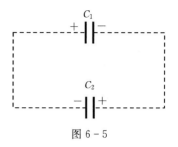

图 6-5

【答案：600V】

详解：设它们原来两端的电压为 U_1，则它们带电量分别为 $C_1 U_1$ 和 $C_2 U_1$。将它们反接以后，一部分电荷发生中和，剩余的总电荷为

$$Q = C_1 U_1 - C_2 U_1 = 6.0 \times 10^{-3} \ (\text{C})$$

它们将这些电荷重新分配后，相当于并联，并联的总电容为

$$C = C_1 + C_2 = 10 \ (\mu F)$$

因此，每个电容器两极板间的电势差为

$$U_2 = \frac{Q}{C} = 600 \ (\text{V})$$

（4）一个平行板电容器，充电后与电源断开，如果将电容器两极板间距离拉大，则两极板间的电势差、电场强度的大小和电场能量将发生如何变化？

【答案：增大；不变；增大】

详解：将平行板电容器充电后与电源断开，其电量 Q 保持不变。将电容器两极板间距离拉大，其电容 C 减小。

根据 $\Delta U = \dfrac{Q}{C}$ 可知，在电量 Q 不变、电容 C 减小的情况下，平行板电容器两极板间的电势差增大。

根据 $E = \dfrac{\sigma}{\varepsilon_0}$ 可知，电量 Q 不变，平行板电容器极板上的电荷面密度不变，电场强度的大小也不变。

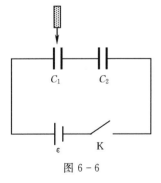

图 6-6

根据 $W_e = \dfrac{Q^2}{2C}$ 可知，在电量 Q 不变、电容 C 减小的情况下，平行板电容器的电场能量增大。

（5）如图 6-6 所示，C_1 和 C_2 两个空气电容器串联，在接通电源并保持电源连接的情况下，在 C_1 中插入一块电介质板，C_1 和 C_2 两个电容器的电容如何变化？它们极板上的电荷、电势差如何变化？如果接通电源给两个电容器充电以后将电源断开，再在 C_1 中插入一块电介质板，它们极板上的电荷、电势差又会如何变化？

【答案：C_1 增大、C_2 不变，Q_1、Q_2 都增大，ΔU_1 减小、ΔU_2 增大；Q_1、Q_2 都不变、ΔU_1 减小、ΔU_2 不变**】**

详解：接通电源并保持电源连接，总电压 ΔU 不变。在 C_1 中插入一块电介质板后，根据 $C = \dfrac{\varepsilon S}{d}$ 可知，电容 C_1 增大，C_2 不变；这时由于串联电路的总电容增大，总电压不变，

根据 $Q=C\Delta U$ 可知，它们极板上的电荷（$Q_1=Q_2=Q$）增大；由于电容 C_2 不变，根据 $\Delta U_2=\dfrac{Q_2}{C_2}$ 可知，当 Q_2 增大时，ΔU_2 增大，而总的电势差 ΔU 不变，因此 ΔU_1 减小。

接通电源给两个电容器充电以后将电源断开，两个电容器极板上的电荷 Q_1 和 Q_2 保持不变；在 C_1 中插入电介质板后 C_1 的电容增大，根据 $\Delta U_1=\dfrac{Q_1}{C_1}$ 可知，ΔU_1 减小，而 C_2 的电容和电荷都不变，因此，ΔU_2 不变。

（6）如图 6-7 所示，C_1 和 C_2 两个空气电容器并联，在接通电源并保持电源联接的情况下，在 C_1 中插入一块电介质板，C_1 和 C_2 两个电容器极板上的电荷和电势差分别怎样变化？如果接通电源给两个电容器充电以后将电源断开，再在 C_1 中插入一块电介质板，它们极板上的电荷和电势差又会发生怎样的变化？

【答案：Q_1 增大、Q_2 不变，ΔU_1、ΔU_2 都不变；Q_1 增大、Q_2 减小，ΔU_1、ΔU_2 都减小】

详解：接通电源并保持电源连接，总电压 ΔU 不变。在 C_1 中插入一块电介质板，C_1 变大、C_2 不变，由于两个电容器的电势差均等于总电压 ΔU，保持不变，根据 $Q=C\Delta U$ 可知，Q_1 增大、Q_2 不变。

接通电源给两个电容器充电以后将电源断开，总电量 Q 不变。在 C_1 中插入一块电介质板，C_1 变大、C_2 不变，根据并联电容的电荷分配关系，Q_1 增大、Q_2 减小；由于总电量 Q 不变，总电容 C 变大，根据 $\Delta U=\dfrac{Q}{C}$ 可知，总电压 ΔU（$=\Delta U_1=\Delta U_2$）减小，即 C_1、C_2 的电势差（$\Delta U_1=\Delta U_2=\Delta U$）减小。

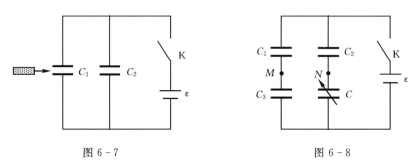

图 6-7　　　　　　　　　　　图 6-8

（7）在如图 6-8 所示的桥式电路中，电容 C_1、C_2、C_3 是已知的，电容 C 可以调节，当调节到 M、N 两点电势相等时，电容 C 的值等于多少？

【答案：$C=\dfrac{C_2C_3}{C_1}$】

详解：当 M、N 两点电势相等时，C_1、C_2 的电势差相等，设为 ΔU_1，C_3、C 的电势差相等，设为 ΔU_2。

由于 $Q_1=Q_3$、$Q_2=Q$，因此

$$C_1\Delta U_1=C_3\Delta U_2，\quad C_2\Delta U_1=C\Delta U_2$$

以上两式相除得

$$C=\frac{C_2C_3}{C_1}$$

3. 电介质中静电场的基本规律

（1）一个导体球外充满相对电容率为 ε_r 的均匀电介质，如果测得导体表面附近场强为 E_0，则导体球面上的自由电荷面密度 σ 为多少？

【答案：$\varepsilon_r\varepsilon_0 E_0$】

详解：由于导体表面附近的场强为

$$E_0=\frac{\sigma}{\varepsilon}=\frac{\sigma}{\varepsilon_r\varepsilon_0}$$

因此，导体球面上的自由电荷面密度为

$$\sigma=\varepsilon_r\varepsilon_0 E_0$$

（2）一个平行板电容器中充满相对电容率为 ε_r 的各向同性的均匀电介质。已知介质表面的极化电荷面密度为 $\pm\sigma'$，则极化电荷在电容器中产生的电场强度的大小为多少？

【答案：$\dfrac{\sigma'}{\varepsilon_0}$】

详解：在已知介质表面的极化电荷面密度的基础上，极化电荷在电容器中产生的电场强度的大小为

$$E'=\frac{\sigma'}{\varepsilon_0}$$

（3）半径分别为 a 和 b 的两个同轴金属圆筒，其间充满相对电容率为 ε_r 的均匀电介质。设两筒上单位长度带有的电荷分别为 $+\lambda$ 和 $-\lambda$，则介质中离轴线距离为 r 处的电位移矢量的大小等于多少？电场强度的大小等于多少？

【答案：$\dfrac{\lambda}{2\pi r}$；$\dfrac{\lambda}{2\pi\varepsilon_0\varepsilon_r r}$】

详解：在介质中做与电容器同轴的圆柱形高斯面，设高斯面的半径为 r，长为 h，由高斯定理得

$$2\pi rhD=\lambda h$$

由此解得介质中离轴线距离为 r 处的电位移矢量的大小为

$$D=\frac{\lambda}{2\pi r}$$

电场强度的大小为

$$E=\frac{D}{\varepsilon_0\varepsilon_r}=\frac{\lambda}{2\pi\varepsilon_0\varepsilon_r r}$$

（4）一个平行板电容器充电后与电源保持连接，然后使两极板间充满相对电容率为 ε_r 的各向同性均匀电介质，这时两极板上的电荷是原来的多少倍？电场强度是原来的多少倍？电场能量是原来的多少倍？

【答案：ε_r；1；ε_r】

详解：平行板电容器充电后与电源保持连接，两极板间的电压不变，因此

$$\frac{Q}{Q_0}=\frac{C\Delta U}{C_0\Delta U}=\frac{C}{C_0}=\varepsilon_r$$

即这时两极板上的电荷是原来的 ε_r 倍。

由于两极板间的电压不变，根据 $E = \dfrac{\Delta U}{d}$ 可知，充满介质后的电场强度与没有充介质时的电场强度相等，即电场强度是原来的 1 倍。

充满介质后的电场能量与没有充介质时的电场能量之比为

$$\frac{W}{W_0} = \frac{C \Delta U^2 / 2}{C_0 \Delta U^2 / 2} = \frac{C}{C_0} = \varepsilon_r$$

即这时的电场能量是原来的 ε_r 倍。

（5）一个半径为 R 的薄金属球壳，带有电荷 q，壳内真空，壳外是无限大的相对电容率为 ε_r 的各向同性均匀电介质。设无穷远处为电势零点，则球壳的电势等于多少？如果该金属球壳内充满相对电容率为 ε_r 的各向同性均匀电介质，壳外是真空，仍设无穷远处的电势为零，则球壳的电势又等于多少？

【答案：$\dfrac{q}{4\pi\varepsilon_0\varepsilon_r R}$；$\dfrac{q}{4\pi\varepsilon_0 R}$】

详解： 当金属球壳达到静电平衡时，电荷 q 均匀分布在球壳表面上。

当球壳内真空，球壳外是无限大的相对电容率为 ε_r 的各向同性均匀电介质时，球壳内的场强为 0，球壳外的场强为

$$E = \frac{q}{4\pi\varepsilon_0\varepsilon_r r^2}$$

因此，球壳的电势为

$$U = \int_R^\infty \frac{q}{4\pi\varepsilon_0\varepsilon_r r^2} \mathrm{d}r = \frac{q}{4\pi\varepsilon_0\varepsilon_r R}$$

如果金属球壳内充满相对电容率为 ε_r 的各向同性均匀电介质，壳外是真空，则球壳内的场强仍然为 0，球壳外的场强为

$$E = \frac{q}{4\pi\varepsilon_0 r^2}$$

这时球壳的电势为

$$U = \int_R^\infty \frac{q}{4\pi\varepsilon_0 r^2} \mathrm{d}r = \frac{q}{4\pi\varepsilon_0 R}$$

4. 静电场的能量

（1）如图 6-9 所示，将一个空气平行板电容器接到电源上充电，在保持与电源连接的情况下，将一块与极板面积相同的各向同性均匀电介质板平行地插入两极板之间，则电容器储存的电能发生怎样的变化？电能的这种变化与介质板相对极板的位置有关系吗？如果空气平行板电容器充电到一定电压后断开电源，再将这块电介质板平行地插入两极板之间，电容器储存的电能又会发生怎样的变化？

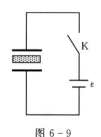
图 6-9

【答案：增多，无关；减少】

详解： 平行板电容器充电后与电源保持连接，两极板间的电压不变。将一块与极板面积相同的各向同性均匀电介质板平行地插入两极板之间后，电容器的电容增大，由公式 $W_e = \dfrac{1}{2} C \Delta U^2$ 可知，电容器储存的电能增多。

由于无论介质板相对极板的位置如何，电容器的电容增加值都一样，因此，电能的增加值与介质板相对极板的位置无关。

如果平行板电容器充电后断开电源，极板上的电荷保持不变。由公式 $W_e = \dfrac{Q^2}{2C}$ 可知，当电容器的电容增大时，电容器储存的电能减少。

（2）一块面积为 $10^7\,\mathrm{m}^2$ 的雷雨云位于地面上空 $600\,\mathrm{m}$ 高处，它与地面间的电场强度为 $1.5 \times 10^4\,\mathrm{V/m}$，如果认为它与地面构成一个平行板电容器，并且一次雷电即把雷雨云的电能全部释放出来，则此能量相当于质量等于多少的物体从 $600\,\mathrm{m}$ 高空落到地面所释放的能量？

【答案：1016kg】

详解： 雷雨云储存的电能为

$$W_e = w_e V = \frac{1}{2}\varepsilon_0 E^2 Sd$$

依题意有

$$\frac{1}{2}\varepsilon_0 E^2 Sd = mgh$$

由此解得

$$m = \frac{\varepsilon_0 E^2 Sd}{2gh} = 1016\ (\mathrm{kg})$$

即当雷雨云将这些电能全部释放出来时，相当于质量等于 $1016\,\mathrm{kg}$ 的物体从 $600\,\mathrm{m}$ 高空落到地面所释放的能量。

（3）一个空气电容器充电后切断电源，电容器储能为 W_0，若此时在极板间灌入相对电容率为 ε_r 的煤油，则电容器储能变为 W_0 的多少倍？如果灌煤油时电容器一直与电源相连接，则电容器储能将是 W_0 的多少倍？

【答案：$1/\varepsilon_r$；ε_r】

详解： 空气电容器充电后切断电源，极板上的电荷保持不变。在极板间灌入煤油前后电容器储能分别为

$$W_0 = \frac{Q^2}{2C_0}, \quad W = \frac{Q^2}{2C}$$

它们的比值为

$$\frac{W}{W_0} = \frac{C_0}{C} = \frac{1}{\varepsilon_r}$$

即在极板间灌入煤油后电容器储能是之前的 $1/\varepsilon_r$ 倍。

如果灌煤油时电容器一直与电源相连接，则电容器两极板间的电压不变。这时在极板间灌入煤油前后电容器储能分别为

$$W_0 = \frac{1}{2}C_0 \Delta U^2, \quad W = \frac{1}{2}C \Delta U^2$$

它们的比值为

$$\frac{W}{W_0} = \frac{C}{C_0} = \varepsilon_r$$

即此时在极板间灌入煤油后电容器储能是之前的 ε_r 倍。

（4）一个空气平行板电容器，接通电源充电后电容器中储存的能量为 W_0。在保持电源接通的情况下，在两极板间充满相对电容率为 ε_r 的各向同性均匀电介质，则该电容器中储存的能量 W 等于多少？

【答案：$\varepsilon_r W_0$】

详解： 在平行板电容器充电后与电源保持连接的情况下，两极板间的电压保持不变。在两极板间充满各向同性的均匀电介质后，电容器中储存的能量为

$$W = \frac{1}{2} C \Delta U^2 = \frac{1}{2} \varepsilon_r C_0 \Delta U^2$$

其中

$$W_0 = \frac{1}{2} C_0 \Delta U^2$$

因此

$$W = \varepsilon_r W_0$$

（5）有三个完全相同的金属球 A、B、C，其中 A 球带有电荷 Q，而 B、C 球均不带电。先使 A 球与 B 球接触，分开后 A 球再与 C 球接触，最后三个球分别孤立地放置。设 A 球原先所储存的电场能量为 W_0，则 A、B、C 三球最后所储存的电场能量 W_A、W_B、W_C 分别是 W_0 的多少倍？

【答案：$\frac{1}{16}$；$\frac{1}{4}$；$\frac{1}{16}$】

详解： 由于 A、B、C 三个金属球完全相同，因此它们的电容相等。

A 球原先带有电荷 Q，所储存的电场能量为

$$W_0 = \frac{Q^2}{2C}$$

A 球与 B 球接触后它们所带电荷分别为 $Q/2$，A 球再与 C 球接触后它们所带电荷分别为 $Q/4$，因此最后三个球分别孤立放置时所带电荷分别为

$$Q_A = \frac{1}{4} Q, \quad Q_B = \frac{1}{2} Q, \quad Q_C = \frac{1}{4} Q$$

因此，A 球最后储存的电场能量为

$$W_A = \frac{(Q/4)^2}{2C} = \frac{1}{16} \frac{Q^2}{2C} = \frac{1}{16} W_0$$

同理，B 球和 C 球最后储存的电场能量分别为

$$W_B = \frac{1}{4} W_0, \quad W_C = \frac{1}{16} W_0$$

（6）A、B 为两个电容值都等于 C 的电容器，已知 A 带电荷为 Q，B 带电荷为 $2Q$。现将 A、B 并联后，系统电场能量的增量 $\Delta W = ?$

【答案：$-\dfrac{Q^2}{4C}$】

详解： 设两个电容器并联前后系统的电场能量分别为 W_1 和 W_2，则

$$W_1 = W_{A1} + W_{B1} = \frac{Q^2}{2C} + \frac{(2Q)^2}{2C} = \frac{5Q^2}{2C}$$

由于两个电容器并联以后每个电容器所带电量为 $3Q/2$，因此

$$W_2 = W_{A2} + W_{B2} = 2 \times \frac{(3Q/2)^2}{2C} = \frac{9Q^2}{4C}$$

系统电场能量的增量为

$$\Delta W = W_2 - W_1 = -\frac{Q^2}{4C}$$

（7）如图 6-10 所示，C_1、C_2 和 C_3 是三个完全相同的平行板电容器。当接通电源后，三个电容器中储存的电能之比 $W_1 : W_2 : W_3 = ?$

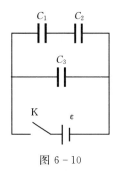

图 6-10

【答案：$1:1:4$】

详解： 设三个电容器的电容为 C。由于 C_1、C_2 和 C_3 两端电压分别为 $\varepsilon/2$、$\varepsilon/2$ 和 ε，因此它们储存的电能之比为

$$W_1 : W_2 : W_3 = \frac{1}{2}C\left(\frac{\varepsilon}{2}\right)^2 : \frac{1}{2}C\left(\frac{\varepsilon}{2}\right)^2 : \frac{1}{2}C\varepsilon^2 = 1:1:4$$

三、课后习题解答

（1）两个半径分别为 1.0m、0.5m 导体球 A 和 B，中间用导线相连接，两个球的外面分别包以半径为 1.5m 的同心接地导体球壳，该球壳与导线之间是绝缘的。导体球与导体球壳之间的介质均是空气，如图 6-11 所示。已知空气的击穿场强为 $3 \times 10^6\,\mathrm{V/m}$，现在使 A、B 两球导体所带的电荷逐渐增加，试计算：

1）此系统在何处首先被击穿？这里场强的大小等于多少？

2）击穿时两球所带的总电荷 Q 等于多少？

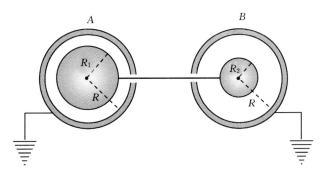

图 6-11

解： 1）设击穿时，两导体球 A、B 所带的电荷分别为 Q_1、Q_2，它们表面的电势分别为

$$U_A = \frac{Q_1}{4\pi\varepsilon_0 R_1} + \frac{-Q_1}{4\pi\varepsilon_0 R} = \frac{Q_1}{4\pi\varepsilon_0}\left(\frac{1}{R_1} - \frac{1}{R}\right)$$

$$U_B = \frac{Q_2}{4\pi\epsilon_0 R_2} + \frac{-Q_2}{4\pi\epsilon_0 R} = \frac{Q_2}{4\pi\epsilon_0}\left(\frac{1}{R_2} - \frac{1}{R}\right)$$

由于 A、B 用导线连接，因此两者电势相等，即

$$\frac{Q_1}{4\pi\epsilon_0}\left(\frac{1}{R_1} - \frac{1}{R}\right) = \frac{Q_2}{4\pi\epsilon_0}\left(\frac{1}{R_2} - \frac{1}{R}\right)$$

由此解得

$$\frac{Q_1}{Q_2} = \frac{R_1(R-R_2)}{R_2(R-R_1)} = \frac{1.0\times(1.5-0.5)}{0.5\times(1.5-1.0)} = 4$$

击穿首先发生在场强最大处，两导体表面上的场强最强，其最大场强之比为

$$\frac{E_{1max}}{E_{2max}} = \frac{\dfrac{Q_1}{4\pi\epsilon_0 R_1^2}}{\dfrac{Q_2}{4\pi\epsilon_0 R_2^2}} = \frac{Q_1 R_2^2}{Q_2 R_1^2} = 4\times\left(\frac{0.5}{1.0}\right)^2 = 1$$

即两导体球表面处的场强一样大，即此处同时达到击穿场强，同时击穿。这里的场强大小为

$$E_{1max} = E_{2max} = 3\times10^6 \quad (\text{V/m})$$

2）由 $E_{2max} = \dfrac{Q_2}{4\pi\epsilon_0 R_2^2}$ 解得击穿时 B 球所带的电荷为

$$Q_2 = 4\pi\epsilon_0 R_2^2 E_{2max} = \frac{0.5^2}{9\times10^9}\times3\times10^6 = 8.3\times10^{-5} \quad (\text{C})$$

因此，击穿时两球所带的总电荷为

$$Q = Q_1 + Q_2 = 4Q_2 + Q_2 = 5Q_2 = 4.2\times10^{-4} \quad (\text{C})$$

（2）如图 6 - 12（a）所示，两块都与地连接的无限大平行导体板相距 $2d$，在板间均匀充满着与导体板绝缘的正离子气体，离子的数密度为 n，每个离子的电荷为 q。如果忽略气体的极化现象，可以认为电场分布相对中心平面 AB 对称。试求两板之间的场强分布和电势分布。

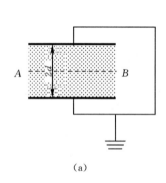

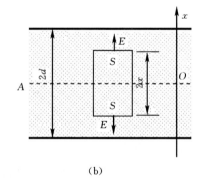

(a)   (b)

图 6 - 12

解： 选 x 轴垂直导体板，原点在中心平面上，做底面为 S、长为 $2x$ 的柱形高斯面，其轴线与 x 轴平行，上下底面与导体板平行，并且与中心平面对称。由电荷分布的面对称性可知，电场分布与中心面对称。设底面处场强大小为 E，由高斯定理得

$$2SE = \frac{\sum q_i}{\varepsilon_0}$$

其中 $\sum q_i = 2nqSx$，因此两板之间的场强大小为

$$E = \frac{nqx}{\varepsilon_0}$$

场强方向如图 6-12（b）所示。

由于导体板接地，电势为零，因此 x 处的电势为

$$U = \int_x^d E \mathrm{d}x = \frac{nq}{\varepsilon_0} \int_x^d x \mathrm{d}x = \frac{nq}{2\varepsilon_0}(d^2 - x^2)$$

（3）两根平行的无限长均匀带电直导线相距为 d，导线半径都是 R（$R \ll d$）。导线上电荷线密度分别为 $+\lambda$ 和 $-\lambda$。试求该导体组单位长度的电容。

解： 如图 6-13 所示，以左边的导线轴线上一点为坐标原点，坐标轴 x 通过两导线并垂直于导线。两导线间 P 点处的场强为

$$E = \frac{\lambda}{2\pi\varepsilon_0 x} + \frac{\lambda}{2\pi\varepsilon_0(d-x)}$$

两导线间的电势差为

$$U = \frac{\lambda}{2\pi\varepsilon_0} \int_R^{d-R} \left(\frac{1}{x} + \frac{1}{d-x} \right) \mathrm{d}x = \frac{\lambda}{\pi\varepsilon_0} \ln \frac{d-R}{R}$$

设导线长为 L 的一段上所带的电量为 Q，则有 $\lambda = Q/L$，因此，该导体组单位长度的电容为

$$C = \frac{Q}{UL} = \frac{\lambda}{U} = \frac{\pi\varepsilon_0}{\ln \dfrac{d-R}{R}}$$

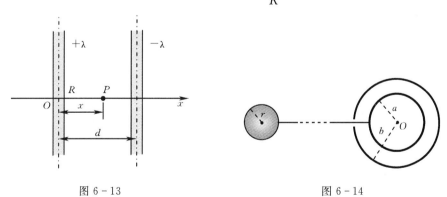

图 6-13　　　　　　　　　　　　　　图 6-14

（4）如图 6-14 所示，半径分别为 a 和 $b(b>a)$ 的两个同心导体薄球壳分别带有电荷 Q_1 和 Q_2，现在将内球壳用细导线与远处半径为 r 的原来不带电的导体球相连，试求相连后导体球所带电荷。

解： 设相连后导体球带电为 q，如果取无穷远处为电势零点，则导体球的电势为

$$U_r = \frac{q}{4\pi\varepsilon_0 r}$$

由电势叠加原理得内球壳的电势为

$$U_a = \frac{Q_1 - q}{4\pi\varepsilon_0 a} + \frac{Q_2}{4\pi\varepsilon_0 b}$$

由于内球壳与导体球用细导线相连，因此二者电势相等，即

$$\frac{q}{4\pi\varepsilon_0 r} = \frac{Q_1 - q}{4\pi\varepsilon_0 a} + \frac{Q_2}{4\pi\varepsilon_0 b}$$

由此解得相连后导体球所带电荷为

$$q = \frac{r(bQ_1 + aQ_2)}{b(a+r)}$$

（5）一个空气平行板电容器的两极板面积均为 S，板间距离为 D（D 远小于极板线度），在两极板之间平行地插入一块面积也是 S、厚度为 d（$<D$）的金属片，如图 6-15（a）所示。试求：

1）电容 C 于多少？

2）金属片放在两极板间的位置对电容值有无影响？

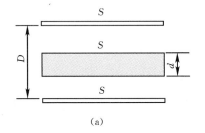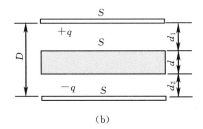

图 6-15

解： 如图 6-15（b）所示，设极板上分别带电荷 $+q$ 和 $-q$，金属片与两极板之间的距离分别为 d_1 和 d_2，金属片与两极板之间的场强均为

$$E_1 = E_2 = \frac{q}{\varepsilon_0 S}$$

金属片内部的场强为

$$E = 0$$

两极板间的电势差为

$$\Delta U = E_1 d_1 + E_2 d_2 = \frac{q}{\varepsilon_0 S}(d_1 + d_2) = \frac{q}{\varepsilon_0 S}(D - d)$$

因此，该电容器的电容为

$$C = \frac{q}{\Delta U} = \frac{\varepsilon_0 S}{D - d}$$

由于 C 值仅与 D、d 有关，与 d_1、d_2 无关，因此，金属片的安放位置对电容值没有影响。

（6）莱顿瓶是早期的一种储存电荷的电容器，它是一个内外贴有金属薄膜的圆柱形玻璃瓶。设玻璃瓶内直径为 10cm，玻璃厚度为 2mm，金属膜高度为 50cm。已知玻璃的相对电容率为 5.0，其击穿场强是 2.5×10^7 V/m。如果不考虑边缘效应，试计算：

1）莱顿瓶的电容值。

2）它最多能储存的电荷。

解：1）设内、外金属膜圆筒半径分别为 a 和 b，高度均为 h，其上分别带电荷 $+Q$ 和 $-Q$。则玻璃内的场强为

$$E=\frac{Q}{2\pi\varepsilon_0\varepsilon_r hr}\ (a<r<b)$$

内、外圆筒之间的电势差为

$$U=\int_a^b\vec{E}\cdot d\vec{r}=\frac{Q}{2\pi\varepsilon_0\varepsilon_r h}\int_a^b\frac{dr}{r}=\frac{Q}{2\pi\varepsilon_0\varepsilon_r h}\ln\frac{b}{a}$$

莱顿瓶的电容值为

$$C=\frac{Q}{U}=\frac{2\pi\varepsilon_0\varepsilon_r h}{\ln\dfrac{b}{a}}=\frac{5.0\times50\times10^{-2}}{2\times9\times10^9\times\ln\dfrac{10.4}{10}}=3.54\times10^{-9}\ (F)$$

2）柱形电容器两金属膜之间靠近内膜处场强最大，令该处场强等于击穿场强，即

$$E_m=\frac{Q}{2\pi\varepsilon_0\varepsilon_r ha}$$

解之得该电容器最多能储存的电荷为

$$Q=2\pi\varepsilon_0\varepsilon_r haE_m=\frac{5.0\times50\times10^{-2}\times5\times10^{-2}\times2.5\times10^7}{2\times9\times10^9}=1.74\times10^{-4}\ (C)$$

（7）一个平行板电容器的极板面积为 S，两极板之间的距离为 d，其间充满着变化电容率的电介质。在 A 极板处的电容率为 ε_1，在 B 极板处的为 ε_2，其他处的电容率与离开 A 极板的距离呈线性关系。略去边缘效应，试求该电容器的电容。

解：设坐标原点在 A 极板（设为正极板）处，x 轴与板面垂直，依题意得在 x 处的电容率为

$$\varepsilon_x=\varepsilon_1+\frac{\varepsilon_2-\varepsilon_1}{d}x\ (0\leqslant x\leqslant d)$$

x 处的电场强度为

$$E_x=\frac{\sigma}{\varepsilon_x}=\frac{\sigma}{\varepsilon_1+\dfrac{\varepsilon_2-\varepsilon_1}{d}x}=\frac{\sigma d}{\varepsilon_1 d+(\varepsilon_2-\varepsilon_1)x}$$

两极板之间的电势差为

$$U=\int_0^d E_x dx=\int_0^d\frac{\sigma d}{\varepsilon_1 d+(\varepsilon_2-\varepsilon_1)x}dx=\frac{\sigma d}{\varepsilon_2-\varepsilon_1}\ln\frac{\varepsilon_2}{\varepsilon_1}$$

该电容器的电容为

$$C=\frac{q}{U}=\frac{\sigma S}{\dfrac{\sigma d}{\varepsilon_2-\varepsilon_1}\ln\dfrac{\varepsilon_2}{\varepsilon_1}}=\frac{(\varepsilon_2-\varepsilon_1)S}{d\ln\dfrac{\varepsilon_2}{\varepsilon_1}}$$

（8）如图 6-16 所示，一个电容器由两个很长的同轴薄圆筒组成，内、外圆筒半径分别为 2.0cm 和 6cm，其间充满相对电容率为 ε_r 的各向同性均匀电介质，电容器接在电压 $U=32V$ 的电源上。试求距离轴线 4.0cm 处的 P 点的电场强度和该点与外筒间的电势差。

解：设内外圆筒沿轴向单位长度上分别带有电荷 $+\lambda$ 和 $-\lambda$，

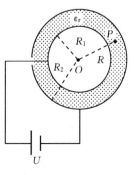

图 6-16

根据高斯定理可求得两圆筒间任一点的电场强度为

$$E = \frac{\lambda}{2\pi\varepsilon_0\varepsilon_r r}$$

则两圆筒的电势差为

$$\Delta U = \int_{R_1}^{R_2} \vec{E} \cdot \mathrm{d}\vec{r} = \int_{R_1}^{R_2} \frac{\lambda \mathrm{d}r}{2\pi\varepsilon_0\varepsilon_r r} = \frac{\lambda}{2\pi\varepsilon_0\varepsilon_r} \ln\frac{R_2}{R_1}$$

由此解得

$$\lambda = \frac{2\pi\varepsilon_0\varepsilon_r U}{\ln(R_2/R_1)}$$

于是可求得 P 点的电场强度为

$$E_P = \frac{U}{R\ln(R_2/R_1)} = 728 \ (\mathrm{V/m})$$

方向沿径向向外。

P 点与外筒间的电势差为

$$\Delta U' = \int_R^{R_2} E \mathrm{d}r = \frac{U}{\ln(R_2/R_1)} \int_R^{R_2} \frac{\mathrm{d}r}{r} = \frac{U}{\ln(R_2/R_1)} \ln\frac{R_2}{R} = 11.8 \ (\mathrm{V})$$

（9）一个圆柱形电容器的外圆柱直径为 $5.0\mathrm{cm}$，内柱直径可以适当选择，如果两圆柱之间充满各向同性的均匀电介质，该介质的击穿强度的大小为 $200\mathrm{kV/cm}$。试求该电容器可能承受的最高电压。

解： 设圆柱形电容器单位长度上带有电荷为 λ，则电容器两极板之间的场强分布为

$$E = \frac{\lambda}{2\pi\varepsilon r}$$

设电容器内外两极板半径分别为 r_0、R，则极板间电压为

$$U = \int_{r_0}^R \vec{E} \cdot \mathrm{d}\vec{r} = \int_{r_0}^R \frac{\lambda}{2\pi\varepsilon r} \mathrm{d}r = \frac{\lambda}{2\pi\varepsilon} \ln\frac{R}{r_0}$$

电介质中场强最大处在内柱面上，当这里场强达到 E_0 时电容器击穿，这时应有

$$\lambda = 2\pi\varepsilon r_0 E_0$$

极板间电压可以改写为

$$U = r_0 E_0 \ln\frac{R}{r_0}$$

适当选择 r_0 的值，可使 U 有极大值，令

$$\frac{\mathrm{d}U}{\mathrm{d}r_0} = E_0 \ln\frac{R}{r_0} - E_0 = 0$$

由此解得

$$r_0 = \frac{R}{\mathrm{e}}$$

由于

$$\frac{\mathrm{d}^2 U}{\mathrm{d}r_0^2} = -\frac{E_0}{r_0} < 0$$

因此，当 $r_0 = R/\mathrm{e}$ 时，电容器可承受最高的电压。最高电压的值为

$$U_{\max}=\frac{R}{e}E_0\ln\frac{R}{R/e}=\frac{RE_0}{e}=\frac{2.5\times10^{-2}\times2\times10^{7}}{2.7183}=184\ (\text{kV})$$

（10）两个金属球的半径之比为 $1:3$，带有等量的同号电荷。当两者的距离远大于两球的半径时具有一定的电势能。如果将两球接触一下再移回到原处，则电势能变为原来的多少倍？

解： 由于两球间距离比两球的半径大得多，这两个带电球可视为点电荷。设两球各带有电荷 Q，如果选无穷远处为电势零点，则两带电球之间的电势能为

$$W_0=\frac{Q^2}{4\pi\varepsilon_0d}$$

其中，d 为两球心间的距离。

当两球接触时，电荷将在两球之间重新分配。由于孤立导体球的电容与其半径成正比，两球接触相当于并联，而并联电容的电荷分配与电容成正比。因此，由于两球半径之比为 $1:3$，因此两球的电荷之比也为 $1:3$，所以两球接触后所带的电荷分别为

$$Q_1=\frac{1}{4}\times2Q=\frac{Q}{2},\ \ Q_2=\frac{3}{4}\times2Q=\frac{3Q}{2}$$

当它们返回原处时电势能为

$$W=\frac{Q_1Q_2}{4\pi\varepsilon_0d}=\frac{3}{4}\cdot\frac{Q^2}{4\pi\varepsilon_0d}=\frac{3}{4}W_0$$

（11）一个半径为 R 的各向同性均匀电介质球，其相对电容率为 ε_r。球体内均匀分布有正电荷 Q，试求该介质球内的电场能量。

解： 在球内任意半径 r 处做一个与电介质球同心的高斯球面，设该处的场强大小为 E。由高斯定理得

$$4\pi r^2E=\frac{1}{\varepsilon_0\varepsilon_r}\cdot\frac{4}{3}\pi r^3\cdot\frac{Q}{4\pi R^3/3}=\frac{Qr^3}{\varepsilon_0\varepsilon_rR^3}$$

由此解得

$$E=\frac{Qr}{4\pi\varepsilon_0\varepsilon_rR^3}$$

该处的电场能量密度为

$$w=\frac{1}{2}\varepsilon_0\varepsilon_rE^2=\frac{Q^2r^2}{32\pi^2\varepsilon_0\varepsilon_rR^6}$$

在球内任意半径 r 处做一个厚度为 $\mathrm{d}r$ 的微分球壳，该球壳内包含的电场能量为

$$\mathrm{d}W=w\mathrm{d}V=\frac{Q^2r^2}{32\pi^2\varepsilon_0\varepsilon_rR^6}\cdot4\pi r^2\mathrm{d}r=\frac{Q^2r^4}{8\pi\varepsilon_0\varepsilon_rR^6}\mathrm{d}r$$

球内包含的总电场能量为

$$W=\int_V\mathrm{d}W=\int_0^R\frac{Q^2r^4}{8\pi\varepsilon_0\varepsilon_rR^6}\mathrm{d}r=\frac{Q^2}{40\pi\varepsilon_0\varepsilon_rR}$$

（12）一个平行板电容器的极板面积为 $0.5\mathrm{m}^2$，两极板夹着一块 $5.0\mathrm{mm}$ 厚的同样面积的玻璃板。已知玻璃的相对电容率等于 5。电容器充电到电压达到 15V 以后切断电源，试求将玻璃板从电容器中抽出的过程中，外力所做的功。

解： 玻璃板抽出前后电容器能量的变化等于外力做的功。

抽出玻璃板前后的电容值分别为

$$C=\frac{\varepsilon_0\varepsilon_r S}{d}, \quad C_0=\frac{\varepsilon_0 S}{d}$$

电容器充电过程中储存的电量为

$$Q=CU=\frac{\varepsilon_0\varepsilon_r SU}{d}$$

由于撤去电源再抽出玻璃板后，极板上的电荷不变，因此抽出玻璃板前后电容器的能量分别为

$$W=\frac{Q^2}{2C}=\frac{1}{2}\left(\frac{\varepsilon_0\varepsilon_r SU}{d}\right)^2\frac{d}{\varepsilon_0\varepsilon_r S}=\frac{\varepsilon_0\varepsilon_r SU^2}{2d}$$

$$W_0=\frac{Q^2}{2C_0}=\frac{1}{2}\left(\frac{\varepsilon_0\varepsilon_r SU}{d}\right)^2\frac{d}{\varepsilon_0 S}=\frac{\varepsilon_0\varepsilon_r^2 SU^2}{2d}$$

在将玻璃板从电容器中抽出的过程中，外力所做的功为

$$A=W_0-W=\frac{\varepsilon_0\varepsilon_r(\varepsilon_r-1)SU^2}{2d}=\frac{8.85\times10^{-12}\times5\times(5-1)\times0.5\times15^2}{2\times5\times10^{-3}}=1.91\times10^{-6}(J)$$

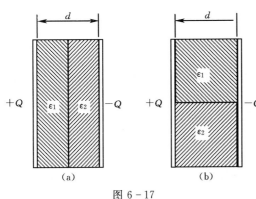

图 6-17

（13）如图 6-17 所示，一个平板电容器的极板面积为 S，两极板之间的距离为 d，图 6-17（a）填有两层厚度相同的电介质；图 6-17（b）填有两块面积各为 $S/2$ 的电介质。两种介质都是各向同性均匀的，电容率分别为 ε_1 和 ε_2。当电容器带电荷 $\pm Q$ 时，在维持电荷不变的情况下，将电容率为 ε_1 的介质板抽出，试分别求图 6-17（a）、（b）两种情况下外力所做的功。

解： 在图 6-17（a）所示的情况下，可将左右两部分看做两个单独的电容器串联，两电容分别为

$$C_1=\frac{2\varepsilon_1 S}{d}, \quad C_2=\frac{2\varepsilon_2 S}{d}$$

串联后的等效电容为

$$C=\frac{C_1C_2}{C_1+C_2}=\frac{2\varepsilon_1\varepsilon_2 S}{(\varepsilon_1+\varepsilon_2)d}$$

使电容器带电荷 $\pm Q$ 时，电容器的电场能量为

$$W=\frac{Q^2}{2C}=\frac{Q^2(\varepsilon_1+\varepsilon_2)d}{4\varepsilon_1\varepsilon_2 S}$$

将 ε_1 的介质板抽去后，电容器的能量为

$$W'=\frac{Q^2(\varepsilon_0+\varepsilon_2)d}{4\varepsilon_0\varepsilon_2 S}$$

外力所做的功等于电场能量的增加，即

$$A = \Delta W = W' - W = \frac{Q^2(\varepsilon_1 - \varepsilon_0)d}{4\varepsilon_1\varepsilon_0 S}$$

在图 6 - 17 （b） 所示的情况下，可将上下两部分看做两个单独的电容器并联，两电容分别为

$$C_1 = \frac{\varepsilon_1 S}{2d}, \ C_2 = \frac{\varepsilon_2 S}{2d}$$

并联后的等效电容为

$$C = C_1 + C_2 = \frac{(\varepsilon_1 + \varepsilon_2)S}{2d}$$

使电容器带电荷 $\pm Q$ 时，电容器的电场能量为

$$W = \frac{Q^2}{2C} = \frac{Q^2 d}{(\varepsilon_1 + \varepsilon_2)S}$$

将 ε_1 的介质板抽去后，电容器的能量为

$$W' = \frac{Q^2 d}{(\varepsilon_0 + \varepsilon_2)S}$$

外力所做的功等于电场能量的增加，即

$$A = \Delta W = W' - W = \frac{Q^2(\varepsilon_1 - \varepsilon_0)d}{(\varepsilon_1 + \varepsilon_2)(\varepsilon_0 + \varepsilon_2)S}$$

（14）如图 6 - 18 所示，将两极板间距离为 d 的平行板电容器垂直地插入到密度为 ρ、相对电容率为 ε_r 的液体电介质中，如果维持两极板之间的电势差 U 不变，试求液体上升的高度 h。

解：设极板宽度为 a，液体没有上升时的电容为

$$C_0 = \frac{\varepsilon_0 a H}{d}$$

液体上升到 h 高度时的电容为

$$C = \frac{\varepsilon_0 a(H - h)}{d} + \frac{\varepsilon_0 \varepsilon_r a h}{d} = \frac{\varepsilon_0 a [H + (\varepsilon_r - 1)h]}{d}$$

$$= \left[1 + \frac{(\varepsilon_r - 1)h}{H}\right] C_0$$

在两极板之间的电势差 U 保持不变的情况下，液体上升后极板上增加的电荷为

$$\Delta Q = CU - C_0 U = \Delta C U$$

在此过程中电源所做的功为

$$A = \Delta Q U = \Delta C U^2 = \frac{(\varepsilon_r - 1)h}{H} \frac{\varepsilon_0 a H}{d} U^2 = \frac{\varepsilon_0 (\varepsilon_r - 1) h a U^2}{d}$$

液体上升后增加的电场能量为

$$\Delta W_1 = \frac{1}{2} C U^2 - \frac{1}{2} C_0 U^2 = \frac{1}{2} \Delta C U^2 = \frac{\varepsilon_0 (\varepsilon_r - 1) h a U^2}{2d}$$

液体上升后增加的重力势能为

$$\Delta W_2 = \rho a d h g \frac{h}{2} = \frac{1}{2}\rho g a d h^2$$

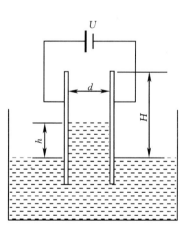

图 6 - 18

电源所做的功一部分增加了电场能量，另一部分增加了重力势能，即 $A = \Delta W_2 + \Delta W_2$，因此

$$\frac{\varepsilon_0(\varepsilon_r - 1)haU^2}{d} = \frac{\varepsilon_0(\varepsilon_r - 1)haU^2}{2d} + \frac{1}{2}\rho gadh^2$$

由此解得液体上升的高度为

$$h = \frac{\varepsilon_0(\varepsilon_r - 1)U^2}{\rho g d^2}$$

（15）一个半径为 R 的各向同性均匀电介质球，其相对电容率为 ε_r，介质球内各点的电荷体密度 $\rho = kr$，式中 k 为常量，r 是球内各点到球心的距离，试求球内外的场强分布和电场的总能量。

解： 做半径为 r、与电介质球同心的高斯面，由高斯定理得

$$4\pi r^2 E = \frac{\sum q_i}{\varepsilon_0 \varepsilon_r}$$

由此解得场强的大小为

$$E = \frac{\sum q_i}{4\pi\varepsilon_0\varepsilon_r r^2}$$

介质球内半径为 r 的球体内的电荷为

$$\sum_i q_i = \int_0^r \rho dV = \int_0^r kr \times 4\pi r^2 dr = 4\pi k \int_0^r r^3 dr = \pi k r^4$$

介质球内的总电荷为

$$\sum q_i = \pi k R^4$$

因此，球内外的场强分布为

$$E = \frac{\pi k r^4}{4\pi\varepsilon_0\varepsilon_r r^2} = \frac{kr^2}{4\varepsilon_0\varepsilon_r} \qquad (0 < r < R)$$

$$E = \frac{\pi k R^4}{4\pi\varepsilon_0 r^2} = \frac{kR^4}{4\varepsilon_0 r^2} \qquad (R < r < \infty)$$

电场的总能量为

$$W_e = \int_0^R \frac{1}{2}\varepsilon_0\varepsilon_r \left(\frac{kr^2}{4\varepsilon_0\varepsilon_r}\right)^2 \times 4\pi r^2 dr + \int_R^\infty \frac{1}{2}\varepsilon_0 \left(\frac{kR^4}{4\varepsilon_0 r^2}\right)^2 \times 4\pi r^2 dr$$

$$= \frac{\pi k^2}{8\varepsilon_0\varepsilon_r} \int_0^R r^6 dr + \frac{\pi k^2 R^8}{8\varepsilon_0} \int_R^\infty \frac{1}{r^2} dr$$

$$= \frac{\pi(1 + 7\varepsilon_r)k^2 R^7}{56\varepsilon_0\varepsilon_r}$$

四、自我检测题

1. 单项选择题（每题 3 分，共 30 分）

（1）有两个同心导体球壳，内球壳均匀分布着电荷 q。如果将一个高电压带电体放在这两同心导体球壳外附近，那么达到静电平衡后，内球壳上电荷 [   ]。

(A) 仍为 q，但分布不均匀；　　　　(B) 不为 q，但分布仍均匀；

(C) 仍为 q，且分布仍均匀；　　　　(D) 不为 q，且分布不均匀。

（2）如果选取无穷远处为电势零点，则半径为 R 的带电导体球的电势为 U_0，那么球外离球心距离为 r 处的电场强度的大小为〔　　〕。

(A) $\dfrac{R^2 U_0}{r^3}$；　　　　(B) $\dfrac{U_0}{R}$；　　　　(C) $\dfrac{RU_0}{r^2}$；　　　　(D) $\dfrac{U_0}{r}$。

（3）如图 6-19 所示，一个孤立的带电导体处于静电平衡时电荷面密度的分布为 $\sigma(x, y, z)$。已知面元 dS 处的电荷面密度为 $\sigma_0 > 0$，则导体上除了 dS 面元处的电荷以外的其他电荷在 dS 处产生的电场强度的大小为〔　　〕。

(A) $\dfrac{\sigma_0}{\varepsilon_0}$；　　　　(B) $2\sigma_0\varepsilon_0$；　　　　(C) $\sigma_0\varepsilon_0$；　　　　(D) $\dfrac{\sigma_0}{2\varepsilon_0}$。

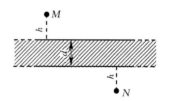

图 6-19　　　　　　　　　　　　　　图 6-20

（4）如图 6-20 所示，一块厚度为 d 的无限大均匀带电导体板的电荷面密度为 σ，则板两侧离板面距离均为 h 的两点 M、N 之间的电势差为〔　　〕。

(A) $\dfrac{\sigma}{2\varepsilon_0}$；　　　　(B) $\dfrac{\sigma h}{\varepsilon_0}$；　　　　(C) $\dfrac{2\sigma h}{\varepsilon_0}$；　　　　(D) 0。

（5）两个同心的薄金属球壳半径分别为 R_1 和 R_2（$R_2 > R_1$），使它们分别带上电荷 q_1 和 q_2，如果选无穷远处为电势零点，它们的电势分别为 U_1 和 U_2。然后用导线将两球壳相连接，它们的电势为〔　　〕。

(A) $0.5(U_1 + U_2)$；　　　　　　(B) U_2；

(C) $U_1 + U_2$；　　　　　　　　(D) U_1。

（6）如图 6-21 所示，一块平行板电容器充电以后与电源断开，然后在其一半体积中充满电容率为 ε 的各向同性均匀电介质，则〔　　〕。

(A) 两部分中的电位移矢量相等；

(B) 两部分中的电场强度相等；

(C) 两部分极板上的自由电荷面密度相等；

(D) 以上三量都不相等。

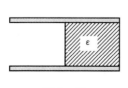
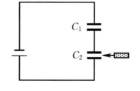

图 6-21　　　　　　　　　　　　　　图 6-22

（7）如图 6‑22 所示，两个完全相同的电容器 C_1 和 C_2 串联以后与电源连接。如果将一块各向同性的均匀电介质板插入 C_1 中，则 ［　　　］。

(A) 电容器组储存的总能量增大；　　　(B) C_1 上的电荷大于 C_2 上的电荷；

(C) C_1 上的电压高于 C_2 上的电压；　　(D) 电容器组的总电容减小。

（8）在静电场中做高斯面 S，如果 $\oint_S \vec{D} \cdot d\vec{S} = 0$，则 S 面内必定 ［　　　］。

(A) 既无自由电荷也无束缚电荷；　　　(B) 自由电荷和束缚电荷的代数和为零；

(C) 没有自由电荷；　　　　　　　　(D) 自由电荷的代数和为零。

（9）C_1 和 C_2 两个电容器上分别标明 400pF（电容量）、500V（耐压值）和 600pF、900V。将它们串联起来以后在两端加上 1000V 的电压，则 ［　　　］。

(A) 两者都被击穿；　　　　　　　　(B) C_2 被击穿，C_1 不被击穿；

(C) C_1 被击穿，C_2 不被击穿；　　　(D) 两者都不被击穿。

（10）如图 6‑23 所示，一个球形导体带有电荷 Q，置于一个任意形状的空腔导体内。用导线将两者连接起来，与未连接前相比，系统的静电场能量将 ［　　　］。

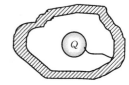

图 6‑23

(A) 增大；　　　　　(B) 减小；

(C) 不变；　　　　　(D) 如何变化无法确定。

2. 填空题（每空 2 分，共 30 分）

（1）如图 6‑24 所示，一个原来不带电的导体球外有一个点电荷 q，该点电荷到球心 O 的矢径为 $\vec{r}$，静电平衡时导体球上的感生电荷在球心 O 处产生的场强 $\vec{E}' = $ （　　　）。

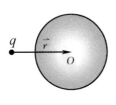

图 6‑24

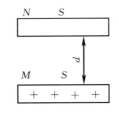

图 6‑25

（2）如图 6‑25 所示，将一块原来不带电的金属板 N 移近一块带有正电荷 Q 的金属板 M。金属板 M、N 平行放置，两板面积都是 S，两板间距离为 d。如果忽略边缘效应，当 N 板不接地时，两板间电势差 $\Delta U = $（　　　）；$N$ 板接地时两板间电势差 $\Delta U'$ =（　　　）。

（3）一个空气平行板电容器的两个极板间距为 d，充电到两极板间的电压为 ΔU 时将电源断开，在两板间平行地插入一块厚度为 $d/3$ 的金属板，则板间电压变成 $\Delta U' = $（　　　）。

（4）A、B 两个导体球的半径之比为 $2:1$，A 球带正电荷 Q，B 球不带电，如果使两球接触一下再分离，当 A、B 两球相距为 d 时，在 d 远大于两球半径的情况下，两球间的静电力大小 $F = $（　　　）。

（5）如图 6‑26 所示，在静电场中有一个边长为 b 的立方形均匀导体。已知立方导体

中心 O 处的电势为 U_0，则立方体顶点 P 的电势为（　　　）。

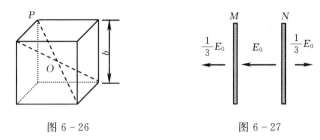

图 6 - 26　　　　　　　　　图 6 - 27

（6）如图 6 - 27 所示，M、N 为两块无限大均匀带电平行薄平板，两板间和左右两侧充满相对电容率为 ε_r 的各向同性均匀电介质。已知两板间的场强大小为 E_0，两板外的场强均为 $E_0/3$，则 M、N 两板所带电荷面密度分别为 $\sigma_A = $（　　　），$\sigma_B = $（　　　）。

（7）一个平行板电容器的两板间充满各向同性均匀电介质，已知电介质的相对电容率为 ε_r，极板上的自由电荷面密度为 σ，则介质中电位移的大小 $D = $（　　　），电场强度的大小 $E = $（　　　）。

（8）一个平行板电容器充电以后切断电源，然后在两极板间充满相对电容率为 ε_r 的各向同性均匀电介质。这时两极板间的电场强度是原来的（　　　）倍，电场能量是原来的（　　　）倍。

（9）在相对电容率为 4 的各向同性均匀电介质中，与电能密度 $2 \times 10^6 \mathrm{J/cm^3}$ 相应的电场强度的大小 $E = $（　　　）。

（10）两个电容器的电容之比 $C_1 : C_2 = 1 : 3$。将它们串联起来接在电源上充电，它们的电场能量之比 $W_1 : W_2 = $（　　　）。如果将它们并联起来接在电源上充电，则它们的电场能量之比 $W_1 : W_2 = $（　　　）。

3. 计算题（每题 10 分，共 40 分）

（1）如图 6 - 28 所示，半径为 a 的导体球带电荷 Q，在它外面同心地罩有一个接地的金属球壳，其内、外半径分别为 $b = 2a$、$c = 3a$，在距球心 $d = 4a$ 处放一个电荷为 q 的点电荷，试求球壳上总的感生电荷。

（2）如图 6 - 29 所示，一个半径为 R_1 的带电金属球，其电荷面密度为 σ。在球外同心地套一个内半径为 R_2、外半径为 R_3 的各向同性均匀电介质球壳，其相对电容率为 ε_r。①试求介质球壳内距离球心为 r 处的 P 点的电场强度；②设无限远处的电势为零，试求金属球的电势。

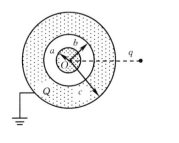

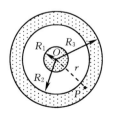

图 6 - 28　　　　　　　　　图 6 - 29

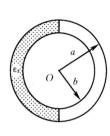

图 6 - 30

（3）如图 6 - 30 所示，同心球形电容器的内、外球半径分别为 a 和 b，两球面间的一半空间充满着相对电容率为 ε_r 的各向同性均匀电介质，另一半空间是空气。如果不计两半球交界处的电场弯曲，试求该电容器的电容。

（4）一个空气平行板电容器的极板面积为 S，两极板之间距离为 d，接到电源上并维持两极板间电势差 ΔU 保持不变。如果将两极板距离拉开到 $2d$，外力做的功是多少？

第七章　真空中的恒定磁场

一、基本内容

（一）真空中恒定磁场的基本概念

1. 基本磁现象

磁性：磁铁能吸引铁、钴、镍等物质的性质。

铁磁质：能被磁铁所吸引的物质。

磁极：磁铁的两个磁性最强的区域。

磁北极 N 和磁南极 S：当可以自由转动的条形磁铁静止时，两个磁极总是大致沿着地理的南北方向，指北的磁极磁北极，指南的磁极是磁南极。

磁力：两块磁铁的磁极之间存在相互作用力。

同名磁极互相排斥，异名磁极互相吸引。

磁偏角：自由条形磁铁静止时，两个磁极的指向与地理的南北极方向之间的夹角。

分子电流（或安培电流）假说：磁性的根源在于电流。磁性物质的分子中存在着回路电流，即分子电流（或安培电流），每个分子电流都相当于一个基元磁铁，当物质中的所有分子电流有规则排列时，就对外呈现出磁性。

磁力：磁铁与磁铁之间、电流与电流之间、磁铁与电流之间的相互作用力。

2. 磁场和磁感应强度

运动电荷在其周围空间激发一种特殊形态的物质——磁场，处在磁场中的其他运动电荷会受到磁场力的作用。

恒定电流：定向运动电荷在空间的分布不随时间变化所形成的电流。

恒定磁场：恒定电流在空间产生的不随时间变化的磁场。

磁感应强度 $\vec{B}$ 是描述磁场各点的力学性质的物理量。

磁感应强度的方向：自由转动的小磁针静止时 N 极所指的方向，即该点的磁场方向。

磁感应强度的大小为

$$B = \frac{F_{\max}}{qv}$$

其中，$F_{\max}$ 为试验运动电荷 q 的速度 $\vec{v}$ 与磁场方向垂直时所受的磁场力。

磁感强度的单位为特斯拉（T）。

3. 磁感应线

磁感应线：为了形象地描绘磁场的空间分布，在磁场中绘制一些曲线，使曲线上每一点的切线方向与该点的磁场方向一致，且使通过与磁场方向相垂直的单位面积的磁感应线条数（即磁感应线密度）与这一点的磁感强度大小成正比。

通电导线的电流方向与磁感线方向之间的关系符号右手螺旋法则。

磁感应线的性质： ①磁感应线不相交；②磁感应线是闭合曲线；③磁感强度大的地方磁感应线密集，磁感强度小的地方磁感应线稀疏。

（二）磁场的基本规律

1. 磁场的高斯定理

磁感应强度通量（简称磁通量）Φ_m： 通过磁场中任意曲面的磁感应线条数。

$$\Phi_m = \int_S \vec{B} \cdot d\vec{S} = \int_S B\cos\theta dS$$

磁通量的单位为韦伯（Wb）。

磁场的高斯定理： 穿过空间任意闭合曲面 S 的磁通量的代数和为零。即

$$\oint_S \vec{B} \cdot d\vec{S} = 0$$

磁场的高斯定理是磁单极不存在的必然结果。

2. 毕奥—萨伐尔定律

毕奥—萨伐尔定律： 在真空中，载流导线上某一电流元 $Id\vec{l}$ 在任意定点 P 处产生的磁应感强度 $d\vec{B}$ 的大小与电流元的大小 Idl 成正比，与 $d\vec{l}$ 和从电流元到 P 点的径矢 $\vec{r}$ 之间的夹角 θ 的正弦 $\sin\theta$ 成正比，与径矢 $\vec{r}$ 的平方成反比。即

$$dB = \frac{\mu_0}{4\pi} \frac{Idl\sin\theta}{r^2}$$

其中，$\mu_0 = 4\pi \times 10^{-7} \text{N} \cdot \text{A}^{-2}$ 为真空磁导率。

毕奥—萨伐尔定律的矢量形式为

$$d\vec{B} = \frac{\mu_0}{4\pi} \frac{Id\vec{l} \times \vec{r}}{r^3}$$

以速度 $\vec{v}$ 运动的电荷 q 在空间某点产生的磁感强度为

$$\vec{B} = \frac{\mu_0}{4\pi} \frac{q\vec{v} \times \vec{r}}{r^3}$$

3. 安培环路定理

安培环路定理： 在恒定磁场中，磁感应强度 $\vec{B}$ 沿任意闭合曲线的线积分，等于闭合曲线所包围的电流代数和的 μ_0 倍，即

$$\oint_L \vec{B} \cdot d\vec{l} = \mu_0 \sum_i I_i$$

如果电流 I 的方向与 $d\vec{l}$ 的绕行方向呈右手螺旋关系，则 I 为正，反之 I 为负。

注意：只有穿过闭合曲线 L 的电流才对 $\vec{B}$ 沿闭合曲线的线积分有贡献。尽管未穿过闭合曲线的电流对 $\vec{B}$ 沿闭合曲线的线积分没有贡献，但它们对闭合曲线上各点的 $\vec{B}$ 却有贡献。

4. 洛伦兹力

洛伦兹力： 运动电荷在磁场中受到的力。

$$\vec{F} = q\vec{v} \times \vec{B}$$

洛伦兹力对运动电荷永远不做功。

（三）恒定磁场对运动电荷的作用

1. 带电粒子在恒定磁场中的运动

（1）如果带电粒子 q 的速度 $\vec{v}$ 与 $\vec{B}$ 垂直，它在与 $\vec{B}$ 垂直的平面内做匀速圆周运动。

轨道半径
$$R = \frac{mv}{qB}$$

回旋周期 T：带电粒子运动一周所需的时间。

$$T = \frac{2\pi m}{qB}$$

回旋频率 ν：单位时间内带电粒子运动的圈数。

$$\nu = \frac{1}{T} = \frac{qB}{2\pi m}$$

（2）如果带电粒子 q 的速度 $\vec{v}$ 与 $\vec{B}$ 之间的夹角为 θ，它的运动轨迹为螺旋线，做匀速螺旋运动。即在磁场方向的匀速直线运动与在垂直于磁场的平面上的匀速圆周运动的合成运动。

轨道半径
$$R = \frac{mv\sin\theta}{qB}$$

回转周期 T
$$T = \frac{2\pi m}{qB}$$

螺旋线的螺距：带电粒子在一个周期内沿磁场方向运动的距离。

$$h = \frac{2\pi mv\cos\theta}{qB}$$

2. 霍尔效应

霍尔效应：在导电片中通过恒定电流，在与电流垂直的方向上加恒定磁场，这时在与电流和磁场都垂直的方向上形成稳定电势差（称为霍尔电势差 U_H）的现象。

霍尔电势差是载流子受到的洛伦兹力与霍耳电场力平衡时，在导电片的两个端面聚集的正负电荷形成的。

$$U_H = K_H \frac{IB}{d}$$

其中，$K = \dfrac{1}{nq}$ 为霍尔系数。可见，导电片中载流子的数密度 n 越小，霍尔效应越明显。

利用霍尔效应判断半导体材料导电类型的方法：使右手的四指由电流方向向磁场方向弯曲，如果伸直的拇指所指的端面电势高，则导电片中的载流子带正电，为 P 型半导体，反之载流子带负电，为 N 型半导体。

（四）磁场对电流的作用

1. 磁场对载流导线的作用

安培力：处在磁场中的载流导线受到的磁场力。

安培定律
$$\mathrm{d}\vec{F} = I\mathrm{d}\vec{l} \times \vec{B}$$

长为 L、通有电流 I 的直导线在均匀磁场 $\vec{B}$ 中所受的安培力为

$$\vec{F} = I\vec{l} \times \vec{B}$$

一个重要结论：不管通电导线的形状如何，它在均匀磁场中所受的安培力总是等于从该电流起点到末点之间的通电直导线受到的安培力。

2. 磁场对平面载流线圈的作用

载流平面线圈在均匀磁场中受到的磁力矩为

$$\vec{M} = \vec{P}_m \times \vec{B}$$

其中，$\vec{P}_m = NIS\vec{e}_n$ 为载流线圈的磁矩。

载流平面线圈在均匀磁场中受到的合力总是等于零，但合力矩一般不等于零。合力矩的作用是力图使载流平面线圈转到稳定平衡位置。

（五）典型电流的磁场分布

（1）载流直导线的磁场（图 7-1）。

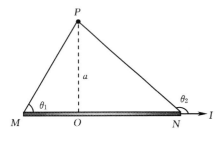

图 7-1

$$B = \frac{\mu_0 I}{4\pi}(\cos\theta_1 - \cos\theta_2)$$

无限长载流直导线的磁感应强度大小为

$$B = \frac{\mu_0 I}{2\pi a}$$

载流直导线的磁场方向可以用右手螺旋定则判断。

（2）载流圆形导线轴线上的磁场（图 7-2）。

$$B = \frac{\mu_0 IR}{2r^2}\sin\theta = \frac{\mu_0 IR^2}{2(R^2+x^2)^{3/2}}$$

载流圆导线圆心处的磁感应强度大小为

$$B = \frac{\mu_0 I}{2R}$$

半径为 R 的通电圆弧（图 7-3）圆心处的磁感应强度大小为

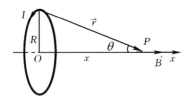

图 7-2

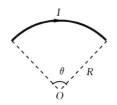

图 7-3

$$B = \frac{\mu_0 I}{4\pi R}\theta$$

圆电流的磁场方向也可以用右手螺旋定则判断。

（3）载流长直螺线管内的磁场。

$$B = \mu_0 nI$$

其中，n 为螺线管的匝密度。

载流长直螺线管内的磁场是均匀磁场，其方向也可以用右手螺旋定则判断。

（4）载流螺绕环内的磁场。

$$B = \frac{\mu_0 NI}{2\pi r}$$

如果螺绕环的直径比螺线管截面的直径大得多，则有

$$B = \mu_0 nI$$

其中，$n = \frac{N}{2\pi R}$ 是螺绕环的匝密度。

载流螺绕环内的磁场方向也可以用右手螺旋定则判断。

二、思考与讨论题目详解

1. 磁场中的高斯定理

（1）如图 7-4 所示，在磁感强度为 $\vec{B}$ 的均匀磁场中做一个半径为 r 的半球面 S，S 边线所在平面的法线方向的单位矢量 $\vec{e}_n$ 与 $\vec{B}$ 的夹角为 φ，如果取弯面向外为半球面 S 的正方向，则通过半球面 S 的磁通量为多少？

【答案：$-\pi r^2 B\cos\varphi$】

详解： 使半球面与其底面构成一个高斯面，由磁场的高斯定理得

$$\oint_S \vec{B} \cdot d\vec{S} = \int_{S_1} \vec{B} \cdot d\vec{S} + \int_{S_2} \vec{B} \cdot d\vec{S} = 0$$

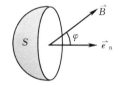

图 7-4

其中，$\int_{S_1} \vec{B} \cdot d\vec{S}$、$\int_{S_2} \vec{B} \cdot d\vec{S}$ 分别为通过底面和半球面的磁通量。

通过底面的磁通量为

$$\int_{S_1} \vec{B} \cdot d\vec{S} = \int_{S_1} B\cos\varphi dS = B\cos\varphi \int_{S_1} dS = \pi r^2 B\cos\varphi$$

因此，通过半球面的磁通量为

$$\int_{S_2} \vec{B} \cdot d\vec{S} = -\int_{S_1} \vec{B} \cdot d\vec{S} = -\pi r^2 B\cos\varphi$$

（2）某磁场的磁感强度 $\vec{B} = a\vec{i} + b\vec{j} + c\vec{k}$（T），则通过一半径为 R、开口向 y 轴正方向的半球壳表面的磁通量的大小等于多少？

【答案：$\pi R^2 b$】

详解： 通过半球面的磁通量的大小与通过其底面的磁通量大小相等。设底面面积为

$$\vec{S} = \pi R^2 \vec{j}$$

则通过底面的磁通量，即通过半球面的磁通量的大小为

$$\Phi_m = \vec{B} \cdot d\vec{S} = (a\vec{i} + b\vec{j} + c\vec{k}) \cdot \pi R^2 \vec{j} = \pi R^2 b \text{（Wb）}$$

（3）如图 7-5（a）所示，在一根通有电流 I 的长直导线旁，与之共面地放着一个长、宽各为 a 和 b 的矩形线框，线框的长边与载流长直导线平行，且二者相距为 c。已知长直导线产生的磁感强度分布为 $B = \frac{\mu_0 I}{2\pi r}$，试计算通过线框的磁通量 Φ_m。

【答案：$\frac{\mu_0 Ia}{2\pi} \ln \frac{c+b}{c}$】

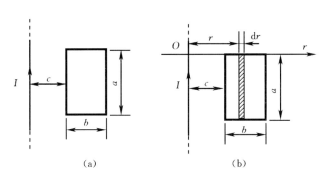

图 7-5

详解： 如图 7-5（b）所示，在矩形线框上距长直导线为 r 处取微分条，其法线方向垂直纸面向里。通过该微分条的磁通量为

$$d\Phi_m = \vec{B} \cdot d\vec{S} = B dS = \frac{\mu_0 I}{2\pi r} a dr = \frac{\mu_0 I a dr}{2\pi r}$$

因此，通过矩形线框的磁通量为

$$\Phi_m = \frac{\mu_0 I a}{2\pi} \int_c^{c+b} \frac{dr}{r} = \frac{\mu_0 I a}{2\pi} \ln \frac{c+b}{c}$$

（4）如图 7-6 所示，一个半径为 R 的无限长直载流导线，沿轴向均匀地流有电流 I，

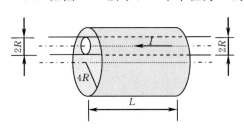

图 7-6

其磁感强度分布为

$$B = \begin{cases} \dfrac{\mu_0 I r}{2\pi R^2} & (r \leqslant R) \\[3mm] B = \dfrac{\mu_0 I}{2\pi r} & (r > R) \end{cases}$$

如果做一个半径为 $4R$、长为 L 的圆柱形曲面，其轴线与载流导线的轴平行且相距为 $2R$，则通过圆柱侧面的磁通量等于多少？

【答案：0】

详解： 由磁场的高斯定理得

$$\oint_S \vec{B} \cdot d\vec{S} = \int_{底1} \vec{B} \cdot d\vec{S} + \int_{底2} \vec{B} \cdot d\vec{S} + \int_{侧} \vec{B} \cdot d\vec{S} = 0$$

由于两底面的法线方向与磁感应强度的方向垂直，因此

$$\int_{底1} \vec{B} \cdot d\vec{S} = \int_{底2} \vec{B} \cdot d\vec{S} = 0$$

因此，通过圆柱侧面的磁通量为

$$\int_{侧} \vec{B} \cdot d\vec{S} = 0$$

2. 毕奥—萨伐尔定律

（1）有一个圆形回路 1 和一个正方形回路 2，已知圆直径与正方形的边长相等，两个回路中通有大小相等的电流，它们在各自中心产生的磁感应强度大小之比 B_1 / B_2 为多少？

【答案：1.11】

详解： 半径为 R、通电流为 I 的圆形回路在其中心产生的磁感应强度大小为

$$B_1 = \frac{\mu_0 I}{2\pi R}$$

如图 7-7 所示，边长为 $2R$、通电流为 I 的正方形回路中的一条边在其中心产生的磁感应强度大小为

$$B_2' = \frac{\mu_0 I}{4\pi R}\left(\cos\frac{\pi}{4} - \cos\frac{3\pi}{4}\right) = \frac{\sqrt{2}\mu_0 I}{4\pi R}$$

因此，正方形回路中心处的磁感应强度大小为

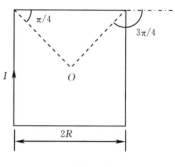

图 7-7

$$B_2 = 4B_2' = \frac{\sqrt{2}\mu_0 I}{\pi R}$$

圆形回路 1 和一个正方形回路 2 在各自中心产生的磁感应强度大小之比

$$\frac{B_1}{B_2} = \frac{\pi}{2\sqrt{2}} = 1.11$$

（2）在某平面内有两条垂直交叉但相互绝缘的导线，每条导线中流过的电流的大小相等，其方向如图 7-8（a）所示。哪些区域中某些点的磁感应强度 B 可能等于零？

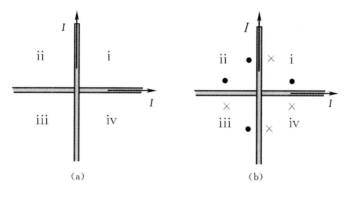

图 7-8

【答案：i 区和 iii 区】

详解： 如图 7-8（b）所示，由于两条垂直的导线在 i 区和 iii 区产生的磁场方向相反，因此，这两个区域的磁感应强度 B 可能等于零。

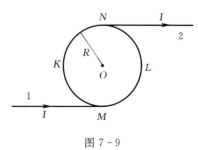

图 7-9

（3）如图 7-9 所示，电流 I 由长直导线 1 沿切向经 M 点流入一个电阻均匀的圆环，再由 N 点沿切向从圆环流出，经长直导线 2 返回电源。已知圆环的半径为 R，M、N 点和圆心 O 点在同一条直线上。长直载流导线 1、2 和圆环中的电流分别在 O 点产生的磁感应强度 $\vec{B_1}$、$\vec{B_2}$ 和 $\vec{B_3}$ 分别等于多少？O 点的总磁感应强度 $\vec{B}$ 等于多少？

【**答案：**$B_1 = \dfrac{\mu_0 I}{4\pi R}$，方向垂直纸面向外、$B_2 = \dfrac{\mu_0 I}{4\pi R}$，方向垂直纸面向内、$\vec{B}_3 = 0$；$\vec{B} = 0$】

详解： 导线 1 和 2 中的磁感应强度用下面公式计算。

$$B = \frac{\mu_0 I}{4\pi R}(\cos\theta_1 - \cos\theta_2)$$

对导线 1 而言，$\theta_1 = 0$、$\theta_2 = 90°$，因此

$$B_1 = \frac{\mu_0 I}{4\pi R}$$

其方向垂直纸面向外。

对导线 2 而言，$\theta_1 = 90°$、$\theta_2 = 180°$，因此

$$B_2 = \frac{\mu_0 I}{4\pi R}$$

其方向垂直纸面向内。

由于两半圆环 MKN 和 MLN 中电流均为 $I/2$，它们在 O 点产生的磁感应强度大小相等。但是这两个半圆环中电流流向相反，因此，圆环在 O 点产生的磁感应强度大小为

$$\vec{B}_3 = 0$$

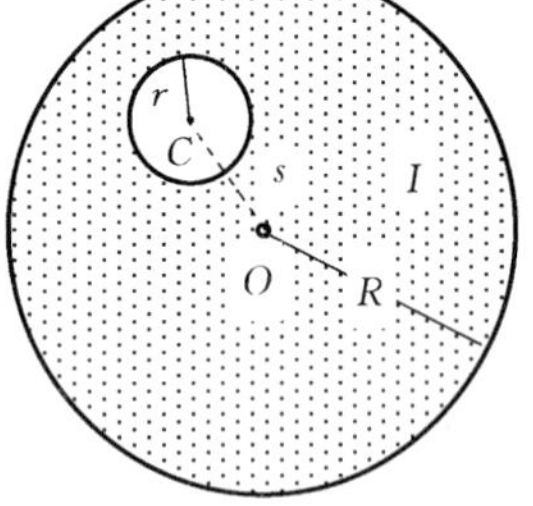

由于导线 1 和 2 在 O 点产生的磁感应强度大小相等方向相反，因此，O 点的总磁感应强度为

$$\vec{B} = 0$$

（4）如图 7-10 所示，在半径为 R 的长直金属圆柱体内部挖去一个半径为 r 的长直圆柱体，两柱体的轴线互相平行，其间距为 s。如果在这样的导体中通以电流 I，电流在截面上均匀分布，则空心部分轴线上 O' 点的磁感应强度大小等于多少？

图 7-10

【**答案：** $\dfrac{\mu_0 I s}{2\pi(R^2 - r^2)}$】

详解： 设想在导体的挖空部分同时有电流密度为 J 和 $-J$ 的流向相反的电流。这样，空心部分轴线上的磁感应强度可以看成是电流密度为 J 的实心圆柱体在挖空部分轴线上的磁感应强度 $\vec{B}_1$ 和占据挖空部分的电流密度 $-J$ 的实心圆柱在轴线上的磁感应强度 $\vec{B}_2$ 的矢量和。由安培环路定理可以求得

$$B_2 = 0, \quad B_1 = \frac{1}{2}\mu_0 J s$$

其中，导体中电流密度为

$$J = \frac{I}{\pi(R^2 - r^2)}$$

因此，挖空部分轴线上一点的磁感应强度的大小等于

$$B = B_1 = \frac{\mu_0 I s}{2\pi(R^2 - r^2)}$$

（5）一个质点带有 8.0×10^{-10} C 的电荷，以 2.0×10^5 m/s 的速度在半径为 4.0×10^{-3} m 的圆周上做匀速圆周运动。该带电质点在轨道中心处产生的磁感应强度大小等于多少？

【答案：1.0×10^{-6} T】

详解：带电质点的旋转周期为

$$T = \frac{2\pi R}{v}$$

带电质点做圆周运动的等效电流为

$$I = \frac{q}{T} = \frac{qv}{2\pi R}$$

该带电质点在轨道中心处产生的磁感应强度大小

$$B = \frac{\mu_0 I}{2R} = \frac{\mu_0 qv}{4\pi R^2} = 1.0 \times 10^{-6} \ (\text{T})$$

（6）某电子以 10^7 m/s 的速度做匀速直线运动。在电子产生的磁场中，与电子相距为 0.5×10^{-8} m 处的磁感应强度的最大值是多少？

【答案：6.4×10^{-3} T】

详解：运动电子产生的磁场的磁感应强度大小为

$$B = \frac{\mu_0}{4\pi} \frac{ev\sin\theta}{r^2}$$

可见，当电子的运动方向与 $\vec{r}$ 之间的夹角 $\theta = 90°$ 时，磁感应强度的最大，其值为

$$B_{\max} = \frac{\mu_0}{4\pi} \frac{ev}{r^2} = 6.4 \times 10^{-3} \ (\text{T})$$

（7）如图 7-11（a）所示，在直角坐标系 xOy 和 yOz 平面上，两个半径均为 R 的圆形回路的圆心都在坐标原点 O，它们通有相同的电流 I，其流向分别与 z 轴和 x 轴的正方向成右手螺旋关系。由它们在 O 点形成的磁场的方向如何？磁感应强度大小等于多少？

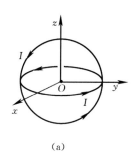
（a）

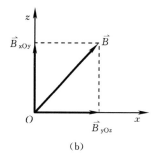
（b）

图 7-11

【答案：$(\vec{j} + \vec{k})$ 方向；$B = \frac{\sqrt{2}\mu_0 I}{2R}$】

详解：如图 7-11（b）所示，xOy 平面上的圆电流产生的磁感应强度方向沿 z 轴正方向，yOz 平面上的圆电流产生的磁感应强度方向沿 x 轴正方向，由于 $B_{xOy} = B_{yOz}$，因此它们在 O 点形成的磁场的方向为 $\vec{j} + \vec{k}$ 方向。

由于

$$B_{xOy} = B_{yOz} = \frac{\mu_0 I}{2R}$$

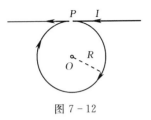

图 7-12

因此，两个圆电流在 O 点产生的磁感应强度大小为

$$B=\frac{\sqrt{2}\mu_0 I}{2R}$$

（8）如图 7-12 所示，无限长直导线在 P 处弯成半径为 R 的圆，当通过电流 I 时，在圆心 O 点的磁感应强度大小等于多少？

【答案：$\frac{\mu_0 I}{2R}\left(1-\frac{1}{\pi}\right)$】

详解：无限长直导线在圆心 O 点产生的磁感应强度大小为

$$B_1=\frac{\mu_0 I}{2\pi R}$$

其方向垂直纸面向外。

半径为 R 的圆电流在圆心 O 点产生的磁感应强度大小为

$$B_2=\frac{\mu_0 I}{2R}$$

其方向垂直纸面向内。

由于 $B_2>B_1$，因此 O 点的磁感应强度大小为

$$B=B_2-B_1=\frac{\mu_0 I}{2R}-\frac{\mu_0 I}{2\pi R}=\frac{\mu_0 I}{2R}\left(1-\frac{1}{\pi}\right)$$

其方向垂直纸面向内。

（9）如图 7-13（a）所示，有一个无限长通电扁平铜片，宽度为 d，厚度不计，电流 I 在铜片上均匀分布，在铜片外与铜片共面、离铜片上边缘为 r 的一点 P 点的磁感应强度大小为多少？

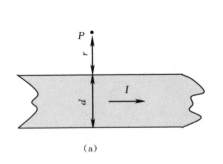
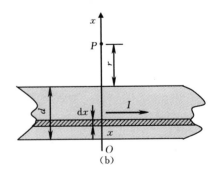

图 7-13

【答案：$\frac{\mu_0 I}{2\pi d}\ln\frac{r+d}{r}$】

详解：建立如图 7-13（b）所示的坐标系，在无限长通电扁平铜片上取与电流方向平行的无限长微分条，该微分条的宽度为 $\mathrm{d}x$，到 O 点的距离为 x，其中的电流为

$$\mathrm{d}I=\frac{I}{d}\mathrm{d}x$$

微分电流在 P 点产生的磁感应强度大小为

$$dB = \frac{\mu_0 \, dI}{2\pi(r+d-x)} = \frac{\mu_0 I \, dx}{2\pi d(r+d-x)}$$

其方向垂直纸面向外。

由于各个微分电流在 P 点产生的磁感应强度方向都相同，因此，P 点的磁感应强度大小为

$$B = \frac{\mu_0 I}{2\pi d}\int_0^d \frac{dx}{r+d-x} = \frac{\mu_0 I}{2\pi d}\ln\frac{r+d}{r}$$

方向垂直纸面向外。

（10）如图 7-14（a）所示，将同样的几根导线焊成立方体，并在其对顶角 M、N 上接电源，则立方体框架中的电流在其中心处所产生的磁感应强度大小等于多少？

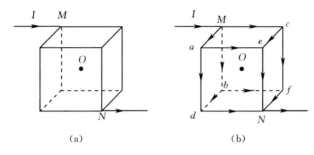

图 7-14

【答案：0】

详解：两条半无限长通电导线在 O 点产生的磁感应强度大小相等方向相反，互相抵消。

对题目中的电路做对称性分析得到各边中的电流方向如图 7-14（b）所示。此外我们还发现，Ma、Mb、Mc 在分配电流时是等价的，它们中的电流均等于 $I/3$；同理，dN、eN、fN 中的电流也都等于 $I/3$。另外，ad、ae、bd、bf、ce、cf 六条边中，没有哪一条边的位置更特殊一些，它们中的电流应该相等，均等于 $I/6$。

在所有这些电流中，Ma 和 fN、Mb 和 eN、Mc 和 dN、ad 和 cf、ae 和 bf、bd 和 ce 中的电流在 O 点产生的磁感应强度大小相等方向相反，一一互相抵消。因此，O 点的总磁感应强度等于 0。

3. 安培环路定理

（1）无限长载流空心圆柱导体的内外半径分别为 a 和 b，电流在导体截面上均匀分布，试定性地画出空间各处的磁感应强度大小与场点到圆柱中心轴线的距离 r 之间的关系曲线。

【答案：见题解图】

详解：以圆柱导体的轴线为轴、以 r 为半径做圆，沿着该圆做环路积分，得

$$\oint_L \vec{B} \cdot d\vec{l} = 2\pi r B$$

由安培环路定理得

$$2\pi rB = \mu_0 \sum I_i$$

即

$$B = \frac{\mu_0 \sum I_i}{2\pi r}$$

当 $r \leqslant a$ 时，$\sum I_i = 0$，因此

$$B = 0 \quad (r \leqslant a)$$

当 $a < r \leqslant b$ 时

$$\sum I_i = \pi(r^2 - a^2)J$$

因此

$$B = \frac{\mu_0 \pi(r^2 - a^2)J}{2\pi r} = \frac{1}{2}\mu_0 J \frac{r^2 - a^2}{r} \quad (a < r \leqslant b)$$

当 $r > b$ 时，$\sum I_i = I$，因此

$$B = \frac{\mu_0 I}{2\pi r} \quad (r > b)$$

因此，无限长载流空心圆柱内的磁感应强度分布曲线如图 7-15 所示。

注意：在 $a < r \leqslant b$ 范围内，曲线是上凸的。这段曲线的斜率为

$$\frac{dB}{dr} = \frac{1}{2}\mu_0 J \left(1 + \frac{a^2}{r^2}\right)$$

即随着 r 的增大，曲线的斜率在减小。

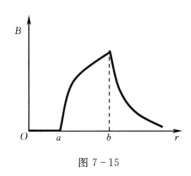

图 7-15

（2）如图 7-16（a）所示，六根无限长导线相互绝缘，每根导线通过的电流均为 I，区域①、②、③、④均为相等的正方形，其中哪一个区域指向纸面内的磁通量最大？

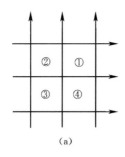
（a）

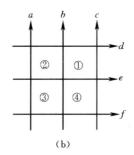
（b）

图 7-16

【答案：区域④】

详解： 如图 7-16（b）所示，以 a、b、c、d、e、f 区别六根无限长导线，取向内为各个正方形的正法线方向。依题意得各导线在各区域产生的磁通量分别为

$$\Phi_{a(1)} = +\Phi_2, \quad \Phi_{a(2)} = +\Phi_1, \quad \Phi_{a(3)} = +\Phi_1, \quad \Phi_{a(4)} = +\Phi_2$$

$$\Phi_{b(1)} = +\Phi_1, \quad \Phi_{b(2)} = -\Phi_1, \quad \Phi_{b(3)} = -\Phi_1, \quad \Phi_{b(4)} = +\Phi_1$$

$$\Phi_{c(1)} = -\Phi_1, \quad \Phi_{c(2)} = -\Phi_2, \quad \Phi_{c(3)} = -\Phi_2, \quad \Phi_{c(4)} = -\Phi_1$$

$$\Phi_{d(1)} = +\Phi_1, \quad \Phi_{d(2)} = +\Phi_1, \quad \Phi_{d(3)} = +\Phi_2, \quad \Phi_{d(4)} = +\Phi_2$$

$$\Phi_{e(1)}=-\Phi_1, \quad \Phi_{e(2)}=-\Phi_1, \quad \Phi_{e(3)}=+\Phi_1, \quad \Phi_{e(4)}=+\Phi_1$$

$$\Phi_{f(1)}=-\Phi_2, \quad \Phi_{f(2)}=-\Phi_2, \quad \Phi_{f(3)}=-\Phi_1, \quad \Phi_{f(4)}=-\Phi_1$$

其中，Φ_1、Φ_2 分别为通过距离某导线近、远的那个正方形的磁通量。

通过各个正方形的磁通量分别为

$$\Phi_{(1)}=\Phi_2+\Phi_1-\Phi_1+\Phi_1-\Phi_1-\Phi_2=0$$

$$\Phi_{(2)}=\Phi_1-\Phi_1-\Phi_2+\Phi_1-\Phi_1-\Phi_2=-2\Phi_2$$

$$\Phi_{(3)}=\Phi_1-\Phi_1-\Phi_2+\Phi_2+\Phi_1-\Phi_1=0$$

$$\Phi_{(4)}=\Phi_2+\Phi_1-\Phi_1+\Phi_2+\Phi_1-\Phi_1=2\Phi_2$$

可见，符合题意的是区域④。

（3）在图 7-17 中，在真空中有一个圆形回路 L，其中包围电流 I_1、I_2，环路积分 $\oint_L \vec{B}\cdot\mathrm{d}\vec{l}=$？如果在 L 回路外再放置一个电流 I_3，上述环路积分的结果是否改变？两种情况下 P 点的磁感应强度是否相同？

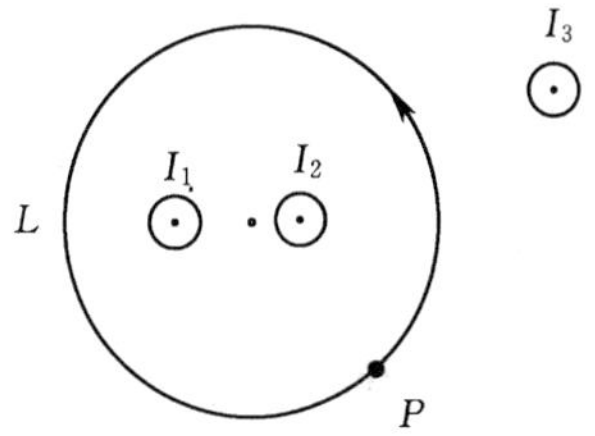

【答案：$\mu_0(I_1+I_2)$；不改变；不相同】

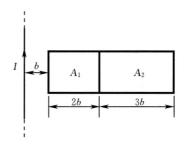

图 7-17

详解：由环路定理得

$$\oint_L \vec{B}\cdot\mathrm{d}\vec{l}=\mu_0(I_1+I_2)$$

由于磁感应强度的环路积分只与环路内包围的电流有关，因此在 L 回路外再放置一个电流 I_3，环路积分的结果不会改变。

在只有电流 I_1、I_2 存在的情况下，P 点的磁感应强度等于 I_1、I_2 在该点产生的磁感应强度矢量和，如果再增加一个电流 I_3，则 P 点的磁感应强度等于 I_1、I_2 和 I_3 在该点产生的磁感应强度矢量和，即这时 P 点的磁感应强度与原来不相同。

图 7-18

（4）图 7-18 中所示为一个无限长直圆筒，沿圆周方向上的面电流密度为 α，则圆筒内部的磁感应强度的大小等于多少？方向如何？

【答案：$\mu_0\alpha$；沿轴向向右】

详解：与载流无限长直螺线管类似，与公式 $B=\mu_0 nI$ 比较，面电流密度 α 与 nI 等价，因此，圆筒内部的磁感应强度大小为

$$B=\mu_0\alpha$$

方向沿轴向向右。

（5）如图 7-19 所示，在无限长直载流导线的右侧有面积为 A_1 和 A_2 的两个矩形回路。两个回路与长直载流导线在同一平面内，且矩形回路的一边与长直载流导线平行。则通过面积为 A_1 的矩形回路的磁通量与通过面积为 A_2 的矩形回路的磁通量之比等于多少？

【答案：$\ln 3：\ln 2$】

详解：设两个矩形回路的宽度均为 h，由《大学物理

图 7-19

（上册）》（石永锋、叶必卿，中国水利水电出版社，2011）7.1 思考与讨论的第 3 题的结果，得通过图中 A_1、A_2 面的磁通量分别为

$$\Phi_{m1}=\frac{\mu_0 Ih}{2\pi}\ln\frac{3b}{b}=\frac{\mu_0 Ih}{2\pi}\ln3$$

$$\Phi_{m2}=\frac{\mu_0 Ih}{2\pi}\ln\frac{6b}{3b}=\frac{\mu_0 Ih}{2\pi}\ln2$$

因此，通过矩形回路 A_1 的磁通量与通过矩形回路 A_2 的磁通量之比为

$$\frac{\Phi_{m1}}{\Phi_{m2}}=\frac{\ln3}{\ln2}$$

（6）如图 7-20 所示，将半径为 R 的无限长导体薄壁管沿轴向割去一条宽度为 $l(\ l\ll R)$ 的无限长狭缝后，再沿着轴向在管壁上加上均匀分布的电流，其面电流密度为 α，则管轴线上的磁感应强度大小是多少？

【答案：$B=\dfrac{\mu_0\alpha l}{2\pi R}$】

详解： 如果是完整的无限长均匀通电导体薄壁管，管轴线上的磁感应强度等于零。这时可以认为通电导体薄壁管是由许多沿管轴线方向的无限长等宽通电导线构成，由于对称的两条通电导线在管轴线上产生的磁感应强度一一抵消，因此，管轴线上的磁感应强度等于零。

在无限长导体薄壁管沿轴向割去一条宽度为 $l(\ l\ll R)$ 的无限长狭缝后，其对称位置处等宽的无通长通电窄条在管轴线上产生的磁感应强度不能被抵消，其大小为

$$B=\frac{\mu_0\alpha l}{2\pi R}$$

这即是管轴线上的磁感应强度大小。

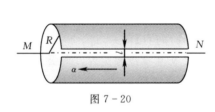

图 7-20

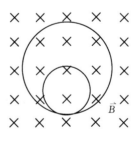

图 7-21

4. 恒定磁场对运动电荷的作用

（1）如图 7-21 所示，匀强磁场的磁感应强度垂直于纸面向内，两个带电粒子在该磁场中的运动轨迹如图 7-21 所示，这两个粒子的电荷是否一定同号？两粒子的动量大小是否一定不同？两粒子的运动周期是否一定不同？

【答案：电荷不一定同号；动量大小不一定不同；运动周期不一定不同】

详解： 不论是正电荷还是负电荷，只要它们受到的磁场力指向圆心，都会形成如图 7-21 所示的运动轨迹，因此这两个粒子的电荷不一定同号。

由回旋半径公式为

$$R = \frac{mv}{qB}$$

得带电粒子的动量大小为

$$mv = qBR$$

可见，在磁感应强度大小 B 一定的情况下，带电粒子的动量大小由电荷 q 和回旋半径 R 的乘积确定，由于电荷 q 的大小无法确定，因此，带电粒子的动量大小也无法确定，即两粒子的动量大小不一定不同。

由回旋周期公式为

$$T = \frac{2\pi m}{qB}$$

可知，在磁感应强度大小 B 一定的情况下，带电粒子的回旋周期由荷质比 q/m 确定，由于荷质比的大小无法确定，因此，两粒子的运动周期也无法确定，即两粒子的运动周期不一定不同。

（2）一个动量大小为 p 的电子，沿着图 7-22（a）所示的方向入射到磁感应强度为 $\vec{B}$ 的均匀磁场中，并从磁场的另一端穿出。已知磁场区域的宽度为 L，方向垂直纸面向里。该电子出射方向与入射方向间的夹角 φ 等于多少？

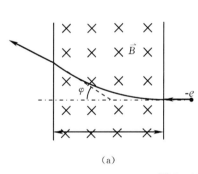
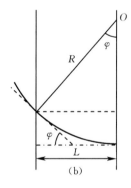

图 7-22

【答案：$\varphi = \arcsin \dfrac{eBL}{p}$】

详解：依题意得示意图如图 7-22（b）所示。由图中的几何关系得

$$\varphi = \arcsin \frac{L}{R}$$

其中，R 为电子的回旋半径，其表达式为

$$R = \frac{mv}{eB} = \frac{p}{eB}$$

因此，电子出射方向与入射方向间的夹角为

$$\varphi = \arcsin \frac{eBL}{p}$$

（3）按照玻尔的氢原子理论，电子在以质子为中心、半径为 r 的圆形轨道上运动。如果将这样一个原子放在均匀的外磁场 $\vec{B}$ 中，使电子轨道平面与外磁场垂直，如图 7-23 所示，则在 r 保

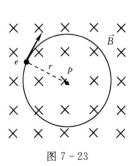

图 7-23

持不变的情况下，电子轨道运动的角速度将如何变化？

【答案：增大】

详解： 电子在以质子为中心、做半径为 r 的圆周运动的向心力是库仑力。如果将原子放在如图所示的均匀外磁场中时，电子受到的洛伦兹力的方向沿半径指向圆心。即此时电子受到的向心力增大了，由牛顿定律得

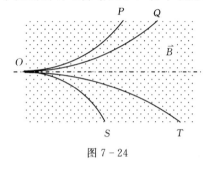

图 7-24

$$F = mr\omega^2$$

可见，在轨道半径 r 保持不变的情况下，向心力 F 增大必然导致电子轨道运动的角速度增大。

（4）图 7-24 所示为四个带电粒子自 O 点沿相同方向垂直于磁感线射入均匀磁场后的偏转轨迹照片。磁场方向垂直纸面向外，轨迹所对应的四个粒子的质量相等，电量也相等，则其中动能最大的带正电的粒子的轨迹是哪一条？

【答案：OT】

详解： 由洛伦兹力公式可知，形成轨迹 OS、OT 的粒子带正电。

由回旋半径公式

$$R = \frac{mv}{qB}$$

得带电粒子的动量为

$$mv = qBR$$

因此，带电粒子的动能为

$$E_k = \frac{(mv)^2}{2m} = \frac{(qBR)^2}{2m}$$

在 q、B、m 一定的情况下，回旋半径 R 大的粒子的动能大。即形成轨迹 OT 的正带电粒子的动能大。

（5）α 粒子与质子 p 以相同的速率垂直于磁场方向入射到均匀磁场中，它们各自做圆周运动的半径比 R_α / R_p 和周期比 T_α / T_p 分别等于多少？

【答案：2；2】

详解： 设质子的质量和电量分别为 m_0 和 e，则 α 粒子的质量和电量分别为 $m = 4m_0$ 和 $q = 2e$。α 粒子和质子的运动半径分别为

$$R_\alpha = \frac{mv}{qB}, \quad R_p = \frac{m_0 v}{eB}$$

依题意得它们各自做圆周运动的半径比为

$$\frac{R_\alpha}{R_p} = \frac{m}{m_0} \frac{e}{q} = 2$$

α 粒子和质子的回旋周期分别为

$$T_\alpha = \frac{2\pi m}{qB}, \quad T_p = \frac{2\pi m_0}{eB}$$

依题意得它们各自做圆周运动的周期之比为

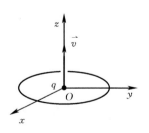

图 7-25

$$\frac{T_a}{T_p} = \frac{m}{m_0} \frac{e}{q} = 2$$

（6）如图 7-25 所示，一个半径为 R、通有电流为 I 的圆形回路位于 xOy 平面内，O 点为圆心。一个带正电荷 q 的粒子以速度 $\vec{v}$ 沿 z 轴正方向运动，当该带电粒子恰好通过 O 点时，圆形回路受到的力的大小等于多少？带电粒子受到的力的大小又等于多少？

【答案：0；0】

详解： 通过 O 点的运动正电荷在 xOy 平面上产生的磁场的磁感应线是以 O 点为圆心的闭合同心圆，由于圆电流各点的电流方向与磁场方向平行，因此，圆电流受到运动正电荷的磁场力等于 0。

圆电流在 O 点产生的磁场方向与 z 轴平行，即运动正电荷的速度方向与磁场方向平行，因此，带电粒子受到的磁场力的大小等于 0。

（7）如图 7-26 所示，截面积为 S、截面形状为矩形的直金属条中通有电流 I。金属条放在磁感应强度为 $\vec{B}$ 的匀强磁场中，$\vec{B}$ 的方向垂直于金属条的前、后侧面。已知金属中单位体积内载流子数为 n，则在图示情况下金属条的上侧面将积累正电荷还是负电荷？载流子所受的洛伦兹力大小等于多少？

【答案：负电荷；$F = \dfrac{IB}{nS}$】

详解： 由洛伦兹力公式 $\vec{F} = q\vec{v} \times \vec{B}$ 可以判断出，金属条中的电子受磁场力的方向向上，因此，金属条的上侧面将积累负电荷。

由洛伦兹力公式得

$$F = evB$$

电流强度的表达式为

$$I = nevS$$

因此，载流子所受的洛伦兹力大小为

$$F = \frac{IB}{nS}$$

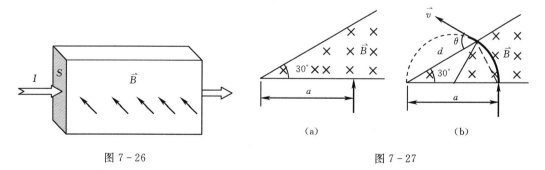

图 7-26　　　　　　　　　　　　　　　图 7-27

（8）如图 7-27（a）所示，一个顶角为 30° 的扇形区域内有垂直纸面向内的均匀磁场 $\vec{B}$。有一个质量为 m、电荷为 q 的带正电的粒子，从一个边界上距顶点为 a 的点以速率 $v = \dfrac{qBa}{2m}$ 垂直于该边界射入磁场，则粒子从另一边界上射出，射出点与顶点的距离为多少？

粒子出射方向与该边界的夹角为多大？

【答案：$d=\dfrac{\sqrt{3}}{2}a$；$60°$**】**

详解： 带电粒子的轨道半径为

$$R=\frac{mv}{qB}=\frac{m}{qB}\frac{qBa}{2m}=\frac{1}{2}a$$

因此，带电粒子运动的轨迹如图 7 - 27 （b）所示。则粒子从另一边界射出时的射出点与顶点的距离为

$$d=a\cos30°=\frac{\sqrt{3}}{2}a$$

粒子出射方向与该边界的夹角为

$$\theta=90°-30°=60°$$

（9）电子在磁感应强度为 $\vec{B}$ 的均匀磁场中沿半径为 R 的圆周运动，已知电子的电量为 e，电子的质量为 m_e。则电子运动所形成的等效圆电流强度等于多少？等效圆电流的磁矩大小等于多少？

【答案：$\dfrac{e^2B}{2\pi m_e}$；$\dfrac{e^2BR^2}{2m_e}$**】**

详解： 电子在磁感应强度为 $\vec{B}$ 的均匀磁场中做圆周运动形成的等效圆电流强度为

$$I=\frac{e}{T}=\frac{e}{2\pi m_e/eB}=\frac{e^2B}{2\pi m_e}$$

等效圆电流的磁矩大小为

$$p_m=IS=\frac{e^2B}{2\pi m_e}\pi R^2=\frac{e^2BR^2}{2m_e}$$

（10）已知电子的质量为 m，电量为 e，以速度 $\vec{v}$ 飞入磁感应强度为 $\vec{B}$ 的匀强磁场中，$\vec{v}$ 与 $\vec{B}$ 之间的夹角为 α。电子做螺旋运动，其螺旋线的螺距等于多少？回旋半径等于多少？

【答案：$\dfrac{2\pi mv\cos\alpha}{eB}$；$\dfrac{mv\sin\alpha}{eB}$**】**

详解： 将电子的速度分解为与磁感应强度平行的分量和垂直的分量，得

$$v_{//}=v\cos\alpha,\quad v_{\perp}=v\sin\alpha$$

电子做螺旋运动的回旋半径为

$$R=\frac{mv_{\perp}}{eB}=\frac{mv\sin\alpha}{eB}$$

电子做螺旋运动的回旋周期为

$$T=\frac{2\pi R}{v_{\perp}}=\frac{2\pi m}{qB}$$

因此，电子做螺旋运动的螺旋线的螺距为

$$h=v_{//}T=\frac{2\pi mv\cos\alpha}{eB}$$

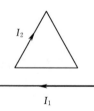

图 7 - 28

5. 磁场对电流的作用

（1）如图 7 - 28 所示，无限长直载流导线与正三角形载流线圈

在同一平面内，如果长直导线固定不动，则载流三角形线圈将会怎样运动？

【答案：向着长直导线平移】

详解： 正三角形载流线圈的磁矩方向垂直纸面向内，无限长直载流导线在其上方平面处产生的磁场方向也垂直纸面向内，因此，载流线圈不会发生转动。

三角形载流线圈的下底边受力方向向下；左右两边受的合力方向向上，但比底边受力小。三角形载流线圈受合力方向向下。

因此，三角形载流线圈在向下的合力作用下向着长直导线平移。

（2）如图 7-29（a）所示，长直载流导线 ab 和 cd 相互垂直，它们之间的距离为 L，ab 固定不动，cd 能绕中点 O 转动，并能靠近或离开 ab。当通过如图所示的电流时，导线 cd 将会怎样运动？

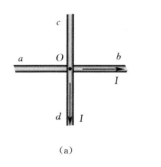

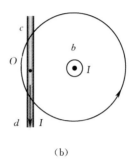

（a）　　　　　　　　　　　　　　　（b）

图 7-29

【答案：逆时针转动同时靠近 ab】

详解： 图 7-29（b）是图 7-29（a）的右视图。由安培力公式容易判断出，长直载流导线 cd 的 cO 段受力方向垂直纸面向内，Od 段受力方向垂直纸面向外，即在图 7-29（a）中看，长直载流导线 cd 将绕过 O 点且与纸面垂直的轴做逆时针转动。

导线 cd 转动后，其各点的电流元将存在与 ab 中电流同向的分量，它们在 ab 电流磁场的作用下向着导线 ab 运动。

总之，在长直载流导线 ab 电流磁场的作用下，将逆时针转动同时靠近 ab。

（3）如图 7-30 所示，三条无限长直导线等间距地并排安放，导线 Ⅰ、Ⅱ、Ⅲ 分别载有 2A、4A、6A 的同方向电流。由于磁相互作用的结果，导线 Ⅰ、Ⅱ、Ⅲ 单位长度上分别受力 $\vec{F}_1$、$\vec{F}_2$ 和 $\vec{F}_3$。$\vec{F}_1$、$\vec{F}_2$ 和 $\vec{F}_3$ 三者大小的比值等于多少？

【答案：7∶8∶15】

详解： 设导线之间的距离为 r。导线 Ⅱ、Ⅲ 在导线 Ⅰ 处产生的磁感应强度大小分别为

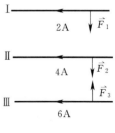

$$B_{21}=\frac{\mu_0 I_2}{2\pi r}, \quad B_{31}=\frac{\mu_0 I_3}{4\pi r}$$

它们的方向均垂直纸面向里。因此，导线 Ⅰ 单位长度上受力大小为

$$F_1=(B_{21}+B_{31})I_1=\frac{\mu_0(2I_2+I_3)I_1}{4\pi r}$$

图 7-30

导线 Ⅰ、Ⅲ 在导线 Ⅱ 处产生的磁感应强度大小分别为

$$B_{12}=\frac{\mu_0 I_1}{2\pi r}, \quad B_{32}=\frac{\mu_0 I_3}{2\pi r}$$

$\vec{B}_{12}$ 的方向垂直纸面向外，$\vec{B}_{32}$ 的方向垂直纸面向里。由于 $B_{32}>B_{12}$，因此，导线 Ⅱ 单位长度上受力大小为

$$F_2=(B_{32}-B_{12})I_2=\frac{\mu_0(I_3-I_1)I_2}{2\pi r}$$

导线 Ⅰ、Ⅱ 在导线 Ⅲ 处产生的磁感应强度大小分别为

$$B_{13}=\frac{\mu_0 I_1}{4\pi r}, \quad B_{23}=\frac{\mu_0 I_2}{2\pi r}$$

它们的方向均垂直纸面向外。因此，导线 Ⅲ 单位长度上受力大小为

$$F_3=(B_{13}+B_{23})I_3=\frac{\mu_0(I_1+2I_2)I_3}{4\pi r}$$

三个力大小的比值为

$$F_1:F_2:F_3=(2I_2+I_3)I_1:2(I_3-I_1)I_2:(I_1+2I_2)I_3=7:8:15$$

（4）如图 7-31 所示，一根长为 l 的导线 ab 用软线悬挂在磁感应强度为 $\vec{B}$ 的匀强磁场中，电流方向从 a 到 b。此时悬线张力不为零（即安培力与重力不平衡）。想使 ab 导线与软线连接处张力为零可以采取哪些措施？

【答案：增大磁感应强度大小或增大电流强度】

详解： 导线 ab 受的重力方向向下，安培力方向向上。题目中说安培力与重力不平衡，悬线张力不为零，说明重力大于安培力。由于安培力的大小为

$$F=BIL$$

因此，为使软线中的张力为零，应该增大安培力，即适当地增大磁感应强度大小或适当增大电流强度。

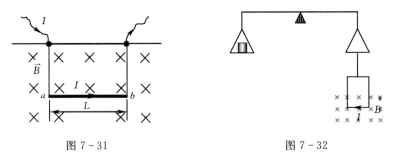

图 7-31　　　　　　　　　　　　　　图 7-32

（5）图 7-32 所示为测定水平方向匀强磁场的磁感应强度 $\vec{B}$ 的实验装置。L 是位于竖直平面内且横边水平的矩形多匝线圈。线圈挂在天平的右盘下，框的下端横边位于待测磁场中。在线圈没有通电时，将天平调节平衡；通电以后，由于磁场对线圈的作用力而破坏了天平的平衡，必须在天平左盘中加砝码 m 才能使天平重新平衡。如果待测磁场的磁感应强度变为原来的四倍，而通过线圈的电流变为原来的一半，磁场方向和电流方向均保持不变，则要使天平重新平衡，其左盘中加的砝码质量应该为 m 的几倍？

【答案：2 倍】

详解：依题意，通电以后天平平衡的条件为

$$mg = BIl$$

其中，l 为矩形线圈底边的长度。

设改变磁感应强度大小和电流强度后，使天平重新平衡左盘中加的砝码质量为 M，依题意得平衡条件为

$$Mg = 4B \times \frac{1}{2} Il = 2BIl$$

比较以上两式得

$$M = 2m$$

即这时左盘中加的砝码质量等于 $2m$。

（6）如图 7-33 所示，一根载流导线被弯成半径为 R 的 1/4 圆弧，放在磁感应强度为 B 的均匀磁场中，该载流圆弧导线 ab 所受磁场的作用力的大小为多少？方向如何？

【答案：$\sqrt{2}BIR$；沿 x 轴负方向】

详解：从 a 点到 b 点做一条线段，使其中通有电流 I，载流圆弧导线 ab 所受的磁场力与直载流导线 ab 受力相同。其大小为

$$F = \sqrt{2}BIR$$

方向沿 x 轴负方向。

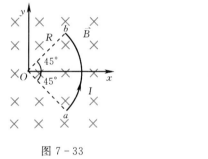

图 7-33   图 7-34

（7）如图 7-34 所示，半径为 R 的半圆形线圈通有电流 I。线圈处在与线圈平面平行向右的均匀磁场 B 中。则线圈所受磁力矩的大小为多少？方向如何？将线圈绕 MN 轴转过多少角度时，磁力矩恰好为零？

【答案：$\frac{1}{2}\pi R^2 IB$，沿 NM 方向；$n\pi + \frac{1}{2}\pi$，$n = 0$，± 1，± 2，$\cdots$】

详解：载流线圈的磁矩方向垂直纸面向外，其大小为

$$P_m = IS = \frac{1}{2}\pi R^2 I$$

由于磁场方向与载流线圈的磁矩方向垂直，因此，载流线圈所受磁力矩的大小为

$$M_m = P_m B = \frac{1}{2}\pi R^2 IB$$

其方向沿 NM 方向。

由式 $M_m = P_m B \sin\theta$ 可知，当载流线圈从图示位置转过

$$n\pi + \frac{1}{2}\pi, \quad n = 0, \pm1, \pm2, \cdots$$

角度时，磁力矩恰好为零。

（8）某电子以 $2.40 \times 10^6 \, \text{m/s}$ 的速率垂直磁感应线射入磁感应强度为 2.50T 的均匀磁场中，则该电子的轨道磁矩为多少？其方向与磁场方向的夹角等于多少？

【答案：$1.05 \times 10^{-18} \, \text{Am}^2$ ；π】

详解：电子做圆周运动的半径为

$$R = \frac{mv}{eB}$$

电子做圆周运动的等效电流为

$$I = \frac{e}{2\pi m / eB} = \frac{e^2 B}{2\pi m}$$

因此，从电子的轨道磁矩为

$$P_m = IS = I\pi R^2 = \frac{e^2 B}{2\pi m} \pi \left(\frac{mv}{eB}\right)^2 = \frac{mv^2}{2B}$$

由于电子的质量 $m = 9.11 \times 10^{-31} \, \text{kg}$，该电子的轨道磁矩为

$$P_m = 1.05 \times 10^{-18} \, \text{Am}^2$$

其方向与磁场方向的夹角等于 π。

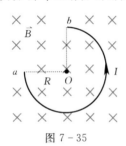

图 7-35

（9）如图 7-35 所示，在真空中有一个半径为 R 的 3/4 的圆弧形导线，其中通以稳恒电流 I，导线置于均匀外磁场 $\vec{B}$ 中，且 $\vec{B}$ 与导线所在平面垂直。则该圆弧形载流导线所受磁力大小为多少？

【答案：$\sqrt{2}BIR$】

详解：从 a 点到 b 点做一条线段，使其中通有电流 I，载流 3/4 圆弧导线所受的磁场力与直载流导线 ab 受力相同。其大小为

$$F = \sqrt{2}BIR$$

（10）如图 7-36（a）所示，在粗糙的斜面上放有一根长为 l 的木制圆柱，已知圆柱的质量为 m，上面绕有 N 匝导线，圆柱体的轴线位于导线回路平面内，整个装置处于磁感应强度大小为 B、方向竖直向上的均匀磁场中。如果绕组的平面与斜面平行，则当通过回路的电流等于多少时，圆柱体可以稳定在斜面上不滚动？

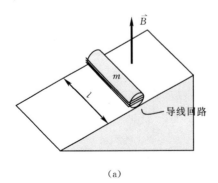
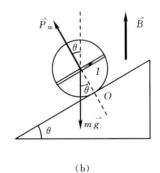

（a）   （b）

图 7-36

【答案：$\dfrac{mg}{2NlB}$】

详解： 依题意的如图 7 – 36（b）所示的示意图。设木制圆柱的半径为 R，斜面与水平面的夹角为 θ，则重力对圆柱与斜面的接触点 O 的力矩为

$$M_G = mgR\sin\theta$$

方向垂直纸面向外。

为使圆柱体稳定在斜面上不滚动，矩形线圈中必须通过如图 7 – 36（b）所示方向的电流，载流线圈的磁矩为

$$P_{\mathrm{m}} = NIS = 2NIRl$$

其方向垂直线圈平面。磁场对该载流线圈作用的磁力矩大小为

$$M_{\mathrm{m}} = P_{\mathrm{m}}B\sin\theta = 2NIRlB\sin\theta$$

方向垂直纸面向内。

圆柱体稳定在斜面上不滚动的条件为

$$mgR\sin\theta = 2NIRlB\sin\theta$$

解之得通过回路的电流为

$$I = \frac{mg}{2NlB}$$

三、课后习题解答

（1）如图 7 – 37 所示，已知均匀磁场的磁感应强度大小为 2.0 Wb/m²，方向沿 y 轴正方向。试求通过图中三角柱体五个侧面的磁通量。

解： 在匀强磁场中通过平面的磁通量为

$$\Phi = \vec{B}\cdot\vec{S} = BS\cos\theta$$

由于平面 aOb、dce 和 $bOce$ 的法线方向都与磁场垂直，$\cos 90° = 0$，因此通过这三个平面的磁通量为 0。

由于 $\vec{B} = 2.0\,\vec{j}\ \mathrm{Wb\cdot m^2}$，因此通过平面 $aOcd$ 磁通量为

$$\Phi_{aOcd} = -BS_{aOcd} = -2.0\times0.3\times0.4 = -0.24\ (\mathrm{Wb})$$

由磁场中的高斯定理 $\oint_S \vec{B}\cdot\mathrm{d}\vec{S} = 0$ 得

$$\Phi_{abed} = -\Phi_{aOcd} = 0.24\ (\mathrm{Wb})$$

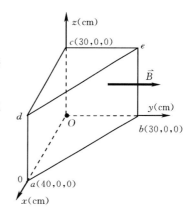

图 7 – 37

（2）如图 7 – 38 所示，一条长度为 l 的柔软无弹性细绳的一端固定在 O 点，另一端系着长度为 a 刚性细杆 MN，细杆带有电荷线密度为 λ 的均匀电荷，绳、杆装置可以绕过 O 点的轴以角速度 ω 在水平面内匀速转动。求 O 点的磁感应强度 $\vec{B}_0$ 和系统的磁矩 $\vec{p}_{\mathrm{m}}$。

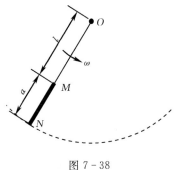

图 7 - 38

解： 在细杆 MN 上、距 O 点为 r 处取长度为 $\mathrm{d}r$ 的微分元，其中所带电荷为 $\mathrm{d}q = \lambda\mathrm{d}r$，它旋转时形成圆电流。其等效电流为

$$\mathrm{d}I = \frac{\omega}{2\pi}\mathrm{d}q = \frac{\lambda\omega}{2\pi}\mathrm{d}r$$

该电流在 O 点产生的磁感应强度大小为

$$\mathrm{d}B_0 = \frac{\mu_0\mathrm{d}I}{2r} = \frac{\lambda\omega\mu_0}{4\pi}\frac{\mathrm{d}r}{r}$$

因此，O 点的磁感应强度大小为

$$B_0 = \int_L \mathrm{d}B_0 = \frac{\lambda\omega\mu_0}{4\pi}\int_l^{l+a}\frac{\mathrm{d}r}{r} = \frac{\lambda\omega\mu_0}{4\pi}\ln\frac{l+a}{l}$$

磁感应强度方向垂直纸面向外。

又微分电流在 O 点产生的磁矩大小为

$$\mathrm{d}P_m = \pi r^2\mathrm{d}I = \frac{1}{2}\lambda\omega r^2\mathrm{d}r$$

因此，O 点的磁矩大小为

$$P_m = \int_L \mathrm{d}P_m = \int_l^{l+a}\frac{1}{2}\lambda\omega r^2\mathrm{d}r = \frac{1}{6}\lambda\omega\left[(l+a)^3 - l^3\right]$$

磁矩方向垂直纸面向外。

（3）如图 7 - 39 所示，平面闭合回路由半径为 R_1 和 R_2（$R_1 > R_2$）的两个同心半圆弧和两个直导线段组成。已知闭合载流回路在两半圆弧中心 O 处产生的总的磁感应强度 B 与半径为 R_2 的半圆弧在 O 点产生的磁感应强度 B_2 的关系为 $B = 2B_2/3$，求 R_1 与 R_2 的关系。

解： 半径为 R_1 和 R_2 的载流半圆弧在 O 点产生的磁感应强度分别为

$$B_1 = \frac{\mu_0 I}{4R_1},\quad B_2 = \frac{\mu_0 I}{4R_2}$$

由于 $R_1 > R_2$，因此 $B_1 < B_2$，故 O 点的磁感应强度大小为

$$B = B_2 - B_1 = \frac{\mu_0 I}{4R_2} - \frac{\mu_0 I}{4R_1}$$

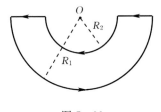

图 7 - 39

依题意

$$B = \frac{2}{3}B_2 = \frac{\mu_0 I}{6R_2}$$

因此

$$\frac{\mu_0 I}{4R_2} - \frac{\mu_0 I}{4R_1} = \frac{\mu_0 I}{6R_2}$$

解之得

$$R_1 = 3R_2$$

（4）一个多层密绕螺线管的内半径为 R_1、外半径为 R_2、长为 $2l$，设该螺线管的总匝数为 N，导线很细，每匝线圈中通过的电流为 I，求螺线管中心 O 点的磁感应强度。

解： 首先计算单层通电螺线管轴线上的磁感应强度。

设单层螺线管的长度为 $2l$，半径为 r，线圈匝密度为 n。如图 $7-40$（a）所示。在距离考察点 P 为 x 处取宽度为 $\mathrm{d}x$ 的元线圈，其中的电流为 $nI\mathrm{d}x$，它在 P 点产生的磁感应强度大小为

$$\mathrm{d}B=\frac{\mu_0}{2}\frac{rnI\mathrm{d}x}{s^2}\sin\theta$$

各个元线圈在 P 点产生的磁感应强度方向相同。

由图 $7-40$（a）中的几何关系容易得到

$$x=r\cot\theta,\quad \sin\theta=\frac{r}{s}$$

由此解得

$$\mathrm{d}x=-\frac{r}{\sin^2\theta}\mathrm{d}\theta,\quad \frac{1}{s}=\frac{\sin\theta}{r}$$

因此

$$\mathrm{d}B=\frac{\mu_0 rnI}{2}\left(\frac{\sin\theta}{r}\right)^2\sin\theta\left(-\frac{r}{\sin^2\theta}\mathrm{d}\theta\right)=-\frac{\mu_0}{2}nI\sin\theta\mathrm{d}\theta$$

整个单层通电螺线管轴线上 P 点的磁感应强度大小为

$$B=-\frac{\mu_0}{2}nI\int_{\theta_1}^{\theta_2}\sin\theta\mathrm{d}\theta=\frac{1}{2}\mu_0 nI(\cos\theta_2-\cos\theta_1)$$

P 点磁感应强度方向与电流方向成右手螺旋关系。

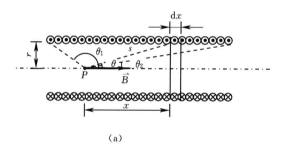
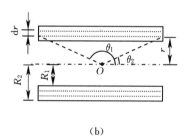

（a）　　　　　　　　　　（b）

图 $7-40$

然后求多层密绕螺线管中心 O 点的磁感应强度。

如图 $7-40$（b）所示，在螺线管中取半径为 r，厚为 $\mathrm{d}r$ 的绕线薄层，相当于一个单层螺线管，它在中心 O 处产生的磁感应强度大小为

$$\mathrm{d}B=\frac{1}{2}\mu_0\frac{N\mathrm{d}r}{2l(R_2-R_1)}I(\cos\theta_2-\cos\theta_1)=\frac{\mu_0 NI\mathrm{d}r}{4l(R_2-R_1)}(\cos\theta_2-\cos\theta_1)$$

其中

$$\cos\theta_2-\cos\theta_1=2\cos\theta_2=\frac{2l}{\sqrt{l^2+r^2}}$$

因此

$$\mathrm{d}B=\frac{\mu_0 NI\mathrm{d}r}{2(R_2-R_1)\sqrt{l^2+r^2}}$$

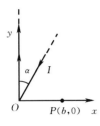

图 7-41

螺线管中心 O 点的磁感应强度大小为

$$B = \frac{\mu_0 NI}{2(R_2 - R_1)} \int_{R_1}^{R_2} \frac{dr}{\sqrt{l^2 + r^2}} = \frac{\mu_0 NI}{2(R_2 - R_1)} \ln \frac{R_2 + \sqrt{R_2^2 + l^2}}{R_1 + \sqrt{R_1^2 + l^2}}$$

O 点磁感应强度方向与电流方向成右手螺旋关系。

（5）如图 7-41 所示，无限长直导线在某处折成 V 形，顶角为 α，置于 xy 平面内，一个角边与 y 轴重合。当导线中有电流 I 时，x 轴上一点 $P(b, 0)$ 处的磁感应强度大小等于多少？

解： 与 y 轴重合的导线在 P 点产生的磁感应强度大小为

$$B_1 = \frac{\mu_0 I}{4\pi b}$$

其方向垂直纸面向里。

倾斜导线在 P 点产生的磁感应强度大小为

$$B_2 = \frac{\mu_0 I}{4\pi b \cos\alpha} \ (1 + \sin\alpha)$$

其方向垂直纸面向外。

因此，P 点的总磁感应强度大小为

$$B = B_2 - B_1 = \frac{\mu_0 I}{4\pi b \cos\alpha}(1 + \sin\alpha - \cos\alpha)$$

总磁感应强度的方向垂直纸面向外。

（6）如图 7-42 所示，一个扇形薄片的半径为 R，张角为 φ，其上均匀分布电荷面密度为 σ 的正电荷，薄片绕过顶角 O 点且垂直于薄片的轴转动，角速度为 ω，求 O 点处的磁感应强度。

解： 在扇形上选择一个距 O 点为 r、宽度为 dr 的面积元，其面积为

$$dS = r\varphi dr$$

面积元上的电荷为

$$dq = \sigma dS = \sigma r\varphi dr$$

薄片转动时，面积元形成的等效电流为

$$dI = \frac{\omega}{2\pi} dq$$

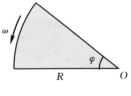

图 7-42

等效电流在 O 点产生的磁感应强度大小为

$$dB = \frac{\mu_0 dI}{2r} = \frac{\mu_0 dq\omega}{4\pi r} = \frac{\mu_0 \sigma\varphi\omega}{4\pi} dr$$

因此，O 点的总磁感应强度大小为

$$B = \int_0^R \frac{\mu_0 \sigma\varphi\omega}{4\pi} dr = \frac{\mu_0 \sigma\varphi\omega R}{4\pi}$$

总磁感应强度的方向垂直纸面向外。

（7）在如图 7-43（a）所示的平面螺旋线中，螺旋线被限制在半径为 a 和 b 的两圆之间，共有 N 圈，每圈中通过电流强度为 I 的电流，求在螺旋线中点的磁感应强度的大小。

[提示：螺旋线的极坐标方程为 $r=k\theta+c$，其中，k、c 为待定系数]

解： 如图 7 - 43（b）所示，在螺旋线上取电流元 $Id\vec{l}$，它在中心 O 处产生的磁感应强度为

$$d\vec{B}=\frac{\mu_0}{4\pi}\frac{Id\vec{l}\times\vec{r}}{r^3}$$

其大小为

$$dB=\frac{\mu_0}{4\pi}\frac{Idl\sin\alpha}{r^2}$$

其中

$$dl\sin\alpha=rd\theta$$

由于 $r=k\theta+c$，因此

$$dr=kd\theta$$

磁感应强度大小的表达式可以变为

$$dB=\frac{\mu_0}{4\pi}\frac{Ird\theta}{r^2}=\frac{\mu_0}{4\pi}\frac{I}{r}\frac{dr}{k}=\frac{\mu_0}{4\pi}\frac{Idr}{kr}$$

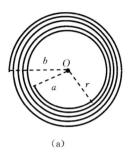

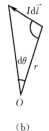

（a）　　　　　（b）

图 7 - 43

由于各个电流元在 O 处产生的磁感应强度方向均垂直于螺旋线平面，因此，O 处总的磁感应强度大小为

$$B=\frac{\mu_0 I}{4\pi k}\int_a^b\frac{1}{r}dr=\frac{\mu_0 I}{4\pi k}\ln\frac{b}{a}$$

螺旋线共有 N 匝，当 $\theta=0$ 和 $\theta=2N\pi$ 时，有

$$a=\left[k\theta+c\right]\Big|_{\theta=0}=c$$
$$b=\left[k\theta+c\right]\Big|_{\theta=2N\pi}=2N\pi k+c$$

由此解得

$$k=\frac{b-a}{2N\pi}$$

因此磁感应强度大小为

$$B=\frac{\mu_0 NI}{2(b-a)}\ln\frac{b}{a}$$

（8）如图 7 - 44 所示，一个半径为 R 的无限长圆柱形铜导体，通有均匀分布的电流 I。如果取如图中斜线部分所示的矩形平面 S，其长为 l，宽为 $2R$，则通过该矩形平面的磁通量等于多少？

解： 在圆柱体内部和外部，与导体中心轴线相距为 r 处的磁感应强度的大小分别为

$$B=\frac{\mu_0 I}{2\pi R^2}r\quad(r\leqslant R)$$

$$B=\frac{\mu_0 I}{2\pi r}\quad(r>R)$$

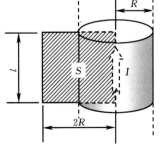

图 7 - 44

因此通过该矩形平面的磁通量为

$$\Phi = \int_S \vec{B} \cdot d\vec{S} = \int_{S_1} B dS + \int_{S_2} B dS = \int_0^R \frac{\mu_0 I}{2\pi R^2} r l \, dr + \int_R^{2R} \frac{\mu_0 I}{2\pi r} l \, dr$$

$$= \frac{\mu_0 I l}{2\pi R^2} \frac{R^2}{2} + \frac{\mu_0 I l}{2\pi} \ln \frac{2R}{R} = \frac{\mu_0 I l}{4\pi}(1 + 2\ln 2)$$

（9）一个电荷线密度为 λ 的带电正方形闭合线框，绕过其中心并垂直于其平面的轴以角速度 ω 匀速旋转，试求该正方形中心处的磁感应强度大小。

解： 如图 $7-45$ 所示，设正方形边长为 $2a$，则旋转的带电正方形闭合线框等效于一个半径为 $a \sim \sqrt{2}a$ 的通有均匀面电流的环带。

通电环带中半径为 r、宽度为 dr 的圆环在中心 O 点产生的磁感应强度大小为

$$dB = \frac{\mu_0 \, dI}{2r}$$

其中，dI 为圆环中的等效电流，其表达式为

$$dI = \frac{\omega}{2\pi} \cdot 8\lambda dx = \frac{4\lambda \omega}{\pi} dx$$

由图 $7-45$ 中的几何关系得 $r = \sqrt{a^2 + x^2}$，因此

$$dB = \frac{\mu_0}{2\sqrt{a^2 + x^2}} \cdot \frac{4\lambda \omega}{\pi} dx = \frac{2\mu_0 \lambda \omega}{\pi} \frac{dx}{\sqrt{a^2 + x^2}}$$

对上式积分，即得该正方形中心处 O 点的磁感应强度大小为

$$B = \frac{2\mu_0 \lambda \omega}{\pi} \int_0^a \frac{dx}{\sqrt{a^2 + x^2}} = \frac{2\mu_0 \lambda \omega}{\pi} \ln(x + \sqrt{a^2 + x^2}) \Big|_0^a = \frac{2\mu_0 \lambda \omega}{\pi} \ln(1 + \sqrt{2})$$

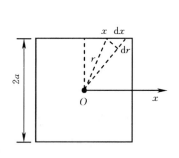

图 $7-45$

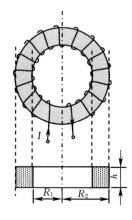

图 $7-46$

（10）如图 $7-46$ 所示，横截面为矩形的密绕环形螺线管的内外半径分别为 R_1 和 R_2，芯子材料的磁导率为 μ_0，导线总匝数为 N，如果每匝线圈中通过的电流为 I，试求：

1）在 $r < R_1$、$R_1 < r < R_2$ 和 $r > R_2$ 各区域的磁感应强度的大小。

2）通过芯子截面的磁通量。

解： 1）以环的轴线上某点为圆心，以 r 为半径在环内或环外做圆形回路，则磁感应强度沿圆形回路的环流为

$$\oint_L \vec{B} \cdot \mathrm{d}\vec{l} = 2\pi r B$$

由安培环路定理得

$$2\pi r B = \mu_0 \sum I_i$$

即

$$B = \frac{\mu_0 \sum I_i}{2\pi r}$$

当 $r < R_1$ 或 $r > R_2$ 时，$\sum I_i = 0$，因此

$$B = 0$$

当 $R_1 < r < R_2$ 时，$\sum I_i = NI$，因此

$$B = \frac{\mu_0 N I}{2\pi r}$$

2）在圆环上距轴线为 r 处取微分截面 $\mathrm{d}S = h\mathrm{d}r$，通过此小截面的磁通量

$$\mathrm{d}\Phi_m = B\mathrm{d}S = \frac{\mu_0 N I}{2\pi r}h\,\mathrm{d}r$$

通过芯子截面的磁通量为

$$\Phi_m = \int_S B\mathrm{d}S = \int_{R_1}^{R_2} \frac{\mu_0 N I}{2\pi r}h\,\mathrm{d}r = \frac{\mu_0 N I h}{2\pi}\ln\frac{R_2}{R_1}$$

（11）如图 7-47 所示，有两根平行放置的长直载流导线，它们的半径均为 R，反向流过相同大小的电流 I，电流在导线内均匀分布。试在图示的坐标系中，求出 x 轴上两导线之间区域 $[R, 9R]$ 内的磁感应强度分布。

解： 由安培环路定理容易得到，在通电直导线外的磁感应强度大小为

$$B = \frac{\mu_0 I}{2\pi r}$$

磁感应强度的方向与电流方向符合右手螺旋关系。

由于图 7-47 中的两根通电直导线平行在 $[R, 9R]$ 区域产生的磁感应强度方向相同，均垂直纸面向里，由磁场叠加原理得磁感应强度分布为

$$B = \frac{\mu_0 I}{2\pi x} + \frac{\mu_0 I}{2\pi(10R - x)} \qquad (R \geqslant x \geqslant 9R)$$

磁感应强度的方向垂直纸面向里。

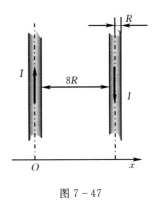

图 7-47

（12）半径为 R 的无限长圆筒上有一层均匀分布的面电流，这些电流环绕着轴线沿螺旋线流动并与轴线方向成 θ 角。设面电流密度为 α，求轴线上的磁感应强度。

解： 将面电流分解为沿圆周和沿轴线的两个分量，它们分别为

$$\alpha_\perp = \alpha\sin\theta, \qquad \alpha_{//} = \alpha\cos\theta$$

由于沿轴线的分量 $\alpha_{//}$ 在轴线上产生的磁感应强度为零，因此，轴线上的磁感应强度只由沿圆周的分量 $\alpha_\perp$ 决定。

长直载流螺线管轴线上磁感应强度大小为

$$B = \mu_0 n I$$

其中，$\alpha_\perp$ 与 nI 的意义相同，因此，轴线上的磁感应强度大小为

$$B = \mu_0 \alpha_\perp = \mu_0 \alpha \sin\theta$$

磁感应强度的方向与 $\alpha_\perp$ 的方向符合右手螺旋关系。

（13）如图 7-48（a）所示，在一个顶角为 $45°$ 的扇形区域内，有磁感应强度为 $\vec{B}$ 的均匀磁场，方向垂直指向纸面向内。今有一个电子（质量为 m_e，电荷为 $-e$）在底边距顶点 O 为 L 的地方，以垂直底边的速度 $\vec{v}$ 射入该磁场区域，若要使电子不从上边界跑出，电子的速度最大不应超过多少？

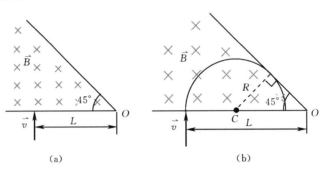

图 7-48

解： 电子进入磁场做圆周运动，圆心 C 在底边上。当电子轨迹与上面边界相切时，有如图 7-48（b）所示情形。由几何关系得

$$(L-R)\sin45° = R$$

由此解得

$$R = (\sqrt{2}-1)L$$

其中，R 为电子在磁场中运动的轨道半径，其表达式为

$$R = \frac{mv}{eB}$$

要使电子不从上边界跑出，应有

$$\frac{mv}{eB} \leqslant (\sqrt{2}-1)L$$

由此解得

$$v \leqslant (\sqrt{2}-1)\frac{LeB}{m}$$

即要使电子不从上边界跑出，电子的速度最大不应超过 $(\sqrt{2}-1)\dfrac{LeB}{m}$。

（14）如图 7-49（a）所示，有一无限大平面导体薄板，自下而上均匀通有电流，已知其电流面密度为 α。

1）试求板外空间任一点磁感应强度的大小和方向。

2）有一个质量为 m、带正电荷 q 的粒子，以速度 v 沿平板法线方向向外运动，在不计粒子重力的情况下，带电粒子最初至少在距板多远的位置处才不会与大平板碰撞？带电粒子需要经过多长时间才能回到初始位置？

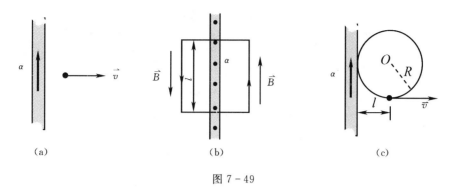

$$(a) \qquad\qquad (b) \qquad\qquad (c)$$

图 7 - 49

解：1）在无限大平面导体薄板的俯视图上做如图 7 - 49（b）所示的安培环路，磁感应强度对该环路的环流为

$$\oint_L \vec{B} \cdot \mathrm{d}\vec{l} = 2Bl$$

环路所包围的电流为

$$\sum I_i = \alpha l$$

由安培环路定理得

$$2Bl = \mu_0 \alpha l$$

因此板外空间任一点磁感应强度的大小为

$$B = \frac{1}{2}\mu_0 \alpha$$

在板的右侧磁感应强度的方向垂直纸面向里，板的左侧垂直纸面向外。

2）由题意可得示意图如图 7 - 49（c）所示，带电粒子不与大平板碰撞的条件为

$$l \geqslant R = \frac{mv}{qB} = \frac{2mv}{\mu_0 q\alpha}$$

即带电粒子最初至少在距板 $l = \dfrac{2mv}{\mu_0 q\alpha}$ 的位置处才不会与大平板碰撞。

带电粒子回到初始位置所用的时间等于圆周运动的周期，即

$$t = T = \frac{2\pi m}{qB} = \frac{4\pi m}{\mu_0 q\alpha}$$

（15）一个电子以 $1 \times 10^4\,\mathrm{m/s}$ 的速率在磁场中运动，当电子沿 x 轴正方向通过空间 P 点时，受到一个沿 y 轴正方向的作用力，力的大小为 $8.00 \times 10^{-17}\,\mathrm{N}$；当电子沿 y 轴正方向以同一速率通过 P 点时，所受的力沿 z 轴的分量大小为 $1.39 \times 10^{-16}\,\mathrm{N}$。求 P 点的磁感应强度大小及方向。

解：电子在磁场中所受的洛伦兹力为

$$\vec{F} = -e\vec{v} \times \vec{B}$$

由于电子通过 P 点时沿 x 轴正方向运动，且受到沿 y 轴正方向的洛伦兹力，因此，磁场方向应该在 xOz 平面内。设 P 点的磁感应强度为

$$\vec{B} = B_x \vec{i} + B_z \vec{k}$$

由于

$$\vec{F}_1 = -ev\,\vec{i} \times (B_x\,\vec{i} + B_z\,\vec{k}) = evB_z\,\vec{j}$$

其中，F_1 为已知量，因此磁感应强度的 z 分量为

$$B_z = \frac{F_1}{ev}$$

当电子沿 y 轴正方向以同一速率通过 P 点时所受的洛伦兹力为

$$\vec{F}_2 = -ev\,\vec{j} \times (B_x\,\vec{i} + B_z\,\vec{k}) = -evB_z\,\vec{i} + evB_x\,\vec{k}$$

其中，F_2 的 z 分量 F_{2z} 为已知量，因此磁感应强度的 x 分量为

$$B_x = \frac{F_{2z}}{ev}$$

P 点的磁感应强度大小为

$$B = \sqrt{B_x^2 + B_z^2} = \frac{\sqrt{F_1^2 + F_{2z}^2}}{ev} = 0.1 \ (\text{T})$$

设磁感应强度与 x 轴正方向的夹角为 θ，由于

$$\tan\theta = \frac{B_z}{B_x} = \frac{F_1}{F_{2z}} = 0.576$$

因此，磁感应强度与 x 轴正方向的夹角为

$$\theta = 29.9°$$

（16）空间某一区域有同方向的均匀电场 $\vec{K}$ 和均匀磁场 $\vec{B}$。一个电子（质量 m_e，电荷 $-e$）以初速 $\vec{v}$ 在场中开始运动，$\vec{v}$ 与 $\vec{K}$ 的夹角为 θ，求电子的加速度大小并指出电子的运动轨迹。

解： 将电子的速度分解为与磁场（或电场）平行和垂直的分量，它们分别为

$$v_{//} = v\cos\theta, \quad v_\perp = v\sin\theta$$

由于磁场只对 $v_\perp$ 有作用力，在该力的作用下电子做匀速圆周运动，设向心加速度大小为 a_1，则

$$ev_\perp B = m_e a_1$$

由此解得

$$a_1 = \frac{ev_\perp B}{m_e} = \frac{evB\sin\theta}{m_e}$$

在电场力的作用力下，电子沿电场（或磁场）的反方向加速运动，设加速度大小为 a_2，则

$$eE = m_e a_2$$

由此解得

$$a_2 = \frac{eE}{m_e}$$

因此，电子的加速度大小为

$$a = \sqrt{a_1^2 + a_2^2} = \frac{e\sqrt{(vB\sin\theta)^2 + E^2}}{m_e}$$

通过以上分析得知，电子在沿电场（或磁场）的反方向做匀加速运动的同时，在垂直于电场（或磁场）的方向上做匀速圆周运动，因此，电子做匀加速螺旋运动，其轨迹为变

螺距的螺旋线。

（17）在氢原子中，电子沿着某一圆轨道绕核运动，如图 7 - 50 所示。求等效圆电流的磁矩 $\vec{p}_m$ 与电子轨道运动的角动量 $\vec{L}$ 大小之比，并指出 $\vec{p}_m$ 和 $\vec{L}$ 方向间的关系。

解： 设电子绕核运动速率和轨道半径分别为 v 和 R，则等效电流和回路面积分别为

$$I=\frac{e}{2\pi R/v}=\frac{ev}{2\pi R}$$
$$S=\pi R^2$$

则等效圆电流磁矩的大小为

$$p_m=IS=\frac{ev}{2\pi R}\pi R^2=\frac{1}{2}evR$$

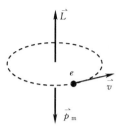

图 7 - 50

电子轨道运动角动量的大小为

$$L=mvR$$

因此，等效圆电流的磁矩 $\vec{p}_m$ 与电子轨道运动的角动量 $\vec{L}$ 大小之比为

$$\frac{p_m}{L}=\frac{evR/2}{mvR}=\frac{e}{2m}$$

如图 7 - 50 所示，$\vec{p}_m$ 与 $\vec{L}$ 的方向相反。

（18）如图 7 - 51（a）所示，在 xOy 平面内有一个圆心在 O 点的圆线圈，通以顺时针的电流 I_1，另有一个无限长直导线与 x 轴重合，其电流 I_2 的方向向右。求该圆线圈所受的磁力。

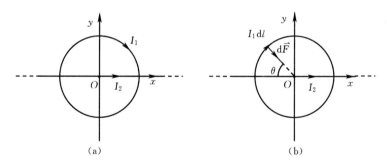

图 7 - 51

解： 设圆线圈的半径为 R，在圆线圈上取微分元 $\mathrm{d}l$，如图 7 - 51（b）所示，由于电流元的方向与磁场方向垂直，因此它所受的安培力大小为

$$\mathrm{d}F=I_1B\mathrm{d}l$$

考虑到对称性，该圆线圈在 x 轴方向受到的合力等于零。由于

$$\mathrm{d}F_y=-\mathrm{d}F\sin\theta=-I_1\frac{\mu_0I_2}{2\pi R\sin\theta}\sin\theta R\mathrm{d}\theta=-\frac{\mu_0I_1I_2}{2\pi}\mathrm{d}\theta$$

注意到圆线圈上下部分受力情况相同，则该圆线圈所受的磁力大小为

$$F=F_y=-2\int_0^\pi\frac{\mu_0I_1I_2}{2\pi}\mathrm{d}\theta=-\mu_0I_1I_2$$

其中，负号表示磁力的方向沿 y 轴负方向。

四、自我检测题

1. 单项选择题（每题 3 分，共 30 分）

（1）在边长为 a 的正方形导体框中通过电流 I，则该框导体中心的磁感应强度大小 [　　]。

(A) 与 a 无关；　　　(B) 与 a 成反比；　　(C) 与 a 成正比；　　(D) 与 a^2 成反比。

（2）在真空中有一根半径为 r 的半圆形细导线，其中流过的电流为 I，则圆心处的磁感应强度大小为 [　　]。

(A) $\dfrac{\mu_0}{4\pi r}$；　　　(B) $\dfrac{\mu_0}{2\pi r}$；　　　(C) $\dfrac{\mu_0}{4r}$；　　　(D) 0。

（3）如果空间存在两根无限长直载流导线，空间的磁场分布将不具有简单的对称性，则该磁场分布 [　　]。

(A) 不能用安培环路定理来求解；

(B) 可以直接用安培环路定理求解；

(C) 只能用毕奥—萨伐尔定律求解；

(D) 可以用安培环路定理和磁感应强度的叠加原理求解。

（4）如图 7-52 所示，在一个圆形电流 I 所在的平面内选取一个同心圆形闭合回路 l，则 [　　]。

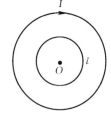

图 7-52

(A) $\oint_l \vec{B} \cdot \mathrm{d}\vec{l} \neq 0$，并且在环路上任意一点 $B \neq 0$；

(B) $\oint_l \vec{B} \cdot \mathrm{d}\vec{l} = 0$，并且在环路上任意一点 $B \neq 0$；

(C) $\oint_l \vec{B} \cdot \mathrm{d}\vec{l} = 0$，并且在环路上任意一点 $B = 0$；

(D) $\oint_l \vec{B} \cdot \mathrm{d}\vec{l} \neq 0$，并且在环路上任意一点 $B =$ 恒量。

（5）在半径为 R 的无限长直圆柱体中，沿轴向均匀通过恒定电流。设圆柱体内 $(r < R)$ 的磁感应强度为 B_i，圆柱体外 $(r > R)$ 的磁感应强度为 B_e，则 [　　]。

(A) B_i 与 r 成反比，而 B_e 与 r 成正比；

(B) B_i 与 r 成正比，而 B_e 与 r 成反比；

(C) B_i、B_e 都与 r 成正比；

(D) B_i、B_e 都与 r 成反比。

（6）实验测得，质子在磁感应强度大小为 $0.3\mathrm{Wb/m^2}$ 的磁场中运动的轨迹是半径为 $0.1\mathrm{m}$ 的圆弧，并且运动轨迹平面与磁场垂直，则该质子动能的数量级为 [　　]。

(A) $10\mathrm{MeV}$；　　　(B) $1\mathrm{MeV}$；　　　(C) $0.1\mathrm{MeV}$；　　　(D) $0.01\mathrm{MeV}$。

（7）电荷为 q 的粒子在均匀磁场中运动时，[　　]。

(A) 只要粒子速度大小相同，所受的洛伦兹力就相同；

(B) 粒子进入磁场后，其动能和动量都不变化；

（C）在速度不变的前提下，如果电荷 q 变为 $-q$，则粒子受力反向，而数值不变；

（D）由于洛伦兹力与速度方向垂直，因此带电粒子运动的轨迹必定是圆。

（8）在匀强磁场中有两个面积分别为 S_1 和 S_2 的平面线圈，已知 $S_1=2S_2$，通过的电流 $I_1=2I_2$，它们所受的最大磁力矩之比 $M_1:M_2$ 等于［　　］。

（A）1/4；　　　　（B）1；　　　　（C）2；　　　　（D）4。

（9）如果一个平面载流线圈在磁场中既不受力也不受力矩作用，这说明［　　］。

（A）该磁场一定是均匀磁场，并且线圈的磁矩方向一定与磁场方向平行；

（B）该磁场一定是均匀磁场，并且线圈的磁矩方向一定与磁场方向垂直；

（C）该磁场一定不是均匀磁场，并且线圈的磁矩方向一定与磁场方向平行；

（D）该磁场一定不是均匀磁场，并且线圈的磁矩方向一定与磁场方向垂直。

（10）一质量为 m、电荷为 q 的粒子以速度 v 射入磁感应强度大小为 B 的均匀磁场中，该速度与磁场垂直，则粒子运动轨道所包围范围内的磁通量 Φ_m 与磁场磁感应强度大小 B 的关系曲线是图 7-53 中的［　　］。

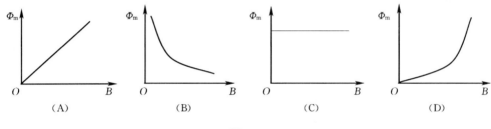

图 7-53

2. 填空题（每空 2 分，共 30 分）

（1）如图 7-54 所示，均匀磁场 $\vec{B}$ 与半径为 R 的圆形平面的法线 $\vec{e}_n$ 的夹角为 θ，如果以该圆形平面的圆周为边界做一个半球面 S，使 S 与圆形平面组成封闭曲面，则通过 S 面的磁通量为（　　）。

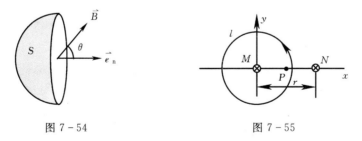

图 7-54　　　　　　　　图 7-55

（2）如图 7-55 所示，平行的无限长直载流导线 M 和 N 中的电流强度均为 I，其方向垂直纸面向内，两根载流导线之间相距为 r，则 MN 的中点 P 的磁感应强度大小为（　　），磁感应强度沿图中环路 l 的线积分 $\oint_l \vec{B}\cdot\mathrm{d}\vec{l}=$（　　）。

（3）一根长直载流导线沿空间直角坐标系的 y 轴放置，其中的电流方向沿 y 正方向。在原点 O 处取一个电流元 $I\mathrm{d}\vec{l}$，则该电流元在坐标 $(r,0,0)$ 点处产生的磁感应强度大小为（　　），方向为（　　）。

（4）如果将氢原子的基态电子轨道看做是半径为 0.053nm 的圆轨道，已知电子绕核运动的速度大小为 2.18×10^8m/s，则氢原子的基态电子在原子核处产生的磁感应强度的大小为（　　）。

（5）在安培环路定理 $\oint_l \vec{B} \cdot \mathrm{d}\vec{l} = \mu_0 \sum I_i$ 中，$\sum I_i$ 是指（　　），$\vec{B}$ 是指（　　）。

（6）如图 7-56 所示，均匀磁场 $\vec{B}$ 只存在于垂直于纸面的 M 平面的右侧，磁场方向垂直于图面向里。一个质量为 m、电荷为 q 的粒子以速度 $\vec{v}$ 垂直射入该磁场。$\vec{v}$ 在纸面内与界面 M 成一定角度。则粒子在从磁场中射出以前是做半径为（　　）的圆周运动。如果 $q>0$ 时粒子在磁场中的路径与边界围成的平面区域的面积为 A，则 $q<0$ 时其路径与边界围成的平面区域的面积是（　　）。

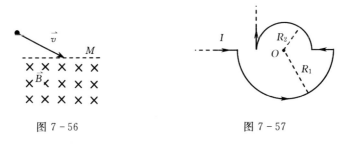

图 7-56　　　　　　　　　　　　　　　图 7-57

（7）将一根载流导线弯曲成如图 7-57 所示的形状，其中 O 点是半径分别为 R_1 和 R_2 的两个半圆弧的共同圆心，它们与两段半无限长导线均在同一个平面内，则 O 点的磁感应强度大小为（　　）。

（8）某带电粒子沿垂直于磁感应线的方向飞入有介质的匀强磁场中。由于粒子和磁场中的物质相互作用，使粒子原有的动能损失了一半。则路径起点的轨道曲率半径与路径终点的轨道曲率半径之比为（　　）。

（9）空间某区域有互相垂直的两个水平均匀磁场 $\vec{B}_1$ 和 $\vec{B}_2$，它们的方向分别向北和向西。在该区域处有一段载流直导线，当这段导线（　　）放置时，这段载流直导线受到两磁场的作用力的合力为零。当这段导线与 $\vec{B}_2$ 的夹角为 30° 时，若使该载流直导线所受合力为零，则两个水平磁场 $\vec{B}_1$ 与 $\vec{B}_2$ 的大小必须满足的关系为（　　）。

（10）已知面积相等的载流圆线圈与边长为 a 的载流正方形线圈的磁矩大小之比为 2：1，圆线圈在其中心处产生的磁感应强度大小为 B_0，那么正方形线圈在磁感应强度为 $\vec{B}$ 的均匀外磁场中所受最大磁力矩的值为（　　）。

3. 计算题（每题 10 分，共 40 分）

（1）如图 7-58 所示，真空中有一个边长为 a 的正三角形导体框架。另有相互平行并与三角形的 NP 边平行的长直导线 1 和 2 分别在 M 点和 P 点与三角形导体框架相连。已知直导线中通过的电流为 I，求三角形中心 O 点的磁感应强度。

（2）如图 7-59 所示，通有电流 I_1 和 I_2 的长直导线 ab 和 cd 相互平行，相距为 3r，载有电流 I_3 的长度为 r 的导线 MN 竖直放置，其两端与两条长直导线的距离均为 r，并且这三条导线共面，求导线 MN 所受的磁场力。

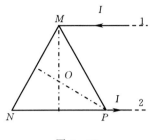

图 7-58

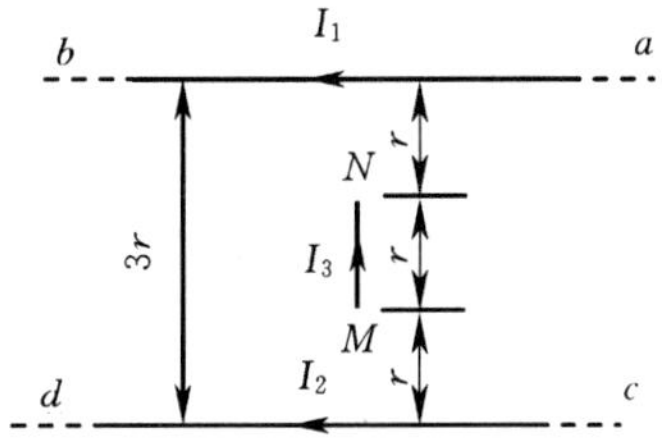

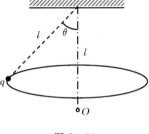

图 7-59

（3）在一个半径为 2.0cm 的无限长半圆筒形金属薄片中，沿长度方向在横截面上通有 5.0A 的均匀电流。试求圆柱轴线任一点的磁感应强度。

（4）如图 7-60 所示，绕铅直轴做匀角速度转动的圆锥摆的摆长为 l，摆球所带电荷为 q。当角速度 ω 等于多少时，该带电摆球在轴上悬点为 l 处的 O 点产生的磁感应强度沿竖直方向的分量值最大？

图 7-60

第八章　磁介质中的磁场

一、基本内容

（一）磁介质　弱磁质的磁化

1. 磁介质的分类

磁介质：能够与磁场发生相互影响的物质。

磁化：磁介质受到磁场的影响而发生变化的过程。

在磁场$\vec{B}_0$中充入磁介质以后，磁介质产生附加磁感应强度$\vec{B}'$，则磁介质内任一点的磁感应强度$\vec{B}$为

$$\vec{B} = \vec{B}_0 + \vec{B}'$$

顺磁质：$\vec{B}'$与$\vec{B}_0$的方向相同，且$B' \ll B_0$的磁介质。

抗磁质：$\vec{B}'$与$\vec{B}_0$的方向相反，且$B' \ll B_0$的磁介质。

铁磁质：$\vec{B}'$与$\vec{B}_0$的方向相同，且$B' \gg B_0$的磁介质。

2. 弱磁质的磁化

分子磁矩（或分子的固有磁矩）$\vec{p}_m$：分子中所有电子的轨道磁矩与自旋磁矩的矢量和。

分子电流：与分子磁矩对应的等效环形电流。

构成抗磁质的分子不存在固有磁矩，构成顺磁质的分子的存在固有磁矩。

与磁场$\vec{B}_0$方向相反的附加磁矩是抗磁质产生磁效应的唯一原因，而与磁场$\vec{B}_0$方向相同的分子固有磁矩是顺磁质产生磁效应的主要原因。

3. 磁导率

当各向同性的均匀磁介质充满磁场$\vec{B}_0$所在空间时，磁介质中的总磁场$\vec{B}$的大小与$\vec{B}_0$的大小关系为

$$B = \mu_r B_0$$

其中，μ_r称为磁介质的相对磁导率。

$\mu = \mu_r \mu_0$称为磁介质的磁导率。

对顺磁质而言，$\mu > \mu_0$，$\mu_r > 1$；对抗磁质而言，$\mu < \mu_0$，$\mu_r < 1$。

由于顺磁质和抗磁质的$\mu_r \approx 1$，因此它们被统称为弱磁质。由于铁磁质的$\mu_r \gg 1$，因此它被称为强磁质。

（二）磁介质中的磁场　磁场强度

磁化电流：磁介质被磁化时，分子电流在其表面形成的等效电流。

磁化电流具有磁效应，但不具有热效应。

为方便地解决磁介质中磁场问题引入了磁场强度 $\vec{H}$，它与磁感应强度 $\vec{B}$ 的关系为

$$\vec{H} = \frac{\vec{B}}{\mu}$$

磁介质中的安培环路定理：磁场强度沿任意闭合曲线的线积分，等于闭合曲线所包围的传导电流的代数和。即

$$\oint_L \vec{H} \cdot \mathrm{d}\vec{l} = \sum I_i$$

磁场强度 $\vec{H}$ 的 SI 单位为 A/m。

（三）铁磁质

铁磁质的三个特征：①具有高的相对磁导率。其范围约为 $10 \sim 10^5$；②磁感应强度随外磁场的变化呈非线性和不可逆的变化；③存在临界温度 T_c（称为居里点），当 $T > T_c$ 时，铁磁质的铁磁性消失转变为顺磁质。

磁化曲线如图 8-1 所示，Od 段为起始磁化曲线，B_s 为饱和磁感应强度。B_r 为剩余磁感应强度。ef 段为退磁曲线，H_c 为矫顽力。

磁滞：磁感应强度的变化总是落后于磁场强度的变化的现象。

磁滞回线：铁磁质磁化过程所形成的闭合曲线。

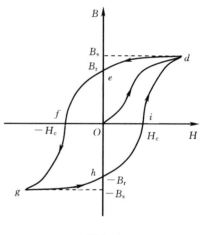

图 8-1

铁磁质磁滞回线所包围的面积等于铁磁质反复磁化过程中单位体积所消耗的能量。

二、思考与讨论题目详解

（1）一个绕有 500 匝导线的平均周长 0.5m 的细圆环，载有 0.4A 电流时铁芯的相对磁导率为 600。则铁芯中的磁感应强度大小为多少？铁芯中的磁场强度大小为多少？

【答案：0.302T；400A/m】

详解：由磁介质中的安培环路定理得

$$HL = NI$$

由此解得铁芯中的磁场强度大小为

$$H = \frac{NI}{L} = \frac{500 \times 0.4}{0.5} = 400 \ （A/m）$$

由磁场强度与磁感应强度的关系式得铁芯中的磁感应强度大小为

$$B = \mu_0 \mu_r H = 4\pi \times 10^{-7} \times 600 \times 400 = 0.302 \ （T）$$

（2）长直电缆由一个圆柱导体和一个共轴圆筒状导体组成，两导体中通有等值反向均匀的电流 I，其间充满磁导率为 μ 的均匀磁介质。介质中离中心轴距离为 r 的某点处的磁场强度的大小等于多少？磁感应强度的大小等于多少？

【答案：$H=\dfrac{I}{2\pi r}$；$B=\dfrac{\mu I}{2\pi r}$**】**

详解：考虑到磁场呈轴对称分布，在磁介质中做与圆柱导体同轴的、半径为 r 的圆形积分路径，由磁介质中的安培环路定理得

$$2\pi rH=I$$

由此解得介质中离中心轴距离为 r 的某点处的磁场强度大小为

$$H=\frac{I}{2\pi r}$$

由磁场强度与磁感应强度的关系式得此处的磁感应强度大小为

$$B=\frac{\mu I}{2\pi r}$$

（3）如图 8-2 所示为三种不同的磁介质的 $B\sim H$ 关系曲线，如果虚线表示的是 $B=\mu_0 H$ 的关系。那么 a、b、c 各代表哪一类磁介质的 $B\sim H$ 关系曲线？

【答案：抗磁质；顺磁质；铁磁质】

详解：由于 B/H 等于磁介质的磁导率，抗磁质的磁导率小于真空中的磁导率，因此，a 代表抗磁质；顺磁质的磁导率大于真空中的磁导率，因此，b 代表顺磁质；铁磁质的磁导率不等于常数，因此，c 代表铁磁质。

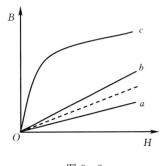

图 8-2

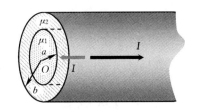

图 8-3

（4）如图 8-3 所示，一个磁导率为 μ_1 的无限长均匀磁介质圆柱体的半径为 a，其中均匀地通过电流 I。在它的外面还有一个半径为 b 的无限长同轴圆柱面，其上通有与前者大小相等、方向相反的电流，两者之间充满磁导率为 μ_2 的均匀磁介质。则在 $0<r<a$、$a<r<b$ 和 $r>b$ 的各空间中的磁感应强度大小和磁场强度大小分别等于多少？

【答案：$H=\dfrac{Ir}{2\pi a^2}$、$B=\dfrac{\mu_1 Ir}{2\pi a^2}$；$H=\dfrac{I}{2\pi r}$、$B=\dfrac{\mu_2 I}{2\pi r}$；$H=0$、$B=0$**】**

解：做与圆柱体同轴的、半径为 r 的圆形闭合曲线为积分路径，由磁介质中的安培环路定理得

$$2\pi rH=\sum I_i$$

则磁场强度大小为

$$H = \frac{\sum I_i}{2\pi r}$$

由磁场强度与磁感应强度的关系式得相应的磁感应强度大小为

$$B = \mu H = \frac{\mu \sum_i I_i}{2\pi r}$$

其中，μ 为所讨论介质的磁导率。

在 $0 < r < a$ 的区域内，$\mu = \mu_1$，$\sum I_i = \frac{I}{\pi a^2}\pi r^2 = \frac{I r^2}{a^2}$，因此

$$H = \frac{I r}{2\pi a^2}, \quad B = \frac{\mu_1 I r}{2\pi a^2}$$

在 $a < r < b$ 区域内，$\mu = \mu_2$，$\sum I_i = I$，因此

$$H = \frac{I}{2\pi r}, \quad B = \frac{\mu_2 I}{2\pi r}$$

在 $r > b$ 区域内，$\mu = \mu_0$，$\sum_i I_i = 0$，因此

$$H = 0, \quad B = 0$$

（5）将圆柱形无限长载流直导线置于无限大均匀顺磁介质之中，磁介质的相对磁导率为 μ_r，如果导线中流过的电流强度为 I，则与导线接触的磁介质表面上的磁化电流为多少？

【答案：$I' = (\mu_r - 1)I$】

详解： 在通电直导线外、磁介质中做与直导线同轴的、半径为 r 的圆形闭合曲线为积分路径，由磁介质中的安培环路定理得

$$2\pi r B = \mu_r \mu_0 I$$

由此解得介质中离中心轴距离为 r 处的磁感应强度大小为

$$B = \frac{\mu_r \mu_0 I}{2\pi r}$$

设与导线接触的磁介质表面上的磁化电流为 I'，它在 r 处产生的磁感应强度大小为

$$B' = \frac{\mu_0 I'}{2\pi r}$$

传导电流在 r 处产生的磁感应强度大小为

$$B_0 = \frac{\mu_0 I}{2\pi r}$$

对顺磁介质而言，有

$$B = B' + B_0$$

因此

$$\frac{\mu_r \mu_0 I}{2\pi r} = \frac{\mu_0 I'}{2\pi r} + \frac{\mu_0 I}{2\pi r}$$

由此解得与导线接触的磁介质表面上的磁化电流为

$$I' = (\mu_r - 1)I$$

（6）一跟无限长直导线通有 2.0A 的电流，直导线外侧紧包着一层相对磁导率为 4 的

圆筒形磁介质，直导线半径 0.2cm，磁介质的内半径为 0.2cm，外半径为 0.4cm。距该直导线轴线为 0.3cm 和 0.5cm 处的磁感应强度大小各为多少？

【答案：5.3×10^{-4} T；8.0×10^{-5} T】

详解： 0.3cm 在介质中，此处的磁感应强度大小为

$$B = \frac{\mu_r \mu_0 I}{2\pi r} = \frac{4 \times 4\pi \times 10^{-7} \times 2}{2\pi \times 0.3 \times 10^{-2}} = 5.3 \times 10^{-4} \quad (\text{T})$$

0.5cm 在介质外，此处的磁感应强度大小为

$$B = \frac{\mu_0 I}{2\pi r} = \frac{4\pi \times 10^{-7} \times 2}{2\pi \times 0.5 \times 10^{-2}} = 8.0 \times 10^{-5} \quad (\text{T})$$

（7）将一块铁磁质加热到居里点以上，然后冷却，则该铁磁质对外不显示磁性，这是什么原因？当在空间外加磁场时，随着磁场强度的增加，该铁磁质最终达到了磁饱和状态，这是为什么？

【答案：各磁畴的磁化方向的指向各不相同，杂乱无章；全部磁畴的磁化方向的指向都转向外磁场方向】

详解： 即使原来的铁磁质具有磁性，当其被加热到居里点以上时，由于各磁畴的磁化方向的指向各不相同，变得杂乱无章，这种变化冷却以后也不能恢复，因此，对外不显示磁性。

当在空间外加磁场时，随着磁场强度的增加，各磁畴的磁化方向的指向逐渐趋向外磁场方向，当外磁场足够强时，全部磁畴的磁化方向的指向都转向外磁场方向，铁磁质最终达到了磁饱和状态，其强度不再增加。

三、课后习题解答

（1）一个铁环的中心线周长为 1.5m，横截面积为 $1 \times 10^{-4}\,\text{m}^2$，在环上紧密地绕有一层 300 匝的线圈，当线圈中通有 $3.0 \times 10^{-2}\,\text{A}$ 的电流时，铁环的相对磁导率为 $\mu_r = 500$。求：

1）通过环横截面的磁通量。

2）铁环的磁化面电流密度。

解： 1）铁环中心线上的磁感应强度大小为

$$B = \frac{\mu_0 \mu_r N I}{l}$$

由于铁环的半径远远大于横截面半径，因此，可以认为在横截面内的磁场是均匀的。

通过铁环横截面的磁通量为

$$\Phi = BS = \frac{\mu_0 \mu_r N I S}{l} = 3.77 \times 10^{-7} \quad (\text{Wb})$$

2）传导电流在铁环产生的磁感应强度大小为

$$B_0 = \frac{\mu_0 N I}{l}$$

设铁环的磁化面电流密度为 α'，则磁化面电流在铁环产生的磁感应强度大小为

$$B' = \mu_0 \alpha'$$

由于 B_0 与 B' 的方向相同，因此 $B = B_0 + B'$，即

$$\frac{\mu_0 \mu_r NI}{l} = \frac{\mu_0 NI}{l} + \mu_0 \alpha'$$

由此解得铁环的磁化面电流密度为

$$\alpha' = (\mu_r - 1)\frac{NI}{l} = 3.29 \times 10^{-3} (\text{A/m})$$

（2）半径为 R、通有电流 I 的一根圆柱形长直导线，外面是一层同轴的介质长圆管，管的内外半径分别为 R_1 和 R_2，相对磁导率为 μ_r。求：

1）圆管上一段长为 l 的纵截面内的磁通量。

2）介质圆管外距轴为 r 处的磁感应强度大小。

解： 1）介质长圆管内的磁感应强度大小为

$$B = \frac{\mu_0 \mu_r I}{2\pi r}$$

通过圆管上一段长为 l 的纵截面内的磁通量为

$$\Phi = \int_{R_1}^{R_2} \frac{\mu_0 \mu_r I}{2\pi r} l \, \mathrm{d}r = \frac{\mu_0 \mu_r Il}{2\pi} \ln \frac{R_2}{R_1}$$

2）介质圆管外距轴为 r 处的磁感应强度大小

$$B = \frac{\mu_0 I}{2\pi r}$$

（3）一根很长的同轴电缆，由一个半径为 a 的导体圆柱和内、外半径分别为 b、c 的同轴的导体圆管构成，电流 I 从一个导体流出，从另一导体流回。设电流都是均匀地分布在导体的横截面上，求导体圆柱内和两导体之间的磁场强度 H 大小。

解： 由电流分布的轴对称性可知，磁场分布也具有轴对称性。由磁介质的安培环路定律得

$$H \times 2\pi r = \sum I_i$$

因此

$$H = \frac{\sum I_i}{2\pi r}$$

当 $r < a$ 时，$\sum I_i = \frac{I}{\pi a^2} \pi r^2 = \frac{I r^2}{a^2}$，因此导体圆柱内的磁场强度 H 大小为

$$H = \frac{Ir}{2\pi a^2}$$

当 $a < r < b$ 时，$\sum I_i = I$，因此两导体之间的磁场强度 H 大小为

$$H = \frac{I}{2\pi r}$$

（4）一根无限长的圆柱形导线，外面紧包着一层相对磁导率为 μ_r 的圆管形磁介质。已知导线半径为 a，磁介质的外半径为 b，导线内均匀通过电流 I。求：

1）导线内、介质内及介质以外空间的磁感应强度大小。

2）磁介质内、外表面的磁化面电流密度的大小。

解： 1）由于电流分布具有轴对称性，因此磁场分布也具有轴对称性。由磁介质的安培环路定律得磁场强度大小为

$$H = \frac{\sum I_i}{2\pi r}$$

磁感应强度的大小为

$$B = \mu' H = \frac{\mu' \sum I_i}{2\pi r}$$

其中，μ' 为所讨论区域的磁介质的磁导率。

在导线内部，有

$$\mu' = \mu_0 , \quad \sum I_i = \frac{I}{\pi a^2} \cdot \pi r^2 = \frac{I r^2}{a^2}$$

该区域的磁感应强度大小为

$$B = \frac{\mu_0 I r}{2\pi r a^2} \quad (r < a)$$

在介质内部，有

$$\mu' = \mu_r \mu_0 , \quad \sum I_i = I$$

该区域的磁感应强度大小为

$$B = \frac{\mu_r \mu_0 I}{2\pi r} \quad (a < r < b)$$

在介质以外空间，有

$$\mu' = \mu_0 , \quad \sum I_i = I$$

该区域的磁感应强度大小为

$$B = \frac{\mu_0 I}{2\pi r} \quad (r > b)$$

2）传导电流 I、磁介质内表面的磁化电流 I'_1、磁介质外表面的磁化电流 I'_2 分别在它们各自的外部空间产生的磁感应强度大小为

$$B_0 = \frac{\mu_0 I}{2\pi r} , \quad B'_1 = \frac{\mu_0 I'_1}{2\pi r} , \quad B'_2 = \frac{\mu_0 I'_2}{2\pi r}$$

对介质内部空间，有 $B = B_0 + B'_1$，即

$$\frac{\mu_r \mu_0 I}{2\pi r} = \frac{\mu_0 I}{2\pi r} + \frac{\mu_0 I'_1}{2\pi r}$$

由此解得磁介质内表面的磁化电流为

$$I'_1 = (\mu_r - 1) I$$

因此，磁介质内表面的磁化面电流密度大小为

$$\alpha'_1 = \frac{I'_1}{2\pi a} = \frac{(\mu_r - 1) I}{2\pi a}$$

对介质外部空间，有 $B = B_0 + B'_1 + B'_2$，即

$$\frac{\mu_0 I}{2\pi r} = \frac{\mu_0 I}{2\pi r} + \frac{\mu_0 I'_1}{2\pi r} + \frac{\mu_0 I'_2}{2\pi r}$$

其中，$I'_1 = (\mu_r - 1) I$，因此，磁介质外表面的磁化电流为

$$I'_2 = (1-\mu_r)I$$

因此，磁介质内表面的磁化面电流密度大小为

$$\alpha'_2 = \frac{I'_2}{2\pi b} = \frac{(1-\mu_r)I}{2\pi b}$$

（5）一个铁环的中心线周长为 $0.3\mathrm{m}$，横截面积为 $1.0\times10^{-4}\,\mathrm{m}^2$，在环的表面密绕 300 匝绝缘导线，当导线通有电流 $3.2\times10^{-2}\,\mathrm{A}$ 时，通过环横截面的磁通量为 2.0×10^{-6} Wb。求：

1）铁环内部的磁感应强度大小。

2）铁环内部的磁场强度大小。

解：1）由于通过铁环横截面的磁通量 $\Phi=BS$，因此铁环内部的磁感应强度大小为

$$B = \frac{\Phi}{S} = 2.0\times10^{-2} \quad (\mathrm{T})$$

2）铁环内部的磁场强度大小为

$$H = nI = \frac{N}{l}I = 32 \quad (\mathrm{A/m})$$

第九章　电　磁　感　应

一、基本内容

（一）法拉第电磁感应定律

1. 电动势

非静电力：在电源内部存在的一种可以克服静电力，将正电荷从低电势处移到高电势处的力。

非静电力做功的结果是将其他形式的能量转换为了电能。

电源电动势：单位正电荷绕闭合路径一周时，非静电力所做的功。即

$$\varepsilon = \oint_L \vec{E}_n \cdot \mathrm{d}\vec{l}$$

其中，$\vec{E}_n$ 为与非静电力 $\vec{F}_n$ 对应的非静电性质的场强，它对电荷的作用力可以表达为 $\vec{F}_n = q\vec{E}_n$。

在直流电路中，电源电动势等于单位正电荷从电源负极经电源内部移动到正极时，非静电力所做的功。即

$$\varepsilon = \int_-^+ \vec{E}_n \cdot \mathrm{d}\vec{l}$$

规定电动势的正方向为电源内部电势升高的方向。

2. 电磁感应现象

电磁感应：当通过闭合回路的磁通量发生变化时，在闭合回路中产生电流（称为感应电流）的现象。

感应电动势：在电磁感应现象中产生的电动势。

法拉第电磁感应定律：闭合回路中产生的感应电动势与通过该回路所围面积的磁通量对时间的变化率成正比，即

$$\varepsilon_i = -\frac{\mathrm{d}\Phi_m}{\mathrm{d}t}$$

其中，$\Phi_m = N\varphi_m$ 称为磁通匝链数，N 为线圈的匝数，φ_m 为穿过每匝线圈的磁通量。

式中的负号表示感应电动势的方向与磁通量对时间的变化率方向相反。

判断感应电动势方向的两种方法：

方法一：公式法。

任意选定回路所围面积的正方向 $\vec{e}_n$（一般与 $\vec{B}$ 的方向一致），则 ε_i 的正方向与 $\vec{e}_n$ 方向呈右手螺旋关系；如果 Φ_m 增加，即 $\frac{\mathrm{d}\Phi_m}{\mathrm{d}t} > 0$，则感应电动势 $\varepsilon_i = -\frac{\mathrm{d}\Phi_m}{\mathrm{d}t} < 0$，实际的感应

电动势 ε_i 的方向与正方向相反；反之，ε_i 方向与正方向相同。

方法二：楞次定律。

闭合回路中感应电流所产生的磁场总是要抵抗引起感应电流的磁通量的变化。具体的判断步骤为：①明确外磁场方向；②判明穿过闭合回路的磁通量的变化情况（增加或减少）；③根据楞次定律确定感应电流激发的磁场方向；④根据感应电流产生的磁场方向，由右手螺旋法则确定感应电流的方向。

楞次定律实际上是能量转化和守恒定律另一种表述形式。

感应电荷量与磁通量改变量的关系为

$$q = \frac{|\Delta \Phi_m|}{R}$$

即当磁通量发生变化时，通过闭合回路截面的感应电荷量与闭合回路中磁通量的改变量成正比，与回路的电阻成反比，而与磁通量变化的快慢无关。

（二）动生电动势和感生电动势

1. 动生电动势

动生电动势：由于回路所围面积的变化（回路的一部分运动或回路发生扩张与缩小）或面积矢量在磁场空间中的取向变化（一般指回路在磁场中转动）而引起的感应电动势。

洛伦兹力 $\vec{F} = q\vec{v} \times \vec{B}$ 是产生动生电动势的非静电力。

一段运动导线 MN 中的动生电动势为

$$\varepsilon_i = \int_N^M (\vec{v} \times \vec{B}) \cdot d\vec{l}$$

动生电动势的方向为矢量 $\vec{v} \times \vec{B}$ 沿导线 *MN* 的分量的方向。

MN 导线两端的电势差为

$$U_M - U_N = \varepsilon_i = \int_N^M (\vec{v} \times \vec{B}) \cdot d\vec{l}$$

如果处在磁场中的整个闭合回路都在运动，则回路中的动生电动势为

$$\varepsilon_i = \oint_L (\vec{v} \times \vec{B}) \cdot d\vec{l}$$

2. 感生电动势

感生电动势：由于磁感应强度变化而引起的感应电动势。

感生电场（或涡旋电场） $\vec{E}_i$：变化的磁场在其周围空间激发的一种具有涡旋性质的电场。

感生电场力 $\vec{F}_i = q\vec{E}_i$ 是产生感生电动势的非静电力。

闭合回路中的感生电动势为

$$\varepsilon_i = \oint_L \vec{E}_i \cdot d\vec{l}$$

感生电动势的另一种表达形式为

$$\oint_L \vec{E}_i \cdot d\vec{l} = -\int_S \frac{\partial \vec{B}}{\partial t} \cdot d\vec{S}$$

其中，S 为闭合曲线 *L* 所包围的面积，其法线正方向与 *L* 的绕行法线呈右手螺旋关系。

该式表明，正是变化的磁场激发了涡旋电场。

对于感生电场的三点说明：①感生电场的产生与导体存在与否无关；②感生电场是非保守力场；③感生电场的电场线是闭合曲线。

（三）自感现象和互感现象

1. 自感现象

自感现象：由于回路中电流发生变化而在其自身引起感应电动势（称为自感电动势）的现象。

自感电动势为

$$\varepsilon_L = -L\frac{\mathrm{d}I}{\mathrm{d}t}$$

其中，L 称为导体回路的自感系数（简称自感），其数值与回路的形状、大小及周围磁介质的磁导率有关，而与回路中的电流无关，它是表征自感元件本身特征的物理量。式中的负号表示自感电动势将反抗回路中电流的变化。

长直密绕螺线管的总密度为 n、管内空间的体积为 V，管内充满磁导率为 μ 的均匀磁介质，其自感系数为

$$L = \mu n^2 V$$

自感系数的单位为 H（亨利）。

$$1\mathrm{H} = 10^3\,\mathrm{mH} = 10^6\,\mu\mathrm{H}$$

2. 互感现象

互感现象：回路因电流发生变化而在对方回路中产生感应电动势（称为互感电动势）的现象。

互感电动势为

$$\varepsilon_{12} = -M\frac{\mathrm{d}I_1}{\mathrm{d}t}\ 和\ \varepsilon_{21} = -M\frac{\mathrm{d}I_{21}}{\mathrm{d}t}$$

其中，M 称为两回路的互感系数（简称互感）。它与两个回路的形状、相对位置及其周围磁介质的磁导率有关，而与回路中的电流无关。它是表征两个导体回路互感强弱的物理量。

两个理想耦合线圈（即一个线圈产生的磁通量完全通过另一个线圈）的互感系数为

$$M = \mu n_1 n_2 V = \sqrt{L_1 L_2}$$

非理想耦合线圈的互感系数为

$$M = k\sqrt{L_1 L_2}$$

其中，k 称为耦合系数，其值在 0 和 1 之间。

互感系数的单位为 H（亨利）。

（四）磁场的能量

自感磁能 W_m：自感系数为 L 的载流线圈所具有的能量。

$$W_m = \frac{1}{2}LI^2$$

磁能密度 w_m：单位磁场体积内的磁场能量。

$$w_{\mathrm{m}}=\frac{B^2}{2\mu}=\frac{1}{2}\mu H^2=\frac{1}{2}BH$$

磁场能量为

$$W_{\mathrm{m}}=\int_V w_{\mathrm{m}}\mathrm{d}V$$

二、思考与讨论题目详解

1. 法拉第电磁感应定律

（1）如图 9-1 所示，一块无限长直导体薄板宽为 d，板面与 y 轴垂直，板的长度方向沿 x 轴，板的两侧与一个伏特计相接。整个系统放在磁感应强度为 $\vec{B}$ 的均匀磁场中，$\vec{B}$ 的方向沿 y 轴正方向。如果伏特计与导体平板均以速度 $\vec{v}$ 向 x 轴正方向移动，则伏特计指示的电压值为多少？

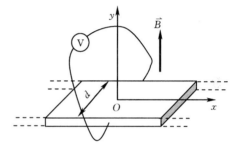

图 9-1

【答案：vBd】

详解：导体平板以速度 $\vec{v}$ 向 x 轴正方向移动时，其中的电子所受的洛伦兹力为

$$F_{\mathrm{L}}=evB$$

电子向导体薄板一侧积累形成电场，设稳定电场强度的大小为 E，这时电子所受的电场力为

$$F_{\mathrm{e}}=eE$$

由于洛伦兹力与电场力平衡，因此

$$evB=eE$$

电场强度的大小 E 与导体薄板两侧电势差的关系为

$$E=\frac{U}{d}$$

因此

$$vB=\frac{U}{d}$$

由此解得导体薄板两侧电势差，即伏特计指示的电压值为

$$U=vBd$$

（2）如图 9-2（a）所示，矩形区域为均匀稳恒磁场，半圆形闭合导线回路在纸面内绕轴 O 以角速度 ω 做顺时针方向匀速转动，O 点是圆心且恰好落在磁场的边缘上，半圆形闭合导线完全在磁场外时开始计时。试画出感应电动势随时间变化的函数关系图像。

【答案：函数关系图如图 9-2（b）所示】

详解：长度为 L 的导体棒在磁感应强度为 $\vec{B}$ 的均匀磁场中以角速度 ω 绕棒的一端做匀速转动时，如果转动平面垂直磁场方向，金属棒中产生的电动势为

$$\varepsilon_{\mathrm{i}}=\frac{1}{2}\omega BL^2$$

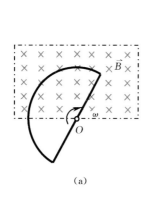

(a)

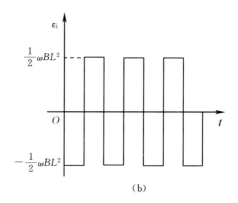

(b)

图 9 - 2

该电动势与时间无关。

半圆形闭合导线完全在磁场外时开始计时，则半圆形闭合导线在转动的前半周时间内，电动势的方向为逆时针，在后半周时间内电动势的方向为顺时针。如果电动势以顺时针方向为正方向，则可以画出感应电动势随时间变化的关系曲线如图 9 - 2（b）所示。

（3）如图 9 - 3（a）所示，两根无限长平行直导线载有大小相等方向相反的电流 I，并各以 $\mathrm{d}I/\mathrm{d}t$ 的变化率增长，一个矩形线圈位于导线平面内。线圈中有没有感应电流？如果有感应电流存在，感应电流的方向如何？

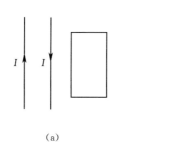

(a)

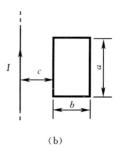

(b)

图 9 - 3

【答案：线圈中有感应电流；顺时针方向】

详解： 在第七章曾计算过，通过如图 9 - 3（b）所示矩形线圈的磁通量为

$$\Phi_{\mathrm{m}}=\frac{\mu_0 Ia}{2\pi}\ln\left(1+\frac{b}{c}\right)$$

在该线圈中产生的感应电动势为

$$\varepsilon_{\mathrm{i}}=-\frac{\mathrm{d}\Phi_{\mathrm{m}}}{\mathrm{d}t}=-\frac{\mu_0 a}{2\pi}\ln\left(1+\frac{b}{c}\right)\frac{\mathrm{d}I}{\mathrm{d}t}$$

由于两根无限长平行直载流导线对应同一个线圈，它们中的电流随时间的变化率相等，且 $\mathrm{d}I/\mathrm{d}t>0$，因此距线圈近的无限长载流导线比远的导线在线圈中产生的感应电动势大，前者产生的感应电动势方向为顺时针，后者产生的感应电动势方向为逆时针，总感应电动势方向为顺时针。

可见，线圈中存在感应电流，且感应电流的方向为顺时针。

（4）如图 9-4 所示，一个矩形线框两边长分别为 a 和 b，置于均匀磁场中，线框绕 MN 轴以匀角速度 ω 匀速旋转。设 $t=0$ 时，线框平面处于纸面内，则在任一时刻感应电动势的大小为多少？

【答案：$Bab\omega|\cos\omega t|$】

详解： 设 $t=0$ 时线框平面的法线方向垂直纸面向外，则在时刻 t 通过矩形线框的磁通量为

$$\Phi_{\mathrm{m}}=BS\cos(90°+\omega t)=-Bab\sin\omega t$$

在任一时刻矩形线框中的感应电动势大小为

$$\varepsilon_{\mathrm{i}}=\left|\frac{\mathrm{d}\Phi_{\mathrm{m}}}{\mathrm{d}t}\right|=Bab\omega|\cos\omega t|$$

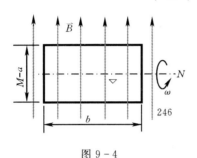

图 9-4

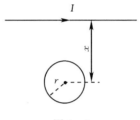

图 9-5

（5）如图 9-5 所示，在一根通有电流 I 的无限长直导线所在平面内，有一个半径为 r、电阻为 R 的导线小环，环中心距直导线为 x，且 $x\gg r$。当直导线的电流被切断后，沿着导线环流过的电荷约为多少？

【答案：$\dfrac{\mu_0 Ir^2}{2xR}$】

详解： 由于 $x\gg r$，因此认为导线小环所围面上各点的磁感应强度等于环中心的磁感应强度，即

$$B=\frac{\mu_0 I}{2\pi x}$$

在直导线的电流被切断的过程中，导线小环中的磁通量变化为

$$|\Delta\Phi_{\mathrm{m}}|=|0-BS|=BS$$

沿着导线环流过的电荷为

$$q=\frac{|\Delta\Phi_{\mathrm{m}}|}{R}=\frac{BS}{R}=\frac{1}{R}\cdot\frac{\mu_0 I}{2\pi x}\cdot\pi r^2=\frac{\mu_0 Ir^2}{2xR}$$

（6）如图 9-6 所示，磁换能器常用来检测微小的振动。在振动杆的一端固接一个 N 匝的矩形线圈，线圈的一部分在匀强磁场 $\vec{B}$ 中，设杆的微小振动规律为 $x=A\sin\omega t$，线圈随杆振动时，线圈中的感应电动势等于多少？

【答案：$NBhA\omega\cos\omega t$】

详解： 设 $t=0$ 时通过每匝矩形线圈的磁通量为

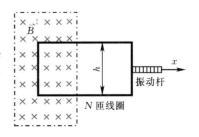

图 9-6

$$\varphi_{m0}=BS_0$$

则在任一时刻通过每匝矩形线圈的磁通量为

$$\varphi_m=BS_0+Bh(A-x)$$

因此，线圈随杆振动时，线圈中的感应电动势为

$$\varepsilon_i=-N\frac{\mathrm{d}\varphi_m}{\mathrm{d}t}=NB\frac{\mathrm{d}x}{\mathrm{d}t}=NBhA\omega\cos\omega t$$

（7）一个半径为 0.1m 的圆形闭合导线回路置于均匀磁场 $\vec{B}$ 中。已知磁感应强度的大小为 0.8T，磁场方向与回路平面正交。若圆形回路的半径从 $t=0$ 开始以恒定的速率 $\mathrm{d}r/\mathrm{d}t=-0.8\mathrm{m/s}$ 收缩，则在 $t=0$ 时刻闭合回路中的感应电动势大小为多少？如果要求感应电动势保持这一数值，则闭合回路面积应以多大的速率收缩？

【答案：$0.4\mathrm{V}$；$0.5\mathrm{m^2/s}$】

详解： 在任一时刻通过圆形回路的磁通量为

$$\Phi_m=\pi r^2 B$$

因此，闭合回路中的感应电动势为

$$\varepsilon_i=-\frac{\mathrm{d}\Phi_m}{\mathrm{d}t}=-2\pi rB\frac{\mathrm{d}r}{\mathrm{d}t}$$

在 $t=0$ 时刻，$r=0.1\mathrm{m}$，此刻闭合回路中的感应电动势

$$\varepsilon_i=-2\pi\times0.1\times0.8\times(-0.8)=0.4(\mathrm{V})$$

由于

$$\varepsilon_i=-\frac{\mathrm{d}\Phi_m}{\mathrm{d}t}=-\frac{\mathrm{d}(BS)}{\mathrm{d}t}=-B\frac{\mathrm{d}S}{\mathrm{d}t}$$

因此，当 $\varepsilon_i=0.4\mathrm{V}$ 时，闭合回路面积的增加速率为

$$\frac{\mathrm{d}S}{\mathrm{d}t}=-\frac{\varepsilon_i}{B}=-\frac{0.4}{0.8}=-0.5(\mathrm{m^2/s})$$

其中负号表示闭合回路所包围面积在收缩。

（8）将条形磁铁插入与冲击电流计串联的金属环中时，有 $2.0\times10^{-5}\mathrm{C}$ 的电荷通过电流计。如果连接电流计的电路总电阻为 25Ω，则穿过环的磁通量变化了多少？

【答案：$5.0\times10^{-4}\mathrm{Wb}$】

详解： 由于

$$q=\frac{|\Delta\Phi_m|}{R}$$

因此穿过环的磁通量的变化量为

$$|\Delta\Phi_m|=qR=5.0\times10^{-4}(\mathrm{Wb})$$

（9）桌子上水平放置一个半径为 0.1m、电阻为 2.0Ω 的金属圆环。如果地磁场的磁感应强度的竖直分量为 $5\times10^{-5}\mathrm{T}$。那么将环面翻转一次时，沿环流过任一个横截面的电荷等于多少？

【答案：$1.57\times10^{-6}\mathrm{C}$】

详解： 将环面翻转一次穿过环的磁通量的变化量为

$$|\Delta\Phi_m|=|\pi r^2 B-(-\pi r^2 B)|=2\pi r^2 B$$

这时沿环流过任一个横截面的电荷为

$$q = \frac{|\Delta\Phi_m|}{R} = \frac{2\pi r^2 B}{R} = 1.57 \times 10^{-6}(\text{C})$$

（10）如图 9-7 所示。电荷 Q 均匀分布在一个半径为 R，长为 l（$l \gg R$）的绝缘长圆筒上。一个静止的单匝矩形线圈的一条边与圆筒的轴线重合。如果筒以角速度 $\omega = \omega_0(1-\alpha t)$ 减速旋转，则线圈中的感应电流等于多少？

【答案：0】

详解：圆筒旋转时形成与轴线垂直的环形电流，该电流出现的方向向上的磁场。尽管圆筒旋转的角速度发生变化会引起磁场的变化，但由于磁感应线始终与单匝矩形线圈平面平行，即通过单匝矩形线圈的磁通量始终为零，因此线圈中的感应电流为零。

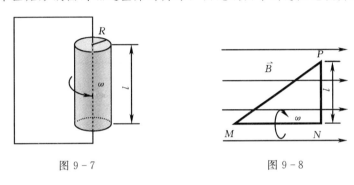

图 9-7　　　　　　　　　　图 9-8

2. 动生电动势和感生电动势

（1）如图 9-8 所示，直角三角形金属框架 MNP 放在均匀磁场中，磁场 $\vec{B}$ 平行于 MN 边，NP 边的长度为 l。当金属框架绕 MN 边以匀角速度 ω 转动时，MNP 回路中的感应电动势和 M、P 两点间的电势差分别为多少？

【答案：0；$\frac{1}{2}\omega B l^2$】

详解：由于磁感应线始终与直角三角形金属框架平面平行，即通过三角形线圈的磁通量始终等于零，因此当金属框架绕 MN 边匀速转动时，MNP 回路中的感应电动势等于零。

NP 边中产生的动生电动势方向从 P 到 N，其大小为

$$\varepsilon_{PN} = \frac{1}{2}\omega B l^2$$

由于 $\varepsilon_{NM} = 0$，则有 $\varepsilon_{MP} + \varepsilon_{PN} = 0$，因此

$$\varepsilon_{MP} = -\varepsilon_{PN} = -\frac{1}{2}\omega B l^2$$

即

$$\varepsilon_{PM} = \frac{1}{2}\omega B l^2$$

也就是说，MP 边中产生的动生电动势方向从 P 到 M。

从 M、P 两点看，相当于 ε_{PM} 和 ε_{PN} 两个电源并联，因此 M、P 两点间的电势差为

$$U_M - U_P = \frac{1}{2}\omega Bl^2$$

（2）如图 9-9 所示，圆铜盘水平放置在均匀磁场中，磁场方向垂直盘面向上。当铜盘绕通过中心垂直于盘面的轴沿图示方向转动时，铜盘上有没有感应电流产生？如果有感应电流，其方向如何？有没有感应电动势产生？如果有感应电动势，其方向如何？

【答案：没有感应电流产生；有感应电动势产生；从铜盘边缘指向 O 点】

详解：当铜盘绕通过中心垂直于盘面的轴转动时，相当于许多沿半径方向的铜导线做切割磁感应线运动，从 O 点和铜盘边缘某点看，相当于许多相同的电源并联，其感应电动势等于一根铜导线产生的感应电动势，其方向从铜盘边缘指向 O 点。

由于 O 点和铜盘边缘的点没有构成闭合回路，因此铜盘上没有感应电流产生。

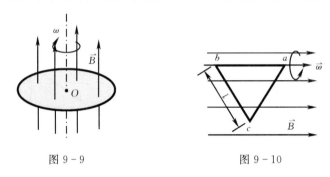

图 9-9   图 9-10

（3）如图 9-10 所示，边长为 l 的等边三角形的金属框放在均匀磁场中，ab 边平行于磁感应强度 $\vec{B}$，当金属框绕 ab 边以角速度 ω 转动时，bc 边和 ca 边上的电动势为多少？如果规定沿 $abca$ 绕向为电动势为正方向，金属框内的总电动势为多少？

【答案：$\frac{3}{8}\omega Bl^2$，$-\frac{3}{8}\omega Bl^2$；0】

详解：bc 边上的电动势与 bc 边在垂直于磁场方向的分量 $l\sin60°$ 上产生的电动势相同，考虑到电动势的方向，得

$$\varepsilon_{bc} = \frac{1}{2}\omega B(l\sin60°)^2 = \frac{3}{8}\omega Bl^2$$

同理，ca 边上的电动势为

$$\varepsilon_{ca} = -\frac{3}{8}\omega Bl^2$$

其中，负号表示 ca 边上电动势方向从 a 指向 c。

由于磁感应线始终与等边三角形金属框平面平行，即通过三角形线圈的磁通量始终等于零，因此，当金属框架绕 ab 边匀速转动时，金属框内的总电动势等于零。

（4）金属杆 MN 以 $2m/s$ 的速度平行于长直载流导线做匀速运动，长直导线与 AB 共面且相互垂直，如图 9-11（a）所示。已知长直导线中载有 $40A$ 的电流，则此金属杆中的感应电动势等于多少？M、N 两点哪一点电势较高？

【答案：$1.11×10^{-5}V$；M 点电势高】

详解：建立如图 9-11（b）所示的坐标系，在导线上取微元 dx，其 $\vec{v}×\vec{B}$ 的方向沿 x 轴负方向，大小为 vB，因此其上的动生电动势为

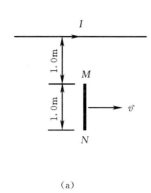
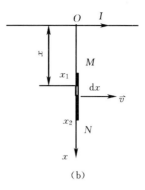

(a)   (b)

图 9-11

$$d\varepsilon = (\vec{v} \times \vec{B}) \cdot d\vec{l} = -vB dx$$

其中

$$B = \frac{\mu_0 I}{2\pi x}$$

整根金属杆中的感应电动势为

$$\varepsilon = -\frac{\mu_0 I v}{2\pi} \int_{x_1}^{x_2} \frac{dx}{x} = -\frac{\mu_0 I v}{2\pi} \ln \frac{x_2}{x_1} = -1.11 \times 10^{-5} \ (\text{V})$$

其中，负号表示金属杆中电动势的方向与 x 轴方向相反，即从 N 指向 M。因此 M 点的电势比 N 点高。

（5）在图 9-12 所示的电路中，长度为 0.05m 的导线 MN 在固定导线框上以 2m/s 的速度匀速向左平移，均匀磁场随时间的变化率为 $dB/dt = -0.1\text{T/s}$。在某一时刻 $B = 0.5\text{T}$，$x = 0.1\text{m}$，这时动生电动势的大小等于多少？总的感应电动势的大小等于多少？此后动生电动势的大小随着 MN 的运动而发生怎样的变化？

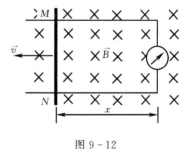

图 9-12

【答案：50mV；49.5mV；变小】

详解：动生电动势的大小为

$$\varepsilon_1 = Blv = 50 \ (\text{mV})$$

在任一时刻穿过回路的磁通量为

$$\Phi_m = Blx$$

总的感应电动势为

$$\varepsilon_i = -\frac{d\Phi_m}{dt} = -\frac{d(Blx)}{dt} = -Bl\frac{dx}{dt} - lx\frac{dB}{dt} = -Blv - lx\frac{dB}{dt}$$

当 $B = 0.5\text{T}$、$x = 0.1\text{m}$ 时

$$\varepsilon_i = -50\text{mV} - 0.05 \times 0.1 \times (-0.1) \times 10^3 \text{mV} = -49.5 \ (\text{mV})$$

即此刻总的感应电动势的大小等于 49.5mV。

由于感应电流受到的磁场力阻碍导线 MN 向左移动，此后导线 MN 的速度变小，动生电动势的大小随着碍导线 MN 的运动而逐渐变小。

（6）一条导线被弯成如图 9-13（a）所示的形状，abc 是半径为 R 的四分之三圆弧，直线段 Oa 的长也为 R。如果此导线放在匀强磁场 $\vec{B}$ 中，$\vec{B}$ 的方向垂直图面向内。导线以角速度 ω 在图面内绕 O 点匀速转动，该导线中的动生电动势等于多少？电势最高的点是哪一点？

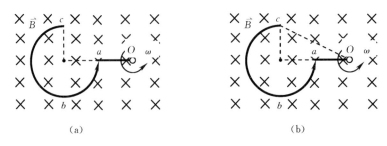

（a）　　　　　　　　　　　（b）

图 9-13

【答案：$\dfrac{5}{2}\omega BR^2$；O 点】

详解： 连接 O、c 两点，如图 9-13（b）所示，则 $OabcO$ 构成闭合回路。当导线以角速度 ω 在图面内绕 O 点匀速转动时，由于通过闭合回路的磁通量不发生变化，因此，总的感应电动势等于零。即

$$\varepsilon_{cbaO}+\varepsilon_{Oc}=0$$

其中

$$\varepsilon_{Oc}=-\frac{1}{2}\omega B\,\overline{Oc}^2$$

由几何关系容易得到

$$\overline{Oc}^2=R^2+(2R)^2=5R^2$$

因此

$$\varepsilon_{Oc}=-\frac{5}{2}\omega BR^2$$

则导线 $cbaO$ 中的电动势为

$$\varepsilon_{cbaO}=-\varepsilon_{Oc}=\frac{5}{2}\omega BR^2$$

由于 $\varepsilon_{cbaO}>0$，因此，电势最高的点是 O 点。

（7）如图 9-14 所示，在纸面内有一根载有电流 I 的无限长直导线和一接有电压表的矩形线框。线框与长直导线相平行的边长度为 l，电压表两端 M、N 间的距离与 l 相比可以忽略不计。使线框在纸面内以速度 $\vec{v}$ 沿垂直于载流导线的方向离开导线，当运动到图示位置时，电压表的读数等于多少？电压表的 M、N 两端哪一端是电压表的正极端？

【答案：$\dfrac{\mu_0 Ilv}{2\pi}\left(\dfrac{1}{a}-\dfrac{1}{a+b}\right)$；$M$ 端】

图 9-14

详解： 当线框在纸面内以速度 $\vec{v}$ 沿垂直于载流导线的方向离开导线运动时，上下两

条边中不产生电动势，左右两条边中产生的电动势分别为

$$\varepsilon_{\text{左}} = B_{\text{左}} \, lv = \frac{\mu_0 I l v}{2\pi(a+b)}, \varepsilon_{\text{右}} = \frac{\mu_0 I l v}{2\pi a}$$

它们的方向均沿导线向上。

回路中的总电动势为

$$\varepsilon = \varepsilon_{\text{右}} - \varepsilon_{\text{左}} = \frac{\mu_0 I l v}{2\pi} \left(\frac{1}{a} - \frac{1}{a+b} \right)$$

电压表的读数就等于回路中的总电动势。

由于回路中总电动势的方向为逆时针，因此电压表的 M 端是正极端。

3. 自感现象和互感现象

(1) 在自感系数为 0.25H 的线圈中，当电流在 0.05s 内由 2.0A 均匀减小到零时，线圈中自感电动势的大小等于多少？

【答案：10V】

详解： 依题意得电流强度的变化率为

$$\frac{\mathrm{d}I}{\mathrm{d}t} = \frac{0-2}{0.05} = -40 \ (\text{A/s})$$

因此，线圈中自感电动势的大小为

$$\varepsilon_L = -L \frac{\mathrm{d}I}{\mathrm{d}t} = -0.25 \times (-40) = 10 \ (\text{V})$$

(2) 一个薄壁纸筒的长度为 0.3m，截面直径为 0.03m，筒上绕有 500 匝线圈，纸筒内充满相对磁导率为 5000 的铁芯，则线圈的自感系数为多少？

【答案：3.7H】

详解： 直螺线管的自感系数为

$$L = \mu_r \mu_0 n^2 V = \mu_r \mu_0 \left(\frac{N}{l} \right)^2 l \frac{\pi}{4} d^2 = \frac{\pi \mu_r \mu_0 (Nd)^2}{4l}$$

因此，该线圈的自感系数为

$$L = \frac{\pi \times 5000 \times 4\pi \times 10^{-7} \times (500 \times 0.03)^2}{4 \times 0.3} = 3.7 \ (\text{H})$$

(3) 单匝线圈自感系数的定义式为 $L = \dfrac{\Phi}{I}$。当线圈的几何形状、大小及周围磁介质分布不变，且没有铁磁性物质时，如果线圈中的电流强度变小，则线圈的自感系数怎样变化？

【答案：不变】

详解： 线圈的自感系数是线圈本身的物理量，它只与线圈本身的几何形状、大小及线圈中的磁介质有关，而与线圈中是否通过电流无关。因此，如果线圈中的电流强度变小，线圈的自感系数不变。

(4) 一个电阻为 R、自感系数为 L 的线圈，将它接在一个电动势为 $\omega(t)$ 的交变电源上，线圈的自感电动势为 $\varepsilon_L = -L \dfrac{\mathrm{d}I}{\mathrm{d}t}$，则流过线圈的电流为多少？

【答案：$I = \dfrac{\varepsilon(t) - L\dfrac{\mathrm{d}I}{\mathrm{d}t}}{R}$】

详解：回路的总电动势为

$$\varepsilon = \varepsilon(t) + \varepsilon_{\mathrm{L}} = \varepsilon(t) - L\frac{\mathrm{d}I}{\mathrm{d}t}$$

流过线圈的电流为

$$I = \frac{\varepsilon}{R} = \frac{\varepsilon(t) - L\dfrac{\mathrm{d}I}{\mathrm{d}t}}{R}$$

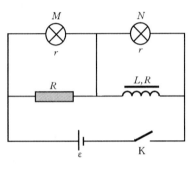

图 9 - 15

（5）在如图 9 - 15 所示的电路中，M、N 是两支完全相同的小灯泡，其内阻 $r \gg R$，L 是一个自感系数相当大的线圈，其电阻值与 R 相等。当开关 K 接通时，灯泡 M 和 N 中电流是否相等？如果不相等，哪一个大？当开关 K 断开时，灯泡 M 和 N 中电流是否相等？它们是否同时熄灭？

【答案：不相等；$I_{\mathrm{N}} > I_{\mathrm{M}}$；不相等；不同时熄灭】

详解：当开关 K 接通时，由于自感线圈中自感电动势对电流的阻碍作用，使得灯泡 N 中的电流 I_{N} 比 M 中的电流 I_{M} 大，即当开关 K 接通时，灯泡 M 和 N 中电流的不相等，并且 $I_{\mathrm{N}} > I_{\mathrm{M}}$。

当开关 K 断开时，灯泡 M 中的电流 $I_{\mathrm{M}} = 0$，这时线圈中会产生自感电动势，使得灯泡 N 中存在电流。即当开关 K 断开时，灯泡 M 和 N 中的电流不相等，灯泡 M 立即熄灭，而灯泡 N 则慢慢地熄灭。即这时两灯泡不是同时熄灭。

（6）在一个自感系数为 L 的线圈中通过的电流 I 随时间 t 的变化规律如图 9 - 16（a）所示，若以 I 的正流向作为 ε 的正方向，试画出代表线圈内自感电动势 ε 随时间 t 的变化曲线。

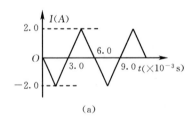
（a）

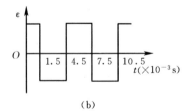
（b）

图 9 - 16

【答案：如图 9 - 16（b）所示】

详解：在 $0 \sim 1.5 \times 10^{-3}$ s 时间内

$$\frac{\mathrm{d}I}{\mathrm{d}t} = \frac{-2.0 - 0}{1.5 \times 10^{-3}} = -\frac{4}{3} \times 10^{-3}(\mathrm{A/s}) < 0$$

在此段时间内的自感电动势为

$$\varepsilon_{\mathrm{L}} = -L\frac{\mathrm{d}I}{\mathrm{d}t} = \frac{4}{3}\times 10^{-3}L > 0$$

因此，线圈内自感电动势 ε 随时间 t 的变化曲线如图 9-16（b）所示。

（7）面积为 S 的平面线圈置于磁感应强度为 $\vec{B}$ 的均匀磁场中。如果线圈以匀角速度 ω 绕位于线圈平面内且垂直于 $\vec{B}$ 方向的固定轴旋转，在时刻 $t=0$ 时 $\vec{B}$ 与线圈平面垂直。则任意时刻 t 时通过线圈的磁通量为多少？线圈中的感应电动势为多少？如果均匀磁场 $\vec{B}$ 是由通有电流 I 的线圈所产生，且 $B=kI$（k 为常量），则旋转线圈相对于产生磁场的线圈最大互感系数等于多少？

【答案：$BS\cos\omega t$；$BS\omega\sin\omega t$；kS】

详解：依题意，在任意时刻 t 通过线圈的磁通量为

$$\Phi_{\mathrm{m}} = \vec{B}\cdot\vec{S} = BS\cos\omega t$$

线圈中的感应电动势为

$$\varepsilon = -\frac{\mathrm{d}\Phi_{\mathrm{m}}}{\mathrm{d}t} = BS\omega\sin\omega t$$

在任意时刻 t，线圈中的电流 I 产生的磁场通过平面线圈的磁通量为

$$\Phi_{\mathrm{m}} = BS\cos\omega t = kIS\cos\omega t$$

旋转线圈相对于产生磁场的线圈的互感系数为

$$M = \frac{\Phi_{\mathrm{m}}}{I} = kS\cos\omega t$$

最大互感系数为

$$M_{\max} = kS$$

（8）如图 9-17 所示，有一根无限长直绝缘导线紧贴在矩形线圈的中心轴 MN 上，则直导线与矩形线圈间的互感系数等于多少？

【答案：0】

详解：由于无限长直绝缘导线紧贴在矩形线圈的中心轴 MN 上，因此在矩形线圈中，通过中心轴 MN 上方和下方的磁通量大小相等，符号相反，矩形线圈中的总磁通量等于 0。由互感系数的定义可知，矩形线圈的互感系数等于 0。由于互感系数彼此相等，因此，无限长直绝缘导线的互感系数也等于 0。

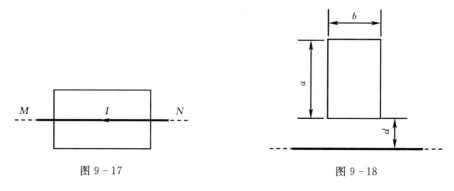

图 9-17　　　　　　　　　　　　图 9-18

（9）如图 9-18 所示，一条长直导线旁有一个长为 a、宽为 b 的矩形线圈，线圈与导

线共面，长度为 b 的一条边与导线平行且与直导线相距为 d。则线圈与长直导线的互感系数等于多少？

【答案：$\dfrac{\mu_0 b}{2\pi}\ln\dfrac{d+a}{d}$】

详解： 设在长直导线通过导流 I，则通过矩形线圈的磁通量为

$$\Phi_{\mathrm{m}}=\int_{d}^{d+a}\frac{\mu_0 I}{2\pi r}\cdot b\mathrm{d}r=\frac{\mu_0 Ib}{2\pi}\ln\frac{d+a}{d}$$

因此，线圈与长直导线的互感系数为

$$M=\frac{\Phi_{\mathrm{m}}}{I}=\frac{\mu_0 b}{2\pi}\ln\frac{d+a}{d}$$

4. 磁场的能量

（1）真空中一根无限长直细导线上通有电流 I，距导线垂直距离为 r 的空间某点处的磁能密度等于多少？

【答案：$\dfrac{\mu_0 I^2}{8r^2}$】

详解： 距导线垂直距离为 r 的空间某点处的磁感应强度大小为

$$B=\frac{\mu_0 I}{2\pi r}$$

该点的磁能密度为

$$w_{\mathrm{m}}=\frac{B^2}{2\mu_0}=\frac{1}{2\mu_0}\left(\frac{\mu_0 I}{2r}\right)^2=\frac{\mu_0 I^2}{8r^2}$$

（2）半径为 R 的无限长柱形导体上均匀通有电流 I，该导体材料的相对磁导率 $\mu_{\mathrm{r}}=1$，则在导体轴线上一点的磁场能量密度等于多少？在与导体轴线相距 r 处的磁场能量密度等于多少？

【答案：0；$\dfrac{\mu_0 I^2 r^2}{8\pi^2 R^4}$】

详解： 由于在导体轴线上的磁感应强度等于 0，因此，此处磁场能量密度也等于 0。

由于与导体轴线相距 r 处的磁感应强度大小为

$$B=\frac{\mu_0 I r}{2\pi R^2}$$

因此，该处的磁场能量密度为

$$w_{\mathrm{m}}=\frac{B^2}{2\mu_0}=\frac{\mu_0 I^2 r^2}{8\pi^2 R^4}$$

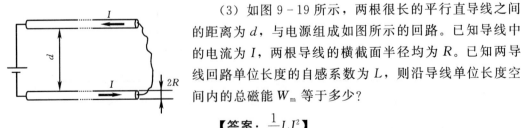

图 9-19

（3）如图 9-19 所示，两根很长的平行直导线之间的距离为 d，与电源组成如图所示的回路。已知导线中的电流为 I，两根导线的横截面半径均为 R。已知两导线回路单位长度的自感系数为 L，则沿导线单位长度空间内的总磁能 W_{m} 等于多少？

【答案：$\dfrac{1}{2}LI^2$】

详解： 由于两导线回路单位长度的自感系数为 L ，因此，沿导线单位长度空间内的总磁能为

$$W_m = \frac{1}{2}LI^2$$

（4）真空中有两条相距为 $2a$ 的平行长直导线，通有大小相等、方向相同的电流 I ， M 、 N 两点与两导线在同一平面内，与导线的距离如图 9 - 20 所示，这两点的磁场能量密度分别等于多少？

【**答案**： $\dfrac{2\mu_0 I^2}{9\pi^2 a^2}$ ；0 】

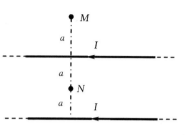

图 9 - 20

详解： M 、 N 两点的磁感应强度大小分别为

$$B_M = \frac{\mu_0 I}{2\pi a} + \frac{\mu_0 I}{2\pi \cdot 3a} = \frac{2\mu_0 I}{3\pi a}$$

$$B_N = \frac{\mu_0 I}{2\pi a} - \frac{\mu_0 I}{2\pi a} = 0$$

因此， M 、 N 两点的磁场能量密度分别为

$$w_{mM} = \frac{B_M^2}{2\mu_0} = \frac{2\mu_0 I^2}{9\pi^2 a^2}$$

$$w_{mN} = \frac{B_N^2}{2\mu_0} = 0$$

三、课后习题解答

（1）如图 9 - 21 所示，两个半径分别为 R 和 r 的同轴圆形线圈相距 x ，且 $x \gg R \gg r$ 。如果大线圈通有电流 I ，小线圈沿 x 轴方向以速率 v 运动，试求当 $x = NR$ 时（ N 为正数）小线圈回路中产生的感应电动势大小。

解： 通有电流 I 的大线圈在小线圈处产生的磁感应强度大小为

$$B = \frac{\mu_0 I R^2}{2(R^2 + x^2)^{3/2}}$$

由于 $x \gg R \gg r$ ，因此，可以认为该磁场是均匀磁场。

穿过小回路的磁通量为

$$\Phi = BS = \frac{\mu_0 I R^2}{2(R^2 + x^2)^{3/2}} \cdot \pi r^2 = \frac{\mu_0 \pi I R^2 r^2}{2(R^2 + x^2)^{3/2}} = \frac{\mu_0 \pi I R^2 r^2}{2x^3}$$

小线圈沿 x 轴方向以速率 v 运动时，在小线圈回路中产生的感应电动势大小为

$$\varepsilon_i = \left| \frac{d\Phi}{dt} \right| = \frac{3\mu_0 \pi I R^2 r^2}{2x^4} \left| \frac{dx}{dt} \right| = \frac{3\mu_0 \pi v I R^2 r^2}{2x^4}$$

当 $x = NR$ 时，小线圈回路中产生的感应电动势大小为

$$\varepsilon_i = \frac{3\mu_0 \pi v I R^2 r^2}{2(NR)^4} = \frac{3\mu_0 \pi v I r^2}{2N^4 R^2}$$

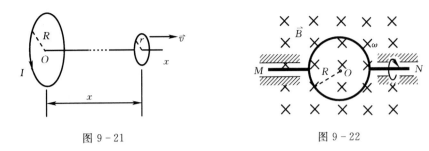

图 9-21　　　　　　　　　　　　　　　图 9-22

（2）如图 9-22 所示，有一半径为 0.1m 的 200 匝圆形线圈置于均匀磁场 $\vec{B}$ 中（$B=0.5T$）。圆形线圈以 600rev/min 的转速绕通过圆心 O 的轴 MN 匀速转动。求圆线圈从图示的位置转过 $\frac{1}{2}\pi$ 时：

1）线圈中的瞬时电流值（已知线圈的电阻 100Ω，不计自感）。

2）圆心 O 处的磁感应强度。

解：1）设圆线圈转至任意位置时，其法向方向与磁场方向之间的夹角为 θ，其表达式为

$$\theta = \omega t = 2\pi n t$$

通过该圆线圈平面的磁通量为

$$\Phi = \vec{B} \cdot \vec{S} = B\pi R^2 \cos\theta = B\pi R^2 \cos(2\pi n t)$$

在任意时刻线圈中产生的感应电动势为

$$\varepsilon_i = -N\frac{d\Phi}{dt} = NB\pi R^2 \cdot 2\pi n \sin(2\pi n t) = 2\pi^2 BNR^2 n \sin(2\pi n t)$$

在任意时刻线圈中的感应电流为

$$i = \frac{\varepsilon_i}{r} = \frac{2\pi^2 BNR^2 n}{r}\sin(2\pi n t)$$

当圆线圈从图示的位置转过 $\pi/2$（即 $2\pi n t = \pi/2$）时，线圈中的瞬时电流值为

$$i = \frac{2\pi^2 BNR^2 n}{r}\sin\frac{\pi}{2} i = \frac{2\pi^2 BNR^2 n}{r} = 1.974 \text{（A）}$$

2）此刻圆线圈中的电流 i 在圆线圈中心处产生的磁场为

$$B_0 = \frac{\mu_0 N i}{2R} = 2.48 \times 10^{-3} \text{（T）}$$

其方向在图面内向下。

圆心 O 处的磁感应强度为

$$B' = \sqrt{B^2 + B_0^2} \approx B = 0.5 \text{（T）}$$

其方向与磁场 $\vec{B}$ 的方向基本相同。

（3）如图 9-23（a）所示，金属架 COD 放在磁场中，磁场方向垂直于金属架 COD 所在平面向外。一根导体杆 MN 垂直于 OD 边，并在金属架上以恒定速度 $\vec{v}$ 向左滑动，$\vec{v}$ 与导体杆 MN 垂直。设 $t=0$ 时，$x=0$。就下列两种情形，求框架内的感应电动势：

1）磁场分布均匀，且 $\vec{B}$ 不随时间改变。

2）非均匀的时变磁场 $B = kx\sin\omega t$。

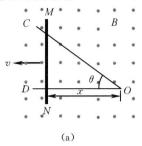

(a)

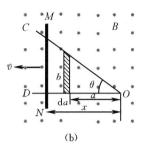

(b)

图 9-23

解：1）取回路的正方向为逆时针方向。则在 t 时刻穿过回路的磁通量为

$$\Phi = \frac{1}{2}xyB$$

其中，$y = x\tan\theta$、$x = vt$，因此

$$\Phi = \frac{1}{2}v^2\tan\theta Bt^2$$

由法拉第电磁感应定律得框架内的感应电动势为

$$\varepsilon_i = -\frac{\mathrm{d}\Phi}{\mathrm{d}t} = -v^2\tan\theta Bt$$

其中，负号表示实际感应电动势的方向沿顺时针。因此，导体杆中的感应电动势方向由 N 指向 M。

2）仍然取回路的正方向为逆时针方向。为求 t 时刻穿过回路的磁通量，在回路上取如图 9-23（b）所示的微分条，穿过该微分条的磁通量为

$$\mathrm{d}\Phi = B\mathrm{d}S = Bb\mathrm{d}a$$

其中，$b = a\tan\theta$、$B = ka\sin\omega t$，因此

$$d\Phi = k\tan\theta\sin\omega t a^2 \mathrm{d}a$$

穿过整个回路的磁通量为

$$\Phi = \int_0^x k\tan\theta\sin\omega t a^2 \mathrm{d}a = k\tan\theta\sin\omega t\int_0^x a^2 \mathrm{d}a = \frac{1}{3}k\tan\theta\sin\omega t x^3$$

由于 $x = vt$，因此

$$\Phi = \frac{1}{3}kv^3\tan\theta t^3\sin\omega t$$

由法拉第电磁感应定律得框架内的感应电动势为

$$\varepsilon_i = -\frac{\mathrm{d}\Phi}{\mathrm{d}t} = -kv^3\tan\theta\left(t^2\sin\omega t + \frac{1}{3}\omega t^3\cos\omega t\right)$$

当 $\varepsilon_i > 0$ 时，导体杆中的感应电动势方向由 M 指向 N；当 $\varepsilon_i < 0$ 时，由 N 指向 M。

（4）如图 9-24（a）所示，真空中有一条长直导线通有电流 $I(t) = I_0\mathrm{e}^{-\lambda t}$（式中 I_0、λ 为常量，t 为时间），有一个宽为 h、带有滑动边的矩形导线框与长直导线平行共面，二者相距 x。矩形线框的滑动边与长直导线垂直，并且以匀速 $\vec{v}$（方向平行长直导线）滑动。如果忽略线框中的自感电动势，并设开始时滑动边与对边重合，试求任意时刻 t 在矩

形线框内的感应电动势，并讨论其方向。

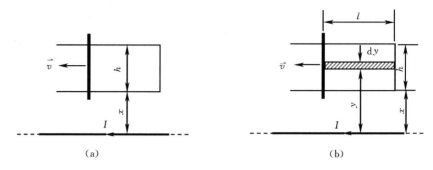

图 9-24

解： 长直通电导线中的电流变化会引起磁场变化，从而在矩形线框中产生感生电动势，滑动边的运动会在线框中产生动生电动势。因此，本题采用法拉第电磁感应定律求解比较方便。

首先计算在任意时刻 t 的通过矩形线框的磁通量。如图 9-24（b）所示，在矩形线框上距长直导线为 y 处取微分条，其法线方向垂直纸面向里。通过该微分条的磁通量为

$$\mathrm{d}\Phi_\mathrm{m} = \vec{B} \cdot \mathrm{d}\vec{S} = B\mathrm{d}S = \frac{\mu_0 I}{2\pi y} l\mathrm{d}y = \frac{\mu_0 I l \mathrm{d}y}{2\pi y}$$

因此，通过矩形线框的磁通量为

$$\Phi_\mathrm{m} = \frac{\mu_0 I l}{2\pi} \int_x^{x+h} \frac{\mathrm{d}y}{y} = \frac{\mu_0 I l}{2\pi} \ln \frac{x+h}{x}$$

然后计算在任意时刻 t 矩形线框内的感应电动势。设顺时针方向为感应电动势的正方向。由法拉第电磁感应定律得

$$\varepsilon_\mathrm{i} = -\frac{\mathrm{d}\Phi_\mathrm{m}}{\mathrm{d}t} = -\frac{\mu_0}{2\pi} \ln \frac{x+h}{x} \left(l \frac{\mathrm{d}I}{\mathrm{d}t} + I \frac{\mathrm{d}l}{\mathrm{d}t} \right)$$

其中 $I(t) = I_0 e^{-\lambda t}$、$l = vt$，因此

$$\varepsilon_\mathrm{i} = -\frac{\mu_0}{2\pi} \ln \frac{x+h}{x} (-\lambda vt I_0 e^{-\lambda t} + v I_0 e^{-\lambda t}) = \frac{\mu_0}{2\pi} v I_0 e^{-\lambda t} (\lambda t - 1) \ln \frac{x+h}{x}$$

如果 $\lambda t > 1$，ε_i 的方向为顺时针，如果 $\lambda t < 1$，ε_i 的方向为逆时针。

（5）一个面积为 S 的单匝平面线圈，以恒定角速度 ε 在磁感应强度为 $\vec{B} = B_0 \sin\omega t \, \vec{k}$ 的均匀外磁场中转动，转轴与线圈共面且与 $\vec{B}$ 垂直。设 $t=0$ 时线圈的正法向与 $\vec{k}$ 同方向，求线圈中的感应电动势。

解： 依题意，在时刻 t 通过平面线圈的磁通量为

$$\Phi = BS\cos\omega t = B_0 S \sin\omega t \cos\omega t = \frac{1}{2} B_0 S \sin 2\omega t$$

由法拉第电磁感应定律得在时刻 t 线圈中的感应电动势为

$$\varepsilon_\mathrm{i} = -\frac{\mathrm{d}\Phi}{\mathrm{d}t} = -B_0 S\omega \cos 2\omega t$$

（6）如图 9-25 所示，一根电荷线密度为 λ 的长直带电线与一个边长为 a 的正方形线

圈共面并与其一对边平行，与正方形较近的一条平行边的距离也为 a。带电线以变速率 $v(t)$ 沿着其长度方向运动。已知正方形线圈中的总电阻为 R，求 t 时刻正方形线圈中感应电流 $i(t)$ 的大小（不考虑线圈的自感）。

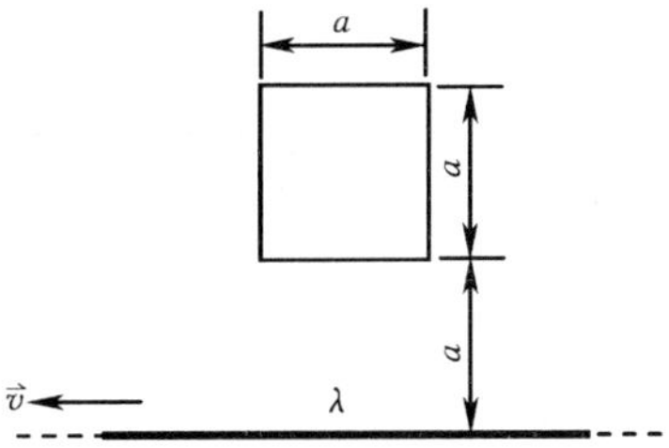

解：长直带电线以速率 $v(t)$ 运动时形成的电流为

$$I = \lambda v(t)$$

该电流的磁场分布为

$$B = \frac{\mu_0 I}{2\pi x} = \frac{\mu_0 \lambda v(t)}{2\pi x}$$

图 9-25

其中，x 为带电线外一点到带电线的距离。

在正方形线圈上取一个与带电线平行的微分条，它到带电线的距离为 x，宽度为 $\mathrm{d}x$。在 t 时刻穿过该微分条的磁通量为

$$\mathrm{d}\Phi = B \mathrm{d}S = \frac{\mu_0 I}{2\pi x} a \mathrm{d}x = \frac{\mu_0 a \lambda v(t)}{2\pi x} \mathrm{d}x$$

在该时刻穿过正方形线圈的磁通量为

$$\Phi = \int_a^{2a} \frac{\mu_0 a \lambda v(t)}{2\pi x} \mathrm{d}x = \frac{\mu_0 a \lambda v(t)}{2\pi} \int_a^{2a} \frac{1}{x} \mathrm{d}x = \frac{\mu_0 a \lambda v(t)}{2\pi} \ln 2$$

由法拉第电磁感应定律得在该时刻正方形线圈中的感生电动势的大小为

$$|\varepsilon_\mathrm{i}| = \left| -\frac{\mathrm{d}\Phi}{\mathrm{d}t} \right| = \frac{\mu_0 a \lambda \ln 2}{2\pi} \left| \frac{\mathrm{d}v(t)}{\mathrm{d}t} \right|$$

因此，t 时刻正方形线圈中的感应电流为

$$i(t) = \frac{|\varepsilon_\mathrm{i}|}{R} = \frac{\mu_0 a \lambda \ln 2}{2\pi R} \left| \frac{\mathrm{d}v(t)}{\mathrm{d}t} \right|$$

（7）如图 9-26（a）所示，在无限长直导线中通以恒定电流 I，有一个与之共面的直角三角形线圈 ABC，其三条边长分别为 a、b 和 c。如果线圈以垂直于导线方向的速度 $\vec{v}$ 向左平移，当 C 点与长直导线的距离为 x 时，求线圈 ABC 内的感应电动势的大小和感应电动势的方向。

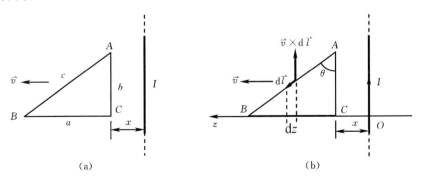

图 9-26

解：当线圈 ABC 向左平移时，AB 和 AC 边中会产生动生电动势。当 C 点与长直导线的距离为 x 时，AC 边中产生的动生电动势方向沿 CA 方向，其大小为

$$\varepsilon_{CA} = \frac{\mu_0 I}{2\pi x} bv = \frac{\mu_0 vIb}{2\pi x}$$

现在求 AB 边中产生的动生电动势。如图 9-26（b）所示，在 AB 边上取微分元 $\mathrm{d}\vec{l}$，其方向沿 AB 方向。$\vec{v} \times \vec{B}$ 的方向向上，大小为 vB。设 $\angle BAC = \theta$，则微分元 $\mathrm{d}\vec{l}$ 中的动生电动势为

$$\mathrm{d}\varepsilon_{AB} = (\vec{v} \times \vec{B}) \cdot \mathrm{d}\vec{l} = vB\cos(\pi - \theta)\mathrm{d}l = -vB\cos\theta\mathrm{d}l$$

其中，$B = \dfrac{\mu_0 I}{2\pi z}$、$\mathrm{d}l = \dfrac{\mathrm{d}z}{\sin\theta}$，因此

$$\mathrm{d}\varepsilon_{AB} = -v\frac{\mu_0 I}{2\pi z}\cos\theta\frac{\mathrm{d}z}{\sin\theta} = -\frac{\mu_0 vI\cot\theta}{2\pi}\frac{\mathrm{d}z}{z}$$

其中，$\cot\theta = \dfrac{b}{a}$，因此

$$\mathrm{d}\varepsilon_{AB} = -\frac{\mu_0 vIb}{2\pi a}\frac{\mathrm{d}z}{z}$$

AB 边中的动生电动势为

$$\varepsilon_{AB} = -\frac{\mu_0 vIb}{2\pi a}\int_x^{x+a}\frac{\mathrm{d}z}{z} = -\frac{\mu_0 vIb}{2\pi a}\ln\frac{x+a}{x}$$

其中，负号表示 AB 边中动生电动势方向沿 BA 方向。

线圈 ABC 内的感应电动势的大小为

$$\varepsilon_{ABC} = \varepsilon_{AB} + \varepsilon_{CA} = \frac{\mu_0 vIb}{2\pi}\left(\frac{1}{x} - \frac{1}{a}\ln\frac{x+a}{x}\right)$$

感应电动势的方向沿顺时针。

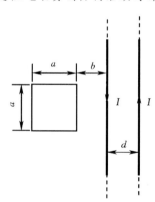

图 9-27

（8）如图 9-27 所示，两根平行无限长直导线相距为 d，载有大小相等方向相反的电流 I，电流变化率 $\mathrm{d}I/\mathrm{d}t = \delta > 0$。一个边长为 a 的正方形线圈位于导线平面内，它与一根导线相距 b。求线圈中的感应电动势，并说明线圈中的感应电流的方向。

解： 载有电流 I 的无限长直导线在与其相距为 r 处产生的磁感应强度为

$$B = \frac{\mu_0 I}{2\pi r}$$

设顺时针绕向为线圈回路的正方向，则与线圈相距较远的导线在线圈中产生的磁通量为

$$\Phi_1 = \int_{d+b}^{d+b+a}\frac{\mu_0 I}{2\pi r}a\,\mathrm{d}r = \frac{\mu_0 Ia}{2\pi}\ln\frac{d+b+a}{d+b}$$

与线圈相距较近的导线在线圈中产生的磁通量为

$$\Phi_2 = \int_b^{b+a}\frac{\mu_0 I}{2\pi r}a\,\mathrm{d}r = \frac{\mu_0 Ia}{2\pi}\ln\frac{b+a}{b}$$

通过线圈的总磁通量为

$$\Phi=\Phi_2-\Phi_1=\frac{\mu_0 Ia}{2\pi}\ln\frac{(b+a)(d+b)}{b(d+b+a)}$$

由法拉第电磁感应定律得正方形线圈中的感生电动势为

$$\varepsilon_i=-\frac{\mathrm{d}\Phi}{\mathrm{d}t}=-\frac{\mu_0 a}{2\pi}\ln\frac{(b+a)(d+b)}{b(d+b+a)}\frac{\mathrm{d}I}{\mathrm{d}t}=-\frac{\mu_0 a\delta}{2\pi}\ln\frac{(b+a)(d+b)}{b(d+b+a)}$$

由于 $\varepsilon_i<0$，因此实际电动势的方向为逆时针，线圈中的感应电流方向亦是逆时针。

（9）如图 9-28 所示，由质量为 m、电阻为 R 的均匀导线制成的矩形线框的长为 l。$y=0$ 平面以上没有磁场，$y=0$ 平面以下有匀强磁场 $\vec{B}$，其方向垂直纸面向里。最初线框的下底边在 $y=0$ 平面上方 h 处，线框从此处由静止开始下落，已知在 t_1 和 t_2 时刻线框的位置如图，求线框速度 v 与时间 t 的函数关系（忽略空气阻力，且不计线框的自感）。

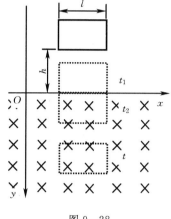

图 9-28

解：首先求解线框的下底边到达 $y=0$ 平面处时线框的速度。

线框进入磁场之前（$0\leqslant t\leqslant t_1$）做自由落体。线框的下底边到达 $y=0$ 平面处（$t=t_1$）时，线框的速度为

$$v_1=\sqrt{2gh}$$

其次求解线框的上底边到达 $y=0$ 平面处时线框的速度。

这时线框的下底边已经进入磁场，其中产生的感应电流使线框受到方向向上的磁场力，其大小为

$$F=IBl=Bl\frac{Blv}{R}=\frac{B^2l^2v}{R}$$

对线框应用牛顿定律，有

$$mg-\frac{B^2l^2}{R}v=m\frac{\mathrm{d}v}{\mathrm{d}t}$$

整理得线框运动的微分方程为

$$\frac{\mathrm{d}v}{\mathrm{d}t}+kv-g=0$$

其中，$k=\dfrac{B^2l^2}{mR}$。将上式分离变量后积分，注意到 $t=t_1$ 时 $v=v_1$，$t=t_2$ 时 $v=v_2$，有

$$\int_{v_1}^{v_2}\frac{\mathrm{d}v}{kv-g}=-\int_{t_1}^{t_2}\mathrm{d}t$$

解之得

$$v_2=\frac{1}{k}\left[g-(g-kv_1)\mathrm{e}^{-k(t_2-t_1)}\right]$$

最后求解线框全部进入磁场后的速度。

这时 $(t > t_2)$ 通过线框的磁通量不随时间发生变化，线框回路不存在感应电流，线框所受的磁力为零。因此，线框在重力作用下匀加速下落。在 t 时刻的速度为

$$v = v_2 + g(t - t_2) = \frac{1}{k} \left[g - (g - kv_1) e^{-k(t_2 - t_1)} \right] + g(t - t_2)$$

将 k 和 v_1 的表达式代入上式，即得线框速度的 v 与时间 t 的函数关系为

$$v = \frac{mR}{B^2 l^2} \left[g - \left(g - \frac{B^2 l^2}{mR} v_1 \right) e^{-\frac{B^2 l^2}{mR}(t_2 - t_1)} \right] + g(t - t_2)$$

（10）如图 9-29（a）所示，半径为 R 的长直螺线管的匝密度为 n。在管外有一个包围着螺线管、面积为 S 的圆线圈，其平面垂直于螺线管轴线。螺线管中电流 i 随时间做周期为 T 的变化，求圆线圈中的感生电动势，并画出 $\varepsilon \sim t$ 曲线。

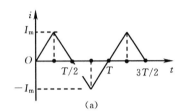
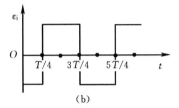

（a）　　　　　　　　　　（b）

图 9-29

解： 螺线管中的磁感应强度大小为

$$B = \mu_0 ni$$

通过圆线圈的磁通量为

$$\Phi = BS = \mu_0 \pi nR^2 i$$

取圆线圈中感应电动势的正方向与螺线管中电流的正方向相同，由法拉第电磁感应定律得

$$\varepsilon_i = -\frac{\mathrm{d}\Phi}{\mathrm{d}t} = -\mu_0 \pi nR^2 \frac{\mathrm{d}i}{\mathrm{d}t}$$

在 $0 < t < T/4$ 范围内，由于

$$\frac{\mathrm{d}i}{\mathrm{d}t} = \frac{I_m}{T/4} = \frac{4I_m}{T}$$

因此，在该区间内的感应电动势为

$$\varepsilon_i = -\mu_0 \pi nR^2 \frac{\mathrm{d}i}{\mathrm{d}t} = -\mu_0 \pi nR^2 \frac{4I_m}{T}$$

同理，在 $T/4 < t < T$ 内的感应电动势为

$$\varepsilon_i = -\mu_0 \pi nR^2 \frac{\mathrm{d}i}{\mathrm{d}t} = -\mu_0 \pi nR^2 \frac{-I_m - I_m}{T/2} = \mu_0 \pi nR^2 \frac{4I_m}{T}$$

在 $3T/4 < t < 5T/4$ 内的感应电动势为

$$\varepsilon_i = -\mu_0 \pi nR^2 \frac{\mathrm{d}i}{\mathrm{d}t} = -\mu_0 \pi nR^2 \frac{I_m - (-I_m)}{T/2} = -\mu_0 \pi nR^2 \frac{4I_m}{T}$$

$\varepsilon \sim t$ 曲线如图 9-29（b）所示。

（11）如图 9-30 所示，在载有电流 I 的长直导线附近放置一个导体半圆环 MPN，半

圆环与长直导线共面，且端点 MN 的连线与长直导线垂直。已知半圆环的半径为 R，环心 O 与导线相距 d。设半圆环以速度 $\vec{v}$ 平行于导线平移，求半圆环内的感应电动势大小和方向，MN 两端的电压 $U_M - U_N$。

解： 连接 M、N，构成闭合回路 $MPNM$，当半圆环平行于导线平移时，通过闭合回路的磁通量不发生变化，因此

$$\varepsilon_{\text{总}} = \varepsilon_{MPN} + \varepsilon_{NM} = 0$$

由此得

$$\varepsilon_{MPN} = -\varepsilon_{NM}$$

$$\varepsilon_{NM} = \int_{NM} (\vec{v} \times \vec{B}) \cdot \mathrm{d}\vec{l} = -\int_{d-R}^{d+R} v \frac{\mu_0 I}{2\pi x} \mathrm{d}x = -\frac{\mu_0 I v}{2\pi} \ln \frac{d+R}{d-R}$$

因此，半圆环内的感应电动势为

$$\varepsilon_{MPN} = \frac{\mu_0 I v}{2\pi} \ln \frac{d+R}{d-R}$$

感应电动势的方向沿 MPN 方向。

由于 $U_N > U_M$，因此

$$U_M - U_N = -\frac{\mu_0 I v}{2\pi} \ln \frac{d+R}{d-R}$$

（12）如图 9-31 所示，一个宽度为 l 的长 U 形导轨与水平面成 φ 角，裸导线 ab 可在导轨上无摩擦下滑，导轨位于方向竖直向上的均匀磁场 $\vec{B}$ 中。设导线 ab 的质量为 m、电阻为 R，导轨的电阻忽略不计，$abcd$ 形成电路。如果导线 ab 从静止开始下滑，试求其下滑的速度与时间的函数关系。

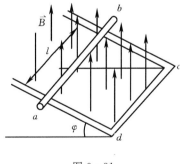

图 9-31

解： ab 导线在磁场中运动产生的感应电动势为

$$\varepsilon_i = B l v \cos\varphi$$

回路中的感应电流为

$$I_i = \frac{\varepsilon_i}{R} = \frac{B l v}{R} \cos\varphi$$

ab 载流导线在磁场中受到的安培力沿导轨方向上的分力为

$$F = B I_i l \cos\varphi = B \frac{B l v \cos\varphi}{R} l \cos\varphi = \frac{B^2 l^2 v \cos^2\varphi}{R}$$

对 ab 载流导线应用牛顿第二定律，有

$$mg\sin\varphi - \frac{B^2 l^2 \cos^2\varphi}{R} v = m \frac{\mathrm{d}v}{\mathrm{d}t}$$

将上式分离变量，得

$$\frac{\mathrm{d}v}{Cv - A} = -\mathrm{d}t$$

其中，$A = g\sin\varphi$，$C = \dfrac{B^2 l^2 \cos^2\varphi}{mR}$。注意到 $t = 0$ 时 $v = 0$，对上式积分，有

$$\int_0^v \frac{\mathrm{d}v}{Cv - A} = -\int_0^t \mathrm{d}t$$

解之得

$$v = \frac{A}{C}(1 - \mathrm{e}^{-Ct})$$

将 A 和 C 的表达式代入上式，即得线框速度 v 与时间 t 的函数关系为

$$v = \frac{mgR\sin\varphi}{B^2 l^2 \cos^2\varphi}\big[1 - \mathrm{e}^{-(g\sin\varphi)t}\big]$$

（13）如图 9 - 32（a）所示，长直导线 MN 中通有电流 i，矩形线框 $abcd$ 与长直导线共面，并且 $ad /\!/ MN$、dc 边固定，ab 边可以沿 da、cb 以速度 $\vec{v}$ 无摩擦地匀速平动。最初 ab 边与 cd 边重合。忽略线框的自感。

1）设 $i = I_0$ 恒定，求 ab 中的感应电动势。并指出 a、b 两点哪一点电势高。

2）设 $i = I_0 \sin\omega t$，求 ab 边运动到图示位置时线框中的感应电动势。

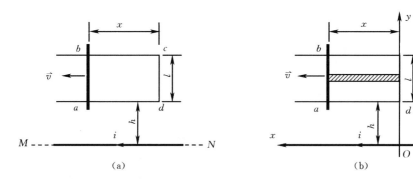

图 9 - 32

解：ab 导线所处的磁场不均匀，建立如图 9 - 32（b）所示的坐标系，使 y 轴沿 ab 方向，x 轴沿电流 i 的方向，原点在长直导线上。

通电长直导线在 y 处产生的磁场为

$$B = \frac{\mu_0 i}{2\pi y}$$

在 t 时刻，通过图 9 - 32（b）中微分条的磁通量为

$$\mathrm{d}\Phi = B\mathrm{d}S = \frac{\mu_0 i}{2\pi y}x\,\mathrm{d}y = \frac{\mu_0 i x}{2\pi}\frac{\mathrm{d}y}{y}$$

通过矩形线框 $abcd$ 的磁通量为

$$\Phi = \int_S B\mathrm{d}S = \frac{\mu_0 i x}{2\pi}\int_h^{h+l} \frac{1}{y}\mathrm{d}y = \frac{\mu_0 i x}{2\pi}\ln\frac{h+l}{h}$$

1）如果 $i = I_0$，则 ab 中的感应电动势为

$$\varepsilon = -\frac{\mathrm{d}\Phi}{\mathrm{d}t} = -\frac{\mu_0 I_0}{2\pi}\ln\frac{h+l}{h}\frac{\mathrm{d}x}{\mathrm{d}t} = -\frac{\mu_0 I_0 v}{2\pi}\ln\frac{h+l}{h}$$

由于感应电动势的方向从 b 端指向 a 端，因此 a 端的电势高。

2）如果 $i = I_0 \cos \omega t$，则线框中的感应电动势为

$$\varepsilon = -\frac{\mathrm{d}\Phi}{\mathrm{d}t} = -\frac{\mu_0}{2\pi} \ln \frac{h+l}{h} \left(i \frac{\mathrm{d}x}{\mathrm{d}t} + x \frac{\mathrm{d}i}{\mathrm{d}t} \right)$$

$$= -\frac{\mu_0 I_0}{2\pi} \ln \frac{h+l}{h} (v \cos \omega t - x \omega \sin \omega t)$$

$$= \frac{\mu_0 v I_0}{2\pi} \ln \frac{h+l}{h} (\omega t \sin \omega t - \cos \omega t)$$

其中，$x = vt$。

（14）如图 9-33（a）所示，一根无限长直导线水平放置，其中通有方向向左的稳定电流 I。导线上方有一个与之共面、长度为 l 的金属棒，绕其一个端点 O 在该平面内逆时针匀速转动，转动角速度为 ω，O 点到导线的垂直距离为 r（$r > l$）。试求金属棒转到与竖直方向成 φ 角时，棒内的感应电动势大小和方向。

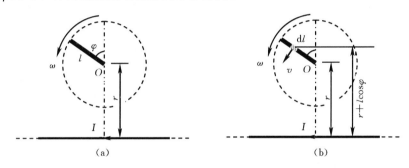

图 9-33

解： 如图 9-33（b）所示，在金属棒上取棒上线元 $\mathrm{d}l$，其中的动生电动势为

$$\mathrm{d}\varepsilon = (\vec{v} \times \vec{B}) \cdot \mathrm{d}\vec{l} = -\omega l \frac{\mu_0 I}{2\pi (r + l \cos \varphi)} \mathrm{d}l$$

金属棒中总的动生电动势为

$$\varepsilon = -\frac{\mu_0 \omega I}{2\pi} \int_0^l \frac{l \mathrm{d}l}{r + l \cos \varphi}$$

$$= -\frac{\mu_0 \omega I}{2\pi \cos^2 \varphi} \int_0^l \frac{l \cos \varphi \mathrm{d}(l \cos \varphi)}{r + l \cos \varphi}$$

$$= -\frac{\mu_0 \omega I}{2\pi \cos^2 \varphi} \int_0^l \left(1 - \frac{r}{r + l \cos \varphi} \right) \mathrm{d}(l \cos \varphi)$$

$$= -\frac{\mu_0 \omega I}{2\pi \cos^2 \varphi} \left(l \cos \varphi - r \ln \frac{r + l \cos \varphi}{r} \right)$$

其中，负号表示动生电动势的方向沿棒长指向 O 点。

（15）如图 9-34 所示，一根长为 L 的金属细杆 ab 绕竖直轴 MN 以角速度 ω 在水平面内旋转。轴 MN 在距离细杆 a 端 $3L/4$ 处。若已知地磁场在竖直方向的分量为 $\vec{B}$，求 ab 两端间的电势差 $U_a - U_b$。

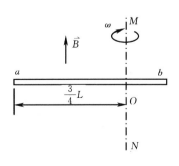

图 9-34

解：Oa、Ob 两段金属细杆中的电动势分别为

$$\varepsilon_{aO}=\frac{1}{2}\omega B\left(\frac{3}{4}L\right)^2=\frac{9}{32}\omega BL^2$$

$$\varepsilon_{bO}=\frac{1}{2}\omega B\left(\frac{1}{4}L\right)^2=\frac{1}{32}\omega BL^2$$

因此，金属细杆 ab 中的电动势为

$$\varepsilon_{ba}=\varepsilon_{aO}-\varepsilon_{bO}=\frac{9}{32}\omega BL^2-\frac{1}{32}\omega BL^2=\frac{1}{4}\omega BL^2$$

ab 两端间的电势差为

$$U_a-U_b=-\varepsilon_{ba}=-\frac{1}{4}\omega BL^2$$

即 b 端电势比 a 端电势高。

（16）如图 9-35（a）所示，在纸面内有一根载有电流 I 的无限长直导线，其左侧有一个边长为 l 的等边三角形线圈 abc。该线圈的 ab 边与长直导线距离最近且与长直导线平行。线圈 abc 在纸面内以匀速 $\vec{v}$ 远离长直导线运动，且 $\vec{v}$ 与长直导线垂直。求当线圈 ab 边与长直导线相距 x 时，线圈 abc 内的动生电动势大小和方向。

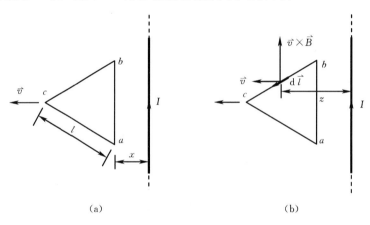

（a） （b）

图 9-35

解：设线圈回路以 $abca$ 的绕向为动生电动势 ε 的正方向。

与直导线平行的 ab 边中产生的动生电动势为

$$\varepsilon_1=Blv=\frac{\mu_0 Ilv}{2\pi x}$$

bc 和 ca 边中产生的动生电动势大小相等，绕向相同，如图 9-35（b）所示。在 bc 边上取线元 $\mathrm{d}\vec{l}$，其上的动生电动势为

$$\mathrm{d}\varepsilon_2=(\vec{v}\times\vec{B})\cdot\mathrm{d}\vec{l}=-vB\cos60°\mathrm{d}l=-v\frac{\mu_0 I}{2\pi z}\cos60°\mathrm{d}l$$

由于 $\mathrm{d}z=\mathrm{d}l\cos30°$，因此

$$\mathrm{d}\varepsilon_2=-v\frac{\mu_0 I}{2\pi z}\cos60°\frac{\mathrm{d}z}{\cos30°}=-\frac{\sqrt{3}\mu_0 vI}{6\pi}\frac{\mathrm{d}z}{z}$$

bc 和 ca 边中的动生电动势为

$$\varepsilon_2=-\frac{\sqrt{3}\mu_0 vI}{6\pi}\int_x^{x+\sqrt{3}l/2}\frac{\mathrm{d}z}{z}=-\frac{\sqrt{3}\mu_0 vI}{6\pi}\ln\frac{x+\sqrt{3}l/2}{x}$$

线圈 abc 内的总动生电动势为

$$\varepsilon=\varepsilon_1+2\varepsilon_2=\frac{\mu_0 vI}{2\pi}\left(\frac{l}{2x}-\frac{2\sqrt{3}}{3}\ln\frac{x+\sqrt{3}l/2}{x}\right)$$

（17）如图 9-36 所示，水平面内有两条相距为 h 的平行长直光滑裸导线 ab 和 cd，其两端分别与电阻 R_1、R_2 相连。匀强磁场 $\vec{B}$ 垂直于纸面向里。裸导线 MN 垂直搭在两根平行导线上，并在外力作用下以速率 v 平行于导线 ab 向左做匀速运动。裸导线 ab、cd 与 MN 的电阻均忽略不计。求：

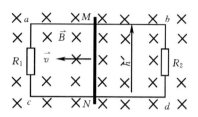

图 9-36

1）电阻 R_1 与 R_2 中的电流 I_1 与 I_2，并说明其方向。

2）设外力提供的功率不能超过某值 P_0，求导线 MN 的最大速率。

解：1）导线 MN 中的动生电动势为

$$\varepsilon=Blv$$

电阻 R_1 与 R_2 中的电流 I_1 与 I_2 分别为

$$I_1=\frac{Blv}{R_1}$$

I_1 的方向从 c 到 a。

$$I_2=\frac{Blv}{R_2}$$

I_2 的方向从 d 到 b。

2）外力提供的功率等于两电阻上消耗的焦耳热功率。

$$P=I_1^2 R_1+I_2^2 R_2=\frac{B^2 l^2 v^2}{R_1}+\frac{B^2 l^2 v^2}{R_2}=\frac{B^2 l^2 v^2(R_1+R_2)}{R_1 R_2}$$

依题意，有

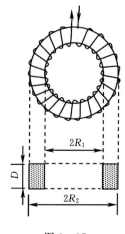

$$\frac{B^2 l^2 c^2(R_1+R_2)}{R_1 R_2}\leqslant P_0$$

因此导线 MN 的最大速率为

$$v_{\max}=\frac{1}{Bl}\sqrt{\frac{R_1 R_2 P_0}{R_1+R_2}}$$

（18）一个矩形截面的螺绕环处在真空中，其线圈总匝数为 N，尺寸如图 9-37 所示，求它的自感系数。

解：设螺绕环中通有电流 I，在螺绕环内取以环中心为圆心，半径为 r 的圆形回路，由安培环路定理容易得出螺绕环中的磁感应强度为

$$B=\frac{\mu_0 NI}{2\pi r}$$

图 9-37

在圆环上距轴线为 r 处取微分截面 $dS = Ddr$，通过此小截面的磁通量为

$$d\Phi_m = BdS = \frac{\mu_0 NI}{2\pi r}Ddr$$

通过螺绕环的磁通匝链数为

$$\Psi = N\Phi_m = N\int_S BdS = N\int_{R_1}^{R_2} \frac{\mu_0 NI}{2\pi r}Ddr = \frac{\mu_0 N^2 ID}{2\pi}\ln\frac{R_2}{R_1}$$

因此，该螺绕环的自感系数为

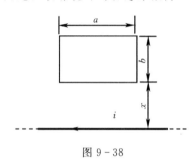

图 9-38

$$L = \frac{\Psi}{I} = \frac{\mu_0 N^2 D}{2\pi}\ln\frac{R_2}{R_1}$$

（19）一根无限长直导线中通有电流 $i = I_0 e^{-3t}$。一个矩形线圈与长直导线共面放置，其长边与导线平行，位置及尺寸如图 9-38 所示。

求：1）矩形线圈中感应电动势的大小和感应电流的方向。

2）导线与线圈系统的互感系数。

解： 1）在任一时刻 t 穿过矩形线圈的磁通量为

$$\Phi_m = \int_x^{x+b} \frac{\mu_0 i}{2\pi r}adr = \frac{\mu_0 ai}{2\pi}\ln\frac{x+b}{x}$$

矩形线圈中感应电动势的为

$$\varepsilon_i = -\frac{d\Phi_m}{dt} = -\frac{\mu_0 a}{2\pi}\ln\frac{x+b}{x}\frac{di}{dt} = \frac{3\mu_0 I_0 a}{2\pi}\ln\frac{x+b}{x}e^{-3t}$$

由于 $\varepsilon_i > 0$，因此线圈中感应电动势和的感应电流的方向都为顺时针方向。

2）由互感系数的定义得导线与线圈系统的互感系数为

$$M = \frac{\Phi_m}{i} = \frac{\mu_0 a}{2\pi}\ln\frac{x+b}{x}$$

（20）一个环形螺线管的截面半径为 r，环中心线的半径为 R，$R \gg r$。在环上用表面绝缘的导线均匀地密绕了匝数分别为 N_1、N_2 的两个线圈，求两个线圈的互感系数 M。

解： 设匝数为 N_1 的线圈中通过电流 I_1，它在环形螺线管中产生的磁感应强度为

$$B_1 = \mu_0 n_1 I_1$$

通过匝数为 N_2 的线圈的磁通链数为

$$\Phi_{m2} = N_2 B_1 S = N_2 \mu_0 \frac{N_1}{2\pi R}I_1 \pi r^2 = \frac{\mu_0 N_1 N_2 I_1 r^2}{2R}$$

由互感系数的定义得两个线圈的互感系数为

$$M = \frac{\Phi_{m2}}{I_1} = \frac{\mu_0 N_1 N_2 r^2}{2R}$$

（21）如图 9-39 所示，由某种磁性材料制成的圆环的平均周长为 $0.2m$，横截面积为 5.0×10^{-5} m^2。在该圆环上均匀密绕 400 匝线圈制成一个螺绕环。当线圈通以 $0.1A$ 的电流时，测得穿过圆环截面积的磁通量为 8.0×10^{-5} Wb，求该磁性材料的相

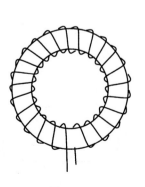

图 9-39

对磁导率 μ_r 和该螺绕环的自感系数 L。

解： 由于穿过圆环截面积的磁通量 $\Phi_m = BS$，因此螺绕环中的磁感应强度大小为

$$B = \frac{\Phi_m}{S}$$

螺绕环中的磁场强度大小为

$$H = nI = \frac{N}{l}I$$

由 $B = \mu_r \mu_0 H$ 得该磁性材料的相对磁导率为

$$\mu_r = \frac{B}{\mu_0 H} = \frac{\Phi_m / S}{\mu_0 IN / l} = \frac{\Phi_m l}{\mu_0 NIS} = 6.37 \times 10^3$$

该螺绕环的自感系数为

$$L = \frac{\Psi}{I} = \frac{N\Phi_m}{I} = 0.32 \ (\text{H})$$

（22）如图 9-40（a）所示，两根无限长直导线互相平行，它们的间距为 $2r$，两导线在无限远处连接形成闭合回路。在两导线之间有一个半径为 r 的圆环，并与导线绝缘。求圆环与长直导线回路之间的互感系数。

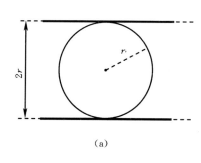
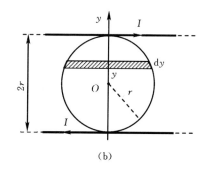

图 9-40

解： 设在回路中通过电流 I，即在两根长直导线中通过等值反向的电流。建立如图 9-40（b）所示的坐标系，则在导线回路平面内两根导线之间，距圆环中心 O（即坐标原点）的距离为 r 处的磁感应强度为

$$B = \frac{\mu_0 I}{2\pi}\left(\frac{1}{r+y} + \frac{1}{r-y}\right)$$

通过圆环的磁通量为

$$\Phi_m = \int_s \vec{B} \cdot d\vec{S} = 2\int_0^r \frac{\mu_0 I}{2\pi}\left(\frac{1}{r+y} + \frac{1}{r-y}\right) \times 2\sqrt{r^2 - y^2}\,dy$$

$$= \frac{4\mu_0 rI}{\pi}\int_0^r \frac{dr}{\sqrt{r^2 - y^2}} = \frac{4\mu_0 Ir}{\pi}\arcsin\frac{y}{r}\bigg|_0^r = 2\mu_0 Ir$$

圆环与长直导线回路之间的互感系数为

$$M = \frac{\Phi_m}{I} = 2\mu_0 r$$

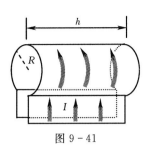

图 9-41

（23）如图 9-41 所示，将一个宽度为 h 的薄铜片卷成一个半径为 R 的细圆管，设 $h \gg R$，电流 I 均匀分布在此铜片上。

1）忽略边缘效应，求管内磁感应强度的大小。

2）不考虑两个伸展面部分，求该螺线管的自感系数。

解：1）细圆管的面电流密度为

$$\alpha = \frac{I}{h}$$

因此，管内的磁感应强度大小为

$$B = \mu_0 \alpha = \frac{\mu_0 I}{h}$$

2）通过管截面的磁通量为

$$\Phi_{\mathrm{m}} = BS = \frac{\mu_0 I}{h} \pi R^2 = \frac{\mu_0 \pi I R^2}{h}$$

由自感系数的定义得该细圆管的自感系数为

$$L = \frac{\Phi_{\mathrm{m}}}{I} = \frac{\mu_0 \pi R^2}{h}$$

（24）在细铁环上绕有 200 匝的单层线圈，线圈中通有 4.0A 的电流，穿过铁环截面的磁通量为 $8 \times 10^{-4} \mathrm{Wb}$，求线圈中磁场的能量。

解：线圈中磁场的能量为

$$W = \frac{B^2}{2\mu} lS = \frac{Bl}{2\mu} BS = \frac{\Phi Bl}{2\mu}$$

其中的磁感应强度为

$$B = \mu nI = \frac{\mu NI}{l}$$

因此，磁场能量为

$$W = \frac{\Phi l}{2\mu} \frac{\mu NI}{l} = \frac{1}{2} \Phi NI = 0.64 (\mathrm{J})$$

（25）如图 9-42 所示，一个横截面为矩形的螺绕环，环芯材料的磁导率为 μ，内、外半径分别为 R_1、R_2，环的厚度为 h。在环上密绕 N 匝线圈，并通以交变电流 $i = I_0 \cos \omega t$。求螺绕环中的磁场能量在一个周期内的平均值。

解：由安培环路定理得螺绕环内的磁感应强度大小为

$$B = \frac{\mu Ni}{2\pi r} (R_1 \leqslant r \leqslant R_2)$$

螺绕环内的磁能密度为

$$w_{\mathrm{m}} = \frac{B^2}{2\mu} = \frac{\mu N^2 i^2}{8\pi^2 r^2}$$

总的磁场能量为

$$W_{\mathrm{m}} = \int_{R_1}^{R_2} w_{\mathrm{m}} \times 2\pi rh \, \mathrm{d}r = \frac{\mu N^2 hi^2}{4\pi} \int_{R_1}^{R_2} \frac{1}{r} \mathrm{d}r$$

$$=\frac{\mu N^2 h i^2}{4\pi}\ln\frac{R_2}{R_1}=\frac{\mu N^2 h I_0^2}{4\pi}\ln\frac{R_2}{R_1}\cos^2\omega t$$

磁场能量在一个周期内的平均值

$$\overline{W}_m = \frac{1}{T}\int_0^T W_m dt = \frac{\mu N^2 h I_0^2}{4\pi}\ln\frac{R_2}{R_1}\frac{\int_0^T \cos^2\omega t\, dt}{T} = \frac{\mu N^2 h I_0^2}{8\pi}\ln\frac{R_2}{R_1}$$

（26）如图 9 - 43 所示，设一个同轴电缆由半径分别为 R_1 和 R_2 的两个同轴薄壁长直圆筒组成，两长圆筒通有等值反向电流 I。两筒间介质的相对磁导率 μ_r，求同轴电缆的：

1）单位长度的自感系数。

2）单位长度内所储存的磁能。

解： 1）两个同轴薄壁长直圆筒之间的磁感应强度为

$$B=\frac{\mu_r\mu_0 I}{2\pi r}$$

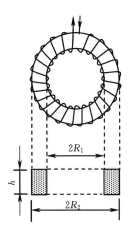

图 9 - 42

通过单位长度同轴电缆截面的磁通量为

$$\Phi_m = \int_{R_1}^{R_2}\vec{B}\cdot d\vec{S} = \frac{\mu_r\mu_0 I}{2\pi}\int_{R_1}^{R_2}\frac{dr}{r} = \frac{\mu_r\mu_0 I}{2\pi}\ln\frac{R_2}{R_1}$$

单位长度同轴电缆的自感系数为

$$L=\frac{\Phi_m}{I}=\frac{\mu_r\mu_0}{2\pi}\ln\frac{R_2}{R_1}$$

2）单位长度同轴电缆储存的磁能为

$$W_m=\frac{1}{2}LI^2=\frac{\mu_r\mu_0 I^2}{4\pi}\ln\frac{R_2}{R_1}$$

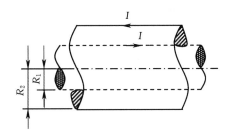

图 9 - 43

四、自我检测题

1. 单项选择题（每题 3 分，共 30 分）

（1）半径为 r 的圆线圈置于磁感应强度为 $\vec{B}$ 的均匀磁场中，已知线圈平面与磁场方向垂直，线圈的电阻为 R。在转动线圈直到其法线方向与 $\vec{B}$ 的夹角为 $60°$ 的过程中，通过线圈截面的电荷与线圈面积及转动所用的时间的关系是〔　　　〕。

（A）与线圈面积成正比，与时间无关；

（B）与线圈面积成反比，与时间无关；

（C）与线圈面积成反比，与时间成正比；

（D）与线圈面积成正比，与时间成正比。

（2）在尺寸相同的铁环与铜环所包围的面积中穿过相同变化率的磁通量，在不考虑金属环自感的情况下，环中〔　　　〕。

（A）感应电动势不同，感应电流不同；

（B）感应电动势不同，感应电流相同；

(C) 感应电动势相同，感应电流相同；

(D) 感应电动势相同，感应电流不同。

(3) 如图 9-44 所示，一个正方形闭合线圈放在均匀磁场中，绕通过其中心且与一对

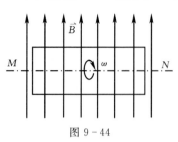

图 9-44

边平行的转轴 MN 转动，转轴与磁场方向垂直，转动角速度为 ω。导线中存在恒定的电阻，用 [　　] 的办法可以使线圈中感应电流的幅值增加到原来的两倍。

(A) 将线圈的匝数增加为原来的两倍；

(B) 把线圈的角速度 ω 增大为原来的两倍；

(C) 将线圈的上下两条边增长为原来的两倍；

(D) 将线圈的面积增加为原来的两倍，而形状不变。

(4) 在无限长的载流直导线附近放置一个矩形闭合线圈，开始时线圈与导线在同一个平面内，且线圈中两条边与导线平行，当线圈以相同的速率做如图 9-45 所示的三种不同方向的平动时，线圈中的感应电流 [　　]。

(A) 情况Ⅰ中的最大；　　　　　　　　(B) 情况Ⅱ中的最大；

(C) 情况Ⅲ中的最大；　　　　　　　　(D) 情况Ⅰ和Ⅱ中的相同。

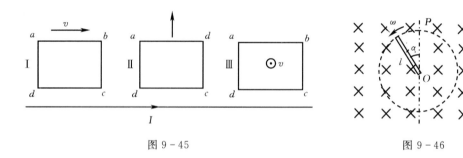

图 9-45　　　　　　　　　　　　　　　图 9-46

(5) 如图 9-46 所示，长为 l 铜棒绕过 O 点且平行于磁场的固定轴旋转，$\vec{B}$ 方向垂直铜棒的转动平面。开始时铜棒与 OP 的夹角为 α，则在任一时刻 t 该铜棒中的感应电动势为 [　　]。

(A) $\dfrac{1}{2}\omega l^2 B\cos(\omega t+\alpha)$；　　　　　　(B) $\dfrac{1}{2}\omega l^2 B\cos\omega t$；

(C) $\dfrac{1}{2}\omega l^2 B\sin(\omega t+\alpha)$；　　　　　　(D) $\dfrac{1}{2}\omega l^2 B$。

(6) 有两个相距不太远的平面圆线圈，其中一个线圈的轴线恰通过另一个线圈的圆心。可以使其互感系数近似为零的方法是 [　　]。

(A) 两线圈的轴线互相垂直放置；　　　　(B) 两线圈串联；

(C) 两线圈的轴线互相平行放置；　　　　(D) 两线圈并联。

(7) 自感系数为 L 的载流线圈中的磁场能量 $W_m=\dfrac{1}{2}LI^2$，则该公式 [　　]。

(A) 只适用于无限长密绕螺线管；

(B) 适用于自感系数 L 一定的任意线圈；

（C）只适用于单匝圆线圈；

（D）只适用于一个匝数很多，且密绕的螺绕环。

（8）如图 9 - 47 所示，两条金属轨道处在均匀磁场中，磁场方向垂直纸面向里。有两条长而刚性的裸导线 ab 与 cd 垂直架设在这两条轨道上。金属导线 ab 中接有一个高阻伏特表。使导线 cd 保持不动，而导线 ab 以恒定速度平行于导轨向左移动。则在图 9 - 48 中，［ ］。正确地表示了伏特表指示的电压值 U 与时间 t 的关系。

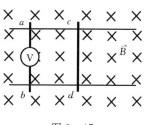

图 9 - 47

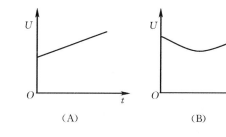

图 9 - 48

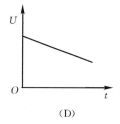

图 9 - 49

（9）面积为 S 和 $2S$ 的两圆线圈 M、N 按图 9 - 49 所示的方式放置，它们中均通有电流 I。线圈 M 的电流所产生的通过线圈 N 的磁通用 Φ_{21} 表示，线圈 N 的电流所产生的通过线圈 M 的磁通用 Φ_{12} 表示，则 Φ_{21} 和 Φ_{12} 的大小关系为［ ］。

（A）$\Phi_{21}=2\Phi_{12}$；　　（B）$\Phi_{21}=0.5\Phi_{12}$；　　（C）$\Phi_{21}=\Phi_{12}$；　　（D）$\Phi_{21}>\Phi_{12}$。

（10）真空中两根很长的相距为 $2a$ 的平行直导线，它们中通有等值而反向的电流为 I，某点 P 处在两导线正中间且与两导线在同一平面内，则 P 点的磁能密度为［ ］。

（A）$\dfrac{\mu_0 I^2}{2\pi^2 a^2}$；　　（B）$\dfrac{\mu_0 I^2}{4\pi^2 a^2}$；　　（C）$\dfrac{\mu_0 I^2}{8\pi^2 a^2}$；　　（D）0。

2. 填空题（每空 2 分，共 30 分）

（1）一个半径为 r、电阻为 R 的小金属圆环，初始时刻与一个半径为 a（$a \gg r$）的大金属圆环共面且同心。在大圆环中通过恒定电流 I，方向如图 9 - 50 所示。如果小圆环以匀角速度 ω 绕一条直径转动，则在时刻 t 通过小圆环的磁通量为（ ），小圆环中的感应电流为（ ）。

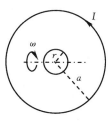

图 9 - 50

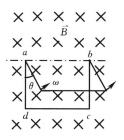

图 9 - 51

（2）如图 9-51 所示，将一条长为 $8l$ 的导线折成正方形线圈，其平面与均匀磁场 $\vec{B}$ 垂直，然后再将其对折。使线圈的一半不动，另一半以角速度 ω 张开 θ 角度，在此过程中线圈中的感应电动势的大小为（　　）。

（3）将一个面积为 S 的平面闭合导线回路置于载流长直螺线管中，回路的法向与螺线管轴线平行。设长直螺线管的匝密度为 n，通过的电流为 $I=I_{\mathrm{m}}\sin\omega t$，其中 I_{m} 和 ω 为常数，t 为时间，电流的正方向与回路的法线方向成右手螺旋关系，则该导线回路中的感生电动势为（　　）。

（4）如图 9-52 所示，一根条形磁铁竖直地自由落入一个螺线管中，如果开关 K 是断开的，磁铁在通过螺线管的全过程中，下落的平均加速度（　　）重力加速度；如果开关 K 是闭合的，磁铁在通过螺线管的全过程中，下落的平均加速度（　　）重力加速度，两种情况下均不考虑空气阻力。（填大于、小于或等于）

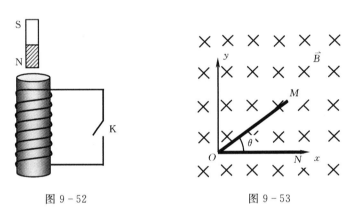

图 9-52　　　　　　　　　　　　图 9-53

（5）如图 9-53 所示，一段长为 $2l$ 的直金属导线被对折成 V 形，将其置于 xOy 平面内。磁感应强度为 $\vec{B}$ 的匀强磁场垂直于 xOy 平面。当 MON 以速度 $\vec{v}$ 沿 x 轴正方向运动时，导线上 M、N 两点间电势差 $U_{MN}=$（　　）；当 MON 以速度 $\vec{v}$ 沿 y 轴正方向运动时，比较 M、N 两点的电势，（　　）点电势较高。

（6）金属圆板在均匀磁场 $\vec{B}$ 中以角速度 ω 绕中心轴 MN 旋转，均匀磁场的方向平行于转轴，如图 9-54 所示。这时板中由中心至边缘点的感应电动势大小为（　　），方向（　　）。

（7）一根直导线在磁感应强度为 $\vec{B}$ 的均匀磁场中以速度 $\vec{v}$ 切割磁感应线运动。导线中形成感应电动势的非静电场场强 $\vec{E}_{\mathrm{K}}=$（　　）。

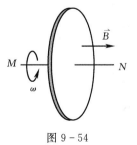

图 9-54

（8）一个没有铁芯的长直螺线管，在保持半径和总匝数不变的情况下将其拉长一些，则它的自感系数将（　　）。

（9）当在自感系数为 0.3H 的螺线管中通有 8A 的电流时，螺线管存储的磁场能量为（　　）。

（10）用 N 匝导线绕成直螺线管，其横截面半径为 R、长度为 l，处于空气中。当符合（　　）和（　　）条件时，其自感系数可表达为 $L=\mu_0(N/l)^2V$，其中 V 是螺线管的体积。

3. 计算题（每题 10 分，共 40 分）

（1）如图 9-55 所示，电荷 Q 均匀分布在半径为 r、长为 l（$l \gg r$）的绝缘薄壁长圆筒表面上，圆筒以角速度 ω 绕中心轴线旋转。一半径为 $2r$、电阻为 R 的单匝圆形线圈套在圆筒上。如果圆筒转速按 $\omega = \omega_0(1-kt)$ 的规律随时间线性地减小，其中 ω_0 和 k 是已知的常数。求圆形线圈中感应电流的大小和流向。

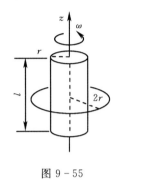

图 9-55 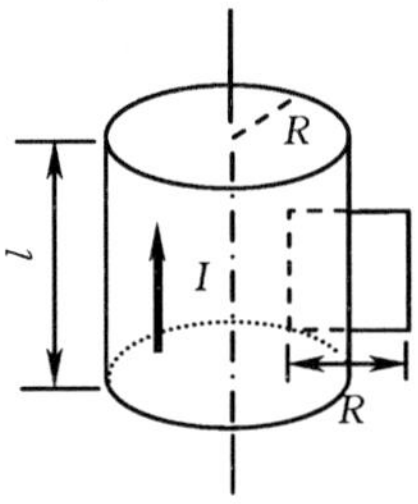   图 9-56

（2）如图 9-56 所示，半径为 R 的无限长实心圆柱导体载有电流 I，电流沿轴向流动，并均匀分布在导体横截面上。导体内有一个很小的缝隙，但并不影响电流及磁场的分布。一个宽为 R、长为 l 的与导体轴线在同一个平面的矩形回路以速度 $\vec{v}$ 从小缝隙向导体外运动。设初始时刻矩形回路的一条边与导体轴线重合，求：

1）$t(t < R/v)$ 时刻回路中的感应电动势。

2）回路中的感应电动势改变方向的时刻。

（3）一个边长为 a 的正方形线圈在初始时刻恰好从如图 9-57 所示的均匀磁场区域的上方由静止开始下落，设磁场的磁感应强度为 $\vec{B}$，线圈的自感系数为 L，质量为 m，电阻忽略不计。求线圈的上边进入磁场前，线圈的速度与时间的函数关系。

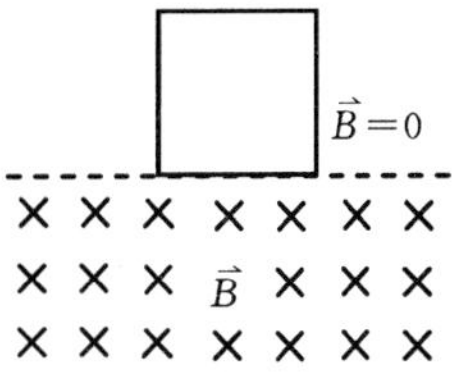

（4）某同轴电缆由半径为 R_1、磁导率为 μ_0 的实心圆柱导体和半径为 R_2（$R_2 > R_1$）的薄圆筒构成，在圆柱体和薄筒之间充满相对磁导率为 μ_r 的绝缘材料，求同轴电缆单位长度上的自感系数。

图 9-57

第十章 麦克斯韦方程组和电磁波

一、基本内容

（一）位移电流

位移电流：由变化的电场激发的电流，它等于通过 S 面的电位移通量随时间的变化率。

$$I_d = \frac{\mathrm{d}\psi_D}{\mathrm{d}t} = \int_S \frac{\partial \vec{D}}{\partial t} \cdot \mathrm{d}\vec{S}$$

其中，$\dfrac{\partial \vec{D}}{\partial t}$ 为位移电流密度。

位移电流通过导体时不产生焦耳热。

全电流：传导电流 I 与位移电流 I_d 的代数和 $I + I_d$。

全电流安培环路定律：磁场强度沿任意环路的线积分等于穿过此环路的全电流的代数和。

$$\oint_L \vec{H} \cdot \mathrm{d}\vec{l} = I + I_d = \int_S \vec{j} \cdot \mathrm{d}\vec{S} + \int_S \frac{\partial \vec{D}}{\partial t} \cdot \mathrm{d}\vec{S}$$

（二）麦克斯韦方程组的积分形式

$$\begin{cases} \oint_L \vec{E} \cdot \mathrm{d}\vec{l} = -\int_S \dfrac{\partial \vec{B}}{\partial t} \cdot \mathrm{d}\vec{S} \\[2mm] \oint_L \vec{H} \cdot \mathrm{d}\vec{l} = \int_S \vec{j} \cdot \mathrm{d}\vec{S} + \int_S \dfrac{\partial \vec{D}}{\partial t} \cdot \mathrm{d}\vec{S} \\[2mm] \int_S \vec{D} \cdot \mathrm{d}\vec{S} = \int_V \rho \mathrm{d}V \\[2mm] \oint_L \vec{B} \cdot \mathrm{d}\vec{S} = 0 \end{cases}$$

在麦克斯韦方程组中，对于各项同性的均匀介质而言，有

$$\vec{D} = \varepsilon \vec{E}, \vec{B} = \mu \vec{H}, \vec{j} = \gamma \vec{E}$$

（三）电磁振荡与电磁波

1. 无阻尼自由电磁振荡

LC 电路（如图 10 – 1 所示）的微分方程为

$$\frac{\mathrm{d}^2 q}{\mathrm{d}t^2} + \omega^2 q = 0$$

其中，$\omega^2 = \dfrac{1}{LC}$。该微分方程的解为

$$q = q_0 \cos(\omega t + \varphi)$$

LC 电路中的电流强度为

$$i = -I\sin(\omega t + \varphi)$$

其中，$I = \omega q_0$。

电磁振荡： LC 电路中电容器极板上的电荷以及回路中的电流强度随时间做周期性变化的现象。

图 10 - 1

振荡电路： 凡是能产生电磁振荡的电路。

电荷 q 和电流 i 变化的周期和频率分别为

$$T = \frac{2\pi}{\omega} = 2\pi\sqrt{LC}$$

$$\nu = \frac{1}{T} = \frac{1}{2\pi\sqrt{LC}}$$

振荡电路中的电磁能为

$$W = \frac{q_0^2}{2C} = \frac{1}{2}LI^2$$

无阻尼振荡(或等幅振荡)： 电磁能保持不变的振荡。

2. 电磁波的产生与传播

将 LC 电磁振荡电路的电磁能发射出去必须具备的两个条件：①振荡频率非常高；②振荡电路必须是开放的。

偶极振子(即一条直导线)是满足上述两个条件的"振荡电路"。

如图 10 - 2 所示，变化的电场和变化的磁场的相互激发使电磁场以电磁波的形式传播出去。

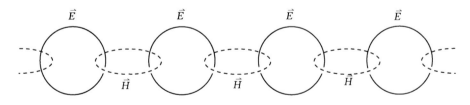

图 10 - 2

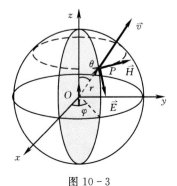

图 10 - 3

如图 10 - 3 所示，电场强度 $\vec{E}$ 和磁场强度 $\vec{H}$ 的振动方向互相垂直，都与波的传播方向 $\vec{r}$ 垂直。且 $\vec{E} \times \vec{H}$ 的方向与 $\vec{r}$ 的方向一致。

当场点 P 与偶极振子的距离足够远时，在任意时刻 P 点的 $\vec{E}$ 和 $\vec{H}$ 的大小为

$$E(r,t) = \frac{\omega^2 p_0 \sin\theta}{4\pi\varepsilon_0 c^2 r}\cos\omega\left(t - \frac{r}{c}\right)$$

$$H(r,t) = \frac{\omega^2 p_0 \sin\theta}{4\pi cr} \cos\omega(t - \frac{r}{c})$$

在远离偶极振子的一个小区域内，电磁波为平面电磁波，其波动方程为

$$E(r,t) = E_0 \cos\omega\left(t - \frac{r}{c}\right)$$

$$H(r,t) = H_0 \cos\omega\left(t - \frac{r}{c}\right)$$

3. 电磁波的性质

（1）电磁波是横波。

（2）电磁波具有偏振性。

（3）$\vec{E}$ 和 $\vec{H}$ 同相位。

（4）电磁波在介质中的传播速度为

$$v = 1/\sqrt{\varepsilon\mu}$$

电磁波在真空中的传播速度为

$$c = \frac{1}{\sqrt{\varepsilon_0 \mu_0}}$$

（5）$\vec{E}$ 和 $\vec{H}$ 的大小成正比。它们之间的关系为

$$\sqrt{\varepsilon}E = \sqrt{\mu}H \quad 或 \quad \sqrt{\varepsilon}E_0 = \sqrt{\mu}H_0$$

4. 电磁波的能量

电磁场的能量密度为

$$w = \frac{1}{2}\varepsilon E^2 + \frac{1}{2}\mu H^2$$

电磁波的能流密度 S：单位时间内通过与电磁波传播方向相垂直的单位面积上的电磁场能量。

$$S = wv$$

坡印亭矢量 $\vec{S}$：沿电磁波传播方向的能流密度矢量。

$$\vec{S} = \vec{E} \times \vec{H}$$

电磁波的辐射功率 P：电磁辐射源在单位时间内辐射的电磁波能量。

$$P = \frac{\omega^4 p_0^2}{6\pi\varepsilon_0 c^3} \cos^2\omega\left(t - \frac{r}{c}\right)$$

平均辐射功率：辐射功率在一个周期内的平均值。

$$\overline{P} = \frac{\omega^4 p_0^2}{12\pi\varepsilon_0 c^3}$$

5. 电磁波谱

电磁波谱：将各种电磁波按照波长（或频率）的顺序排列构成的图谱，如图 10 - 4 所示。

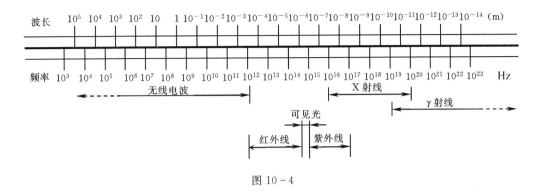

图 10-4

二、思考与讨论题目详解

1. 位移电流

（1）如图 10-5 所示，空气中有一个无限长金属薄壁圆筒，在表面上沿圆周方向均匀地流着一层随时间变化的面电流。圆筒内部是否分布有均匀的变化磁场和变化电场？在任意时刻，通过圆筒内部任一个假想的球面的磁通量和电通量是否为零？沿圆筒外部任意闭合环路上磁感应强度的环流是否为零？

【答案：有均匀的变化磁场，但电场不是均匀的，无法确定电场是否变化；磁通量和电通量均为零；无法判断该环流是否为零】

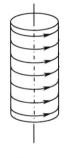

图 10-5

详解：1）设无限长金属薄壁圆筒表面上的随时间变化的面电流为 $\alpha(t)$，则圆筒内部的磁场为

$$B(t) = \mu_0 \alpha(t)$$

由于在某时刻 t 圆筒内各点的 $B(t)$ 相同，因此圆筒内部分布有均匀的变化磁场。

由麦克斯韦方程组的第一个方程容易解得，在圆筒内部，在某时刻 t 距圆筒轴线距离为 r 的一点涡旋电场是大小为

$$E = \frac{1}{2} \mu_0 r \frac{\mathrm{d}\alpha(t)}{\mathrm{d}t}$$

由于 E 与 r 有关，因此涡旋电场并不是均匀分布的。其次由于无法确定 $\mathrm{d}\alpha(t)/\mathrm{d}t$ 是否随时间变化，因此也就无法确定涡旋电场 E 是否变化。

2）由麦克斯韦方程组的第四个方程可知，在任何时刻通过圆筒内部任一个假想的球面的磁通量总是等于零。

由于在任何时刻在圆筒内部任一个假想的球面内部都不包含有电荷，由麦克斯韦方程组的第三个方程可知，通过该球面的磁通量也等于零。

3）由于无法确定圆筒内部的涡旋电场是否随时间变化，由麦克斯韦方程组的第二个方程可知，无法判断沿圆筒外部任意闭合环路上磁感应强度的环流是否为零。

（2）对位移电流，有四种说法：①位移电流是指变化电场；②位移电流是由线性变化磁场产生的；③位移电流的热效应服从焦耳定律；④位移电流的磁效应不服从安培环路定

理。其中哪一种说法是正确的？

【答案：①】

详解： 位移电流的本质就是变化的电场，因此位移电流是指变化电场。

线性变化磁场可以激发恒定的涡旋电场，而这个不随时间变化的电场不能激发位移电流，因此线性变化磁场不能产生位移电流。

位移电流没有热效应。

位移电流可以激发磁场，服从安培环路定理。

因此只有说法①是正确的。

（3）如图 10-6（a）所示，点电荷 q 以匀角速度 ω 做圆周运动，圆周的半径为 R。设最初 q 处在点 $(R, 0)$，则圆心处 O 点的位移电流密度为多少？

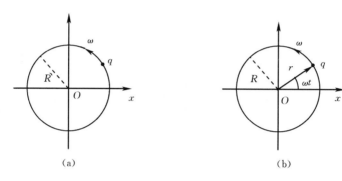

图 10-6

【答案：$\dfrac{q\omega}{4\pi R^2}(\sin\omega t\,\vec{i} - \cos\omega t\,\vec{j})$】

详解： 如图 10-6（b）所示，在时刻 t 矢量 $\vec{r}$ 与 x 轴的夹角为 ωt，点电荷 q 在圆心处的电位移为

$$\vec{D} = \frac{q}{4\pi R^2}(-\vec{e}_r)$$

其中，$\vec{e}_r = \cos\omega t\,\vec{i} + \sin\omega t\,\vec{j}$，因此

$$\vec{D} = -\frac{q}{4\pi R^2}(\cos\omega t\,\vec{i} + \sin\omega t\,\vec{j})$$

圆心处 O 点的位移电流密度为

$$\vec{J} = \frac{\partial \vec{D}}{\partial t} = \frac{q\omega}{4\pi R^2}(\sin\omega t\,\vec{i} - \cos\omega t\,\vec{j})$$

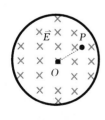

图 10-7

（4）如图 10-7 所示为某圆柱体的横截面，圆柱体内存在均匀电场 $\vec{E}$，其方向垂直纸面向内，$\vec{E}$ 的大小随时间 t 线性增加，P 为柱体内与轴线相距为 r 的一点，该点的位移电流密度的方向如何？感生磁场的方向如何？

【答案：垂直纸面向里；顺时针】

详解： 由位移电流密度公式 $\vec{J} = \varepsilon_0 \dfrac{\partial \vec{E}}{\partial t}$ 可知，当电场强度的方向不

变，而其大小随时间 t 线性增加时，位移电流密度的方向与电场强度的方向相同，也垂直纸面向里。

由安培环路定理 $\oint_L \vec{H} \cdot d\vec{l} = I_d$ 可知，感生磁场与位移电流的方向满足右旋法则，即沿顺时针方向。

（5）平行板电容器的电容值为 $30.0\,\mu\mathrm{F}$，两板上的电压变化率为 $\mathrm{d}U/\mathrm{d}t = 1.5 \times 10^5\,\mathrm{V/s}$，该平行板电容器中的位移电流等于多少？

【答案：$4.5\mathrm{A}$】

详解：由于 $q = CU$，因此电容器充电时电路中的传导电流为

$$I = \frac{\mathrm{d}q}{\mathrm{d}t} = C\frac{\mathrm{d}U}{\mathrm{d}t}$$

考虑到电流的连续性，电路中的传导电流 I 与极板间的位移电流相等，所以该平行板电容器中的位移电流为

$$I_d = I = C\frac{\mathrm{d}U}{\mathrm{d}t} = 30.0 \times 10^{-6} \times 1.5 \times 10^5 = 4.5\ (\mathrm{A})$$

（6）加在平行板电容器极板上的电压变化率 $2.0 \times 10^6\,\mathrm{V/s}$，在电容器内产生了 $1.5\mathrm{A}$ 的位移电流，则该电容器的电容等于多少？

【答案：$0.75\,\mu\mathrm{F}$】

详解：电容器充电时电路中的传导电流为

$$I = \frac{\mathrm{d}q}{\mathrm{d}t}$$

其中，$q = CU$，因此

$$I = C\frac{\mathrm{d}U}{\mathrm{d}t}$$

考虑到电流的连续性，电路中的传导电流 I 与极板间的位移电流相等，即

$$I = I_d = C\frac{\mathrm{d}U}{\mathrm{d}t}$$

由此解得该电容器的电容为

$$C = \frac{I_d}{\mathrm{d}U/\mathrm{d}t} = \frac{1.5}{2.0 \times 10^6} \times 10^6 = 0.75\ (\mu\mathrm{F})$$

（7）如图 10-8 所示，在平板电容器充电的过程中，沿环路 L_1 的磁场强度 $\vec{H}$ 的环流 $\oint_{L_1} \vec{H} \cdot d\vec{l}$ 与沿环路 L_2 的磁场强度 $\vec{H}$ 的环流 $\oint_{L_2} \vec{H} \cdot d\vec{l}$ 两者比较，哪一个更大一些？

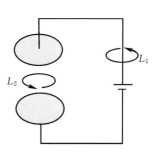

图 10-8

【答案：$\oint_{L_1} \vec{H} \cdot d\vec{l} > \oint_{L_2} \vec{H} \cdot d\vec{l}$】

详解：对环路 L_1 应用全电流安培环路定律有

$$\oint_{L_1} \vec{H} \cdot d\vec{l} = I$$

其中，I 为电路中的传导电流。由电流的连续性方程可知，I 与极板间的位移电流 I_d 相

等，因此

$$\oint_{L_1} \vec{H} \cdot \mathrm{d}\vec{l} = I_{\mathrm{d}}$$

对环路 L_2 应用全电流安培回环定律有

$$\oint_{L_2} \vec{H} \cdot \mathrm{d}\vec{l} = I'_{\mathrm{d}}$$

由于环路 L_2 没有包围全部的位移电流，因此

$$I_{\mathrm{d}} > I'_{\mathrm{d}}$$

即

$$\oint_{L_1} \vec{H} \cdot \mathrm{d}\vec{l} > \oint_{L_2} \vec{H} \cdot \mathrm{d}\vec{l}$$

2. 麦克斯韦方程组的积分形式

（1）反映电磁场基本性质和规律的积分形式的麦克斯韦方程组为①$\oint_S \vec{D} \cdot \mathrm{d}\vec{S} = \int_V \rho \mathrm{d}V$；②$\oint_L \vec{E} \cdot \mathrm{d}\vec{l} = -\int_S \frac{\partial \vec{B}}{\partial t} \cdot \mathrm{d}\vec{S}$；③$\oint_S \vec{B} \cdot \mathrm{d}\vec{S} = 0$；④$\oint_L \vec{H} \cdot \mathrm{d}\vec{l} = \int_S \vec{j} \cdot \mathrm{d}\vec{S} + \int_S \frac{\partial \vec{D}}{\partial t} \cdot \mathrm{d}\vec{S}$。其中哪一个方程说明变化的磁场一定伴随有电场？哪一个方程说明磁感线是无头无尾的闭合曲线？哪一个方程说明电荷总伴随有电场？

【答案：②；③；①】

详解： 方程②说明变化的磁场一定伴随有电场；方程③说明磁感线是无头无尾的闭合曲线；方程①说明电荷总伴随有电场。

（2）在没有自由电荷与传导电流的变化电磁场中，L 为一个闭合环路，则 $\oint_L \vec{H} \cdot \mathrm{d}\vec{l} = $？$\oint_L \vec{E} \cdot \mathrm{d}\vec{l} = $？

【答案：$\int_S \frac{\partial \vec{D}}{\partial t} \cdot \mathrm{d}\vec{S}$；$-\int_S \frac{\partial \vec{B}}{\partial t} \cdot \mathrm{d}\vec{S}$】

详解： 依题意，在方程 $\oint_L \vec{H} \cdot \mathrm{d}\vec{l} = \int_S \vec{j} \cdot \mathrm{d}\vec{S} + \int_S \frac{\partial \vec{D}}{\partial t} \cdot \mathrm{d}\vec{S}$ 中，$\vec{j} = 0$，因此

$$\oint_L \vec{H} \cdot \mathrm{d}\vec{l} = \int_S \frac{\partial \vec{D}}{\partial t} \cdot \mathrm{d}\vec{S}$$

由麦克斯韦方程组直接得到

$$\oint_L \vec{E} \cdot \mathrm{d}\vec{l} = -\int_S \frac{\partial \vec{B}}{\partial t} \cdot \mathrm{d}\vec{S}$$

（3）在某段时间内，圆平板电容器两极板电势差随时间变化的规律为 $U_{ab} = U_a - U_b = kt$（k 是正值常量，t 是时间）。设两板间电场是均匀的，此时在极板间 1、2 两点（2 比 1 更靠近极板边缘）处产生的磁感应强度 $\vec{B}_1$ 和 $\vec{B}_2$ 的大小有什么关系？

【答案：$B_2 > B_1$】

详解： 在两极板之间，以两极板的圆心连线上某点为圆心，做半径为 r 的积分环路 L，环路 L 的方向与电场成右手螺旋关系，考虑到轴对称性，有

$$\oint_L \vec{H} \cdot \mathrm{d}\vec{l} = 2\pi r H = \frac{2\pi r B}{\mu_0}$$

通过以 L 为边界的曲面的电位移通量为

$$\Phi_D = DS = \varepsilon_0 \pi r^2 E = \frac{\varepsilon_0 \pi r^2 U}{d}$$

依题意得电位移通量的变化率为

$$\frac{\mathrm{d}\Phi_D}{\mathrm{d}t} = \frac{\varepsilon_0 \pi r^2}{d} \frac{\mathrm{d}U}{\mathrm{d}t} = \frac{\varepsilon_0 \pi k r^2}{d}$$

由全电流安培回环定律得

$$\frac{2\pi r B}{\mu_0} = \frac{\varepsilon_0 \pi k r^2}{d}$$

因此，距两极板的圆心连线为 r 处的点的磁感应强度大小为

$$B = \frac{\varepsilon_0 \mu_0 k r}{2d}$$

由题意可知，$r_2 > r_1$，因此 2 点处与 1 点处的磁感应强度大小的关系为

$$B_2 > B_1$$

（4）在真空中，有一个半径为 R 的圆平板电容器。在该电容器充电的过程中，两板间的电场强度 $\vec{E}$ 将随时间变化，如果略去边缘效应，则电容器两板间的位移电流大小等于多少？位移电流密度的方向如何？

【**答案**：$\varepsilon_0 \pi R^2 \dfrac{\mathrm{d}E}{\mathrm{d}t}$；与电场强度方向相同】

详解：通过两极板的电位移通量为

$$\Phi_D = DS = \varepsilon_0 \pi R^2 E$$

依题意得电容器两板间的位移电流大小为

$$I_d = \frac{\mathrm{d}\Phi_D}{\mathrm{d}t}$$

位移电流密度的方向与电场强度方向相同。

（5）某平行板电容器的极板是半径为 R 的圆形金属板，两极板与交变电源相接，极板上电荷随时间的变化为 $q = q_0 \sin\omega t$（式中 q_0、ω 均为常量）。忽略边缘效应，则两极板间位移电流密度大小等于多少？在两极板间，离中心轴线距离为 r（$r < R$）处的磁场强度大小等于多少？

【**答案**：$\dfrac{q_0 \omega \cos\omega t}{\pi R^2}$；$\dfrac{q_0 \omega r \cos\omega t}{2\pi R^2}$】

详解：由于 $q = q_0 \sin\omega t$，因此电容器充电时电路中的传导电流为

$$I = \frac{\mathrm{d}q}{\mathrm{d}t} = q_0 \omega \cos\omega t$$

考虑到电流的连续性，电路中的传导电流 I 与极板间的位移电流相等，即

$$I = I_d = q_0 \omega \cos\omega t$$

因此，两极板间位移电流密度大小为

$$J_d = \frac{I_d}{\pi R^2} = \frac{q_0 \omega \cos\omega t}{\pi R^2}$$

在两极板间，在离中心轴线距离为 r（$r < R$）处环路 L，对该环路应用全电流安培环

路定律，有

$$2\pi rH = \pi r^2 J_d = \frac{q_0 \omega r^2 \cos\omega t}{R^2}$$

由此解得在两极板间离中心轴线距离为 r（$r < R$）处的磁场强度大小

$$H = \frac{q_0 \omega r \cos\omega t}{2\pi R^2}$$

（6）如图 10-9（a）所示，在半径为 R 的圆柱形区域内，匀强磁场的方向与轴线平行。设 B 以 2.5×10^{-2} T/s 的速率随时间减小。在 $r = 5.0 \times 10^{-2}$ m 的 P 点处的电子受到了涡旋电场对它的作用力，此力产生的加速度大小等于多少？请在图中画出加速度 $\vec{a}$ 的方向。

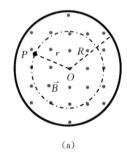
（a）

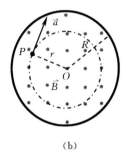
（b）

图 10-9

【答案：1.10×10^8 m/s；加速度的方向见图】

详解：以 O 点为圆心、r 为半径做积分环路，设其方向为逆时针，积分环路上各点的涡旋电场方向与积分环路方向相同，环路所围面积的法线方向与磁场方向一致。由法拉第电磁感应定律得

$$2\pi rE_i = -\pi r^2 \frac{dB}{dt}$$

由此解得 P 点处的涡旋电场的场强大小为

$$E_i = -\frac{r}{2}\frac{dB}{dt} = -\frac{5.0 \times 10^{-2}}{2} \times (-2.5 \times 10^{-2}) = 6.25 \times 10^{-4} (\text{N/C})$$

$E_i > 0$ 说明 P 点处涡旋电场的实际方向也是沿逆时针的。

P 点处的电子受到涡旋电场作用力而产生的加速度为

$$a = \frac{eE_i}{m_e} = \frac{-1.6 \times 10^{-19} \times 6.25 \times 10^{-4}}{9.11 \times 10^{-31}} = -1.10 \times 10^8 \ (\text{m/s}^2)$$

其中，负号表示电子的加速度方向与涡旋电场方向相反，如图 10-9（b）所示。

（7）无限长直通电螺线管的半径为 R，设其内部的磁场以 dB/dt 的变化率增加，则在螺线管内部距离轴线为 r（$r < R$）处的涡旋电场的强度等于多少？

【答案：$-\dfrac{r}{2}\dfrac{dB}{dt}$】

详解：以无限长直通电螺线管轴线上某点为圆心，做半径为 r 的积分环路 L，积分环路的方向与磁场方向成右手螺旋关系，积分环路上各点的涡旋电场方向与积分环路方向相

同，环路所围面积的法线方向与磁场方向一致。由法拉第电磁感应定律得

$$2\pi r E_i = -\pi r^2 \frac{dB}{dt}$$

由此解得螺线管内部距离轴线为 r（$r < R$）处的涡旋电场的强度大小为

$$E_i = -\frac{r}{2}\frac{dB}{dt}$$

（8）由半径为 R、间距为 d（$d \ll R$）的两块圆盘构成的平板电容器内充满了相对介电常数为 ε_r 的电介质。电容器上加有交变电压 $U = U_0\cos\omega t$，板间电场强度 $E(t) = ?$ 极板上自由电荷的面密度 $\sigma(t) = ?$ 板间离中心轴线距离为 r 处的磁感应强度 $B(r,t) = ?$

【答案：$\frac{U_0}{d}\cos\omega t$；$\frac{\varepsilon_0\varepsilon_r U_0}{d}\cos\omega t$；$-\frac{U_0}{2d}\varepsilon_0\varepsilon_r\mu_0\omega r\sin\omega t$】

详解：平行板电容器极板间的电场强度大小为

$$E(t) = \frac{U}{d} = \frac{U_0}{d}\cos\omega t$$

极板上的自由电荷面密度为

$$\sigma(t) = \varepsilon E(t) = \frac{\varepsilon_0\varepsilon_r U_0}{d}\cos\omega t$$

在两极板之间，以两极板的圆心连线上某点为圆心，做半径为 r 的积分环路 L，环路 L 的方向与电场成右手螺旋关系，考虑到轴对称性，有

$$\oint_L \vec{H} \cdot d\vec{l} = 2\pi r H = \frac{2\pi r B}{\mu_0}$$

L 所包围的位移电流为

$$I = S\frac{dD}{dt} = \varepsilon_0\varepsilon_r\pi r^2\frac{dE}{dt} = \varepsilon_0\varepsilon_r\pi r^2\frac{U_0}{d}(-\omega\sin\omega t) = -\varepsilon_0\varepsilon_r\pi\omega r^2\frac{U_0}{d}\sin\omega t$$

由全电流安培回环定律得

$$\frac{2\pi r B}{\mu_0} = -\varepsilon_0\varepsilon_r\pi\omega r^2\frac{U_0}{d}\sin\omega t$$

由此解得板间离中心轴线距离为 r 处的磁感应强度为

$$B(r,t) = -\frac{U_0}{2d}\varepsilon_0\varepsilon_r\mu_0\omega r\sin\omega t$$

3. 电磁振荡与电磁波

（1）两个电子在同一均匀磁场中分别沿半径不同的圆周运动，如果忽略相对论效应，则这两个电子是否向外辐射能量？如果辐射能量，单位时间内辐射的能量有什么关系？

【答案：向外辐射能量；半径大电子辐射的较多】

详解：加速运动的带电粒子的辐射功率与加速度平方成正比，即

$$P \propto a_n^2 = R^2\omega^4$$

而电子在均匀磁场中做圆周运动的角频率为

$$\omega = 2\pi\nu = 2\pi \cdot \frac{eB}{2\pi m_e} = \frac{eB}{m_e}$$

即角频率与半径无关，因此

$$P \propto R^2$$

因此，这两个电子都向外辐射能量，其中半径大的电子在单位时间内辐射的能量较多。

（2）一个振荡电路由 $8\mathrm{pF}$ 的电容器和 $40\mu\mathrm{H}$ 的线圈组成。在电路中最大电流强度为 $20\mathrm{mA}$，则电容器两极板间的最大电压值等于多少？

【答案：向外辐射能量；半径大电子辐射的较多】

详解：振荡电路的最大电场能量等于最大磁场能量，即

$$\frac{1}{2}CU_0^2 = \frac{1}{2}LI_0^2$$

由此解得电容器两极板间的最大电压值为

$$U_0 = I_0\sqrt{\frac{L}{C}} = 44.7 \ (\mathrm{V})$$

（3）一个平板电容器的极板面积为 $0.01\mathrm{m}^2$，极板间距为 $3.14\times10^{-3}\mathrm{m}$，一个线圈的自感系数为 $1.0\times10^{-6}\mathrm{H}$，将它们组成振荡回路，则产生的电磁波在真空中传播的波长等于多少？

【答案：向外辐射能量；半径大电子辐射的较多】

详解：振荡电路的振荡周期为

$$T = 2\pi\sqrt{LC}$$

振荡回路形成的电磁波在真空中的波长为

$$\lambda = cT = 2\pi c\sqrt{LC} = 2\pi c\sqrt{\frac{\varepsilon_0 SL}{d}} = 10 \ (\mathrm{m})$$

（4）在 LC 振荡回路中，设开始时电容为 C 的电容器上的电荷为 Q，自感系数为 L 的线圈中的电流为 0。当第一次达到线圈中的磁能等于电容器中的电能时，所需的时间等于多少？这时电容器上的电荷等于多少？

【答案：$\frac{\pi}{4}\sqrt{LC}$；$\frac{\sqrt{2}}{2}Q$】

详解：当线圈中的磁能等于电容器中的电能时，电容器中的电能等于总能量的一半，即

$$\frac{q^2}{2C} = \frac{1}{2}\cdot\frac{Q^2}{2C}$$

由此解得此时电容器上的电荷为

$$q = \frac{\sqrt{2}}{2}Q$$

依题意得任一时刻电容器上的电荷为

$$q = Q\cos\omega t$$

因此

$$\frac{\sqrt{2}}{2}Q = Q\cos\omega t$$

当第一次达到线圈中的磁能等于电容器中的电能时，有

$$\omega t = \frac{\pi}{4}$$

由此解得所需的时间为

$$t = \frac{\pi}{4\omega} = \frac{\pi}{4}\sqrt{LC}$$

（5）一列平面电磁波在非色散无损耗的媒质里传播，测得电磁波的平均能流密度为 3000W/m^2，媒质的相对电容率为 4，相对磁导率为 1，则在介质中电磁波的平均能量密度为多少？

【答案：$2.0 \times 10^{-5}\text{J/m}^3$】

详解： 电磁波的平均能流密度与平均能量密度的关系为

$$S = wv$$

其中，v 是电磁波在介质中的传播速度，它与光速的关系为

$$v = \frac{c}{\sqrt{\mu_r \varepsilon_r}}$$

因此，在介质中电磁波的平均能量密度为

$$w = \frac{S}{v} = \frac{\sqrt{\mu_r \varepsilon_r} S}{c} = 2.0 \times 10^{-5} \ (\text{J/m}^3)$$

（6）在半径为 0.01m 直导线中通有 2.0A 的电流，已知导线的电阻为 $0.5\Omega/\text{km}$，则在导线表面上任意点的能流密度矢量的大小等于多少？

【答案：$3.18 \times 10^{-2}\text{W/m}^2$】

详解： 长度为 l 的一段导线两端的电压度为

$$IR = El$$

由此解得导线表面上的电场强度的大小为

$$E = \frac{IR}{l}$$

设导线的半径为 a，则导线表面上的磁场强度的大小为

$$H = \frac{I}{2\pi a}$$

由于电场与磁场垂直，因此导线表面上任意点的能流密度矢量大小为

$$S = EH = \frac{I^2 R}{2\pi a l} = 3.18 \times 10^{-2} \ (\text{W/m}^2)$$

（7）在相对磁导率为 2、相对电容率为 4 的各向同性的均匀媒质中传播的平面电磁波的磁场强度振幅为 2A/m，则该电磁波的平均坡印亭矢量大小等于多少？最大能量密度等于多少？

【答案：533W/m^2；$1.0 \times 10^{-5}\text{J/m}^3$】

详解： 由于 $\sqrt{\varepsilon}E_0 = \sqrt{\mu}H_0$、$c = 1/\sqrt{\varepsilon_0 \mu_0}$，因此电场强度振幅为

$$E_0 = \frac{\sqrt{\mu}}{\sqrt{\varepsilon}} H_0 = \sqrt{\frac{\mu_r \mu_0}{\varepsilon_r \varepsilon_0}} H_0 = \mu_0 c \sqrt{\frac{\mu_r}{\varepsilon_r}} H_0$$

该电磁波的平均坡印亭矢量大小为

$$\overline{S} = \frac{1}{2} E_0 H_0 = \frac{1}{2} \mu_0 c \sqrt{\frac{\mu_r}{\varepsilon_r}} H_0^2 = 533 \ (\text{W/m}^2)$$

最大能量密度为

$$w_{\max} = \mu_r \mu_0 H_0^2 = 1.0 \times 10^{-5} (\text{J/m}^3)$$

（8）一列简谐平面电磁波在真空中沿如图 10-10 所示的 y 轴方向传播。已知电场强度 $\vec{E}$ 在 z 方向上振动，振幅为 E_0，则磁场强度在什么方向上振动？其振幅等于多少？该电磁波的平均能流密度等于多少？

【答案：在 x 方向上振动；$\sqrt{\dfrac{\varepsilon_0}{\mu_0}} E_0$；$\dfrac{1}{2} \sqrt{\dfrac{\varepsilon_0}{\mu_0}} E_0^2$】

详解：由于 $\vec{S} = \vec{E} \times \vec{H}$，因此磁场强度在 x 方向上振动。

由于 $\sqrt{\varepsilon_0} E_0 = \sqrt{\mu_0} H_0$，因此磁场强度的振幅为

$$H_0 = \sqrt{\frac{\varepsilon_0}{\mu_0}} E_0$$

该电磁波的平均能流密度为

$$\overline{S} = \frac{1}{2} E_0 H_0 = \frac{1}{2} E_0 \sqrt{\frac{\varepsilon_0}{\mu_0}} E_0 = \frac{1}{2} \sqrt{\frac{\varepsilon_0}{\mu_0}} E_0^2$$

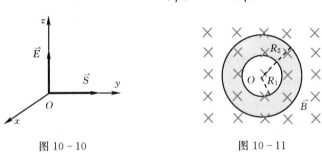

图 10-10   图 10-11

（9）如图 10-11 所示，有一个充了电的圆柱形电容器的长度为 l，内外圆柱面半径分别为 R_1 和 R_2，电荷线密度为 λ，置于均匀磁场 $\vec{B}$ 中，其极板轴线平行于磁场方向。则电容器极板之间距离轴线为 r 处的能流密度大小等于多少？

【答案：$\dfrac{\lambda B c^2}{2\pi r}$】

详解：圆柱形电容器极板之间的电场强度分布为

$$E = \frac{\lambda}{2\pi \varepsilon_0 r}$$

由于 $H = B/\mu_0$，并且电场与磁场垂直，因此电容器极板之间距离轴线为 r 处的能流密度大小为

$$S = EH = \frac{\lambda}{2\pi \varepsilon_0 r} \frac{B}{\mu_0} = \frac{\lambda B}{2\pi \varepsilon_0 \mu_0 r} = \frac{\lambda B c^2}{2\pi r}$$

（10）在一个圆形平板电容器内，存在着均匀分布的随时间变化的电场，电场强度为 $E = E_0 e^{-t/\tau}$（E_0 和 τ 皆为常量），则在任意时刻，电容器内距中心轴为 r 处的能流密度的大小等于多少？方向如何？

【答案：$\dfrac{\varepsilon_0 r}{2\tau}E_0^2 e^{-2t/\tau}$；沿圆形平板半径的方向指向电容器外】

详解： 在全电流安培环路定律 $\oint_L \vec{H} \cdot d\vec{l} = I + \int_S \dfrac{\partial \vec{D}}{\partial t} \cdot d\vec{S}$ 中，由于 $I = 0$，因此

$$\oint_L \vec{H} \cdot d\vec{l} = \int_S \dfrac{\partial \vec{D}}{\partial t} \cdot d\vec{S}$$

其中

$$\oint_L \vec{H} \cdot d\vec{l} = 2\pi r H$$

$$\int_S \dfrac{\partial \vec{D}}{\partial t} \cdot d\vec{S} = \int_S \dfrac{\partial D}{\partial t} dS = \varepsilon_0 S \dfrac{dE}{dt} = -\dfrac{\varepsilon_0 \pi r^2}{\tau} E_0 e^{-t/\tau}$$

因此

$$2\pi r H = -\dfrac{\varepsilon_0 \pi r^2}{\tau} E_0 e^{-t/\tau}$$

由此解得磁场强度的大小为

$$H = -\dfrac{\varepsilon_0 r}{2\tau} E_0 e^{-t/\tau}$$

由于电场与磁场垂直，因此在任意时刻电容器内距中心轴为 r 处的能流密度的大小为

$$|\vec{S}| = |\vec{E} \times \vec{H}| = \dfrac{\varepsilon_0 r}{2\tau} E_0^2 e^{-2t/\tau}$$

由 $\vec{S} = \vec{E} \times \vec{H}$ 可以判断，能流密度矢量的方向沿圆形平板半径的方向指向电容器外。

三、课后习题解答

(1) 电容为 C 的平行板电容器在充电的过程中，电流 $i = 0.5 e^{-2t}$，充电开始时电容器极板上没有电荷。求：

1) 电容器两极板间的电压 U 随时间 t 的变化关系。

2) t 时刻极板间位移电流 I_d（忽略边缘效应）。

解： 1) 由电流强度的定义式 $i = \dfrac{dq}{dt}$ 得

$$dq = i dt = 0.5 e^{-2t} dt$$

在 $0 \sim t$ 时间内，极板上积累的电荷为

$$q = \int_0^t 0.5 e^{-2t} dt = 0.25(1 - e^{-2t})$$

因此，电容器两极板间的电压 U 随时间 t 的变化关系为

$$U = \dfrac{q}{C} = \dfrac{0.25}{C}(1 - e^{-2t})$$

2) 由电流的连续性可知，在电容器充电的过程中，电路中的传导电流 i 与极板间的位移电流 I_d 相等，即

$$I_d = i = 0.5 e^{-2t}$$

（2）一个球形电容器的内球面半径为 R_1，外球面半径为 R_2，两球面之间充有相对介电常数为 ε_r 的介质。电容器内球面对外球面的电压为 $U=U_0\cos\omega t$。ω 比较小，以致电容器两极板间的电场分布与静电场情形近似相同，求：

1）介质中各处的位移电流密度。

2）通过半径为 r（$R_1<r<R_2$）的球面的位移电流。

解：1）设沿半径方向的单位矢量为 $\vec{e}_r$，则两球面之间的电场强度为

$$\vec{E}=\frac{q}{4\pi\varepsilon_0\varepsilon_r r^2}\vec{e}_r$$

由于两球面之间的电势差为

$$U=\frac{q}{4\pi\varepsilon_0\varepsilon_r}\left(\frac{1}{R_1}-\frac{1}{R_2}\right)$$

因此，电场强度为

$$\vec{E}=\frac{R_1 R_2 U}{(R_2-R_1)\ r^2}\vec{e}_r=\frac{R_1 R_2 U_0}{(R_2-R_1)\ r^2}\cos\omega t\ \vec{e}_r$$

介质中各处的位移电流密度为

$$\vec{J}_d=\frac{\partial\vec{D}}{\partial t}=\varepsilon_0\varepsilon_r\frac{\partial\vec{E}}{\partial t}=-\frac{\varepsilon_0\varepsilon_r\omega R_1 R_2 U_0}{(R_2-R_1)r^2}\sin\omega t\ \vec{e}_r$$

2）由于通过半径为 r（$R_1<r<R_2$）的球面的各点位移电流密度方向均沿半径方向，且各点的位移电流密度相等，因此，过球面的总位移电流为

$$I_d=4\pi r^2 J_d=-\frac{4\pi\varepsilon_0\varepsilon_r\omega R_1 R_2 U_0}{R_2-R_1}\sin\omega t$$

（3）电荷为 q 的点电荷以匀角速度 ω 做圆周运动，圆周的半径为 R。$t=0$ 时 q 所在点的坐标为 $x_0=R$、$y_0=0$，以 $\vec{i}$、$\vec{j}$ 分别表示 x 轴和 y 轴的单位矢量。求圆心处的位移电流密度 $\vec{J}_d$。

解：依题意建立如图 10-12 所示的坐标系，其中 $\theta=\omega t$。

在时刻 t 点电荷 q 在圆心处产生的电位移为

$$\vec{D}=-\frac{q}{4\pi R^2}\vec{e}_r=-\frac{q}{4\pi R^2}(\cos\omega t\ \vec{i}+\sin\omega t\ \vec{j})$$

因此，圆心处的位移电流密度为

$$\vec{J}_d=\frac{d\vec{D}}{dt}=\frac{q\omega}{4\pi R^2}(\sin\omega t\ \vec{i}-\cos\omega t\ \vec{j})$$

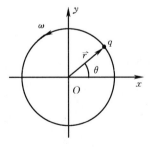

图 10-12

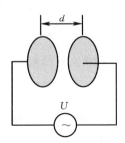

图 10-13

（4）如图 10-13 所示，由圆形板构成的平板电容器两极板之间的距离为 d，其中的介质为非理想绝缘的、具有电导率为 γ、介电常数为 ε、磁导率为 μ 的非铁磁性、各向同性均匀介质。两极板间加电压 $U=U_0\cos\omega t$。忽略边缘效应，试求电容器两板间任一点的磁感应强度大小。

解：两板间均匀电场的电场强度为

$$E=\frac{U}{d}=\frac{U_0}{d}\cos\omega t$$

介质中的传导电流密度和位移电流密度的大小分别为

$$J=\gamma E=\frac{\gamma U_0}{d}\cos\omega t$$

$$J_{\mathrm{d}}=\frac{\mathrm{d}D}{\mathrm{d}t}=\varepsilon\,\frac{\mathrm{d}E}{\mathrm{d}t}=-\frac{\varepsilon\omega U_0}{d}\sin\omega t$$

由于传导电流和位移电流的分布具有轴对称性，因此，在两极板间半径为 r 的圆周上各点的 $\vec{H}$ 大小都相等，方向沿切线方向。在全电流定律 $\oint_L \vec{H}\cdot\mathrm{d}\vec{l}=I+I_{\mathrm{d}}$ 中

$$\oint_L \vec{H}\cdot\mathrm{d}\vec{l}=2\pi rH$$

$$I+I_{\mathrm{d}}=\int_S(\vec{J}+\vec{J}_{\mathrm{d}})\cdot\mathrm{d}\vec{S}=\pi r^2(J+J_{\mathrm{d}})$$

因此

$$2\pi rH=\pi r^2(J+J_{\mathrm{d}})$$

由此解得磁场强度的大小为

$$H=\frac{1}{2}r(J+J_{\mathrm{d}})=\frac{U_0}{2d}r(\gamma\cos\omega t-\varepsilon\omega\omega\sin\omega t)$$

由于在各向同性的介质中，$\vec{B}=\mu\vec{H}$，因此在电容器两板间任一点的磁感应强度大小为

$$B=\frac{\mu U_0}{2d}r(\gamma\cos\omega t-\varepsilon\omega\omega\sin\omega t)$$

（5）如图 10-14（a）所示，在半径为 R 的圆柱形空间存在着轴向均匀磁场，一根长为 $2R$ 的导体棒在与磁场垂直的平面内以速度 $\vec{v}$ 横扫过磁场，若磁感应强度 $\vec{B}$ 以 $\frac{\mathrm{d}B}{\mathrm{d}t}>0$ 变化，试求导体棒在图示位置处时，棒上的感应电动势。

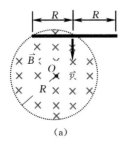

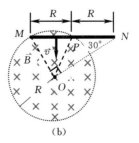

图 10-14

解： 如图 10-14（b）所示，此时导体棒上既存在动生电动势也存在感生电动势。其中动生电动势为

$$\varepsilon_1 = \int_M^N (\vec{v} \times \vec{B}) \cdot \mathrm{d}\vec{l} = vBR$$

ε_1 的方向为从 M 到 N。

由于磁场随时间变化而激发的涡旋电场既存在于圆柱形空间的内部也存在于圆柱形空间的外部，因此导体棒 MN 上的都存在感生电动势。

为了求解方便，连接 OM、OP 和 ON。此时穿过三角形 OMN 的磁通量为

$$\Phi = BS$$

注意：上式中的 S 为三角形 OMN 所包围的磁场面积。

由法拉第电磁感应定律得，由于磁场变化而在三角形 OMN 回路中产生的感生电动势为

$$\varepsilon_2 = -\frac{\mathrm{d}\Phi}{\mathrm{d}t} = -S\frac{\mathrm{d}B}{\mathrm{d}t}$$

由于 $\frac{\mathrm{d}B}{\mathrm{d}t} > 0$，因此回路中电动势沿逆时针方向。

由于 OM 和 ON 两边与涡旋电场方向垂直，它们中没有电动势，因此 ε_2 就是导体棒 MN 中的感生电动势，其方向为 N 从到 M。由于

$$S = \frac{1}{2}R\frac{\sqrt{3}R}{2} + \frac{\pi/6}{2\pi}\pi R^2 = \frac{3\sqrt{3}+\pi}{12}R^2$$

因此，导体棒中的感生电动势为

$$\varepsilon_2 = -\frac{3\sqrt{3}+\pi}{12}R^2\frac{\mathrm{d}B}{\mathrm{d}t}$$

棒上总的感应电动势为

$$\varepsilon = \varepsilon_1 + \varepsilon_2 = vBR - \frac{3\sqrt{3}+\pi}{12}R^2\frac{\mathrm{d}B}{\mathrm{d}t}$$

如果 $\varepsilon > 0$，感应电动势的方向为从 M 到 N，反之从 N 到 M。

（6）空气平行板电容器极板是半径为 R 的圆形导体片，放电电流为 $i = I_0 \mathrm{e}^{-kt}$。忽略边缘效应，求极板间与圆形导体片轴线的距离为 $r(r < R)$ 处的磁感应强度 $\vec{B}$。

解： 在两极板之间，取与电容器极板同轴的半径为 r 的圆。应用全电流定律，有

$$\oint_L \vec{H} \cdot \mathrm{d}\vec{l} = I_{\mathrm{d}}$$

由电流的连续性方程得

$$i = j_{\mathrm{d}}\pi R^2$$

由此解得位移电流密度大小为

$$j_{\mathrm{d}} = \frac{i}{\pi R^2}$$

因此，环路 L 所包围的位移电流为

$$I_{\mathrm{d}} = j_{\mathrm{d}}\pi r^2 = \frac{i}{\pi R^2}\pi r^2 = \frac{I_0 \mathrm{e}^{-kt}r^2}{R^2}$$

全电流定律为

$$H \times 2\pi r = \frac{I_0 e^{-kt} r^2}{R^2}$$

由此解得磁场强度大小为

$$H = \frac{r I_0 e^{-kt}}{2\pi R^2}$$

极板间与圆形导体片轴线的距离为 $r(r < R)$ 处的磁感应强度大小为

$$B = \mu_0 H = \frac{\mu_0 r I_0 e^{-kt}}{2\pi R^2}$$

磁感应强度的方向与电流方向成右手螺旋关系。

（7）在真空中，半径为 0.2m 的两块圆板构成平行板电容器。电容器在充电过程中，两极板间的电场变化率为 $\dfrac{\mathrm{d}E}{\mathrm{d}t} = 2.0 \times 10^8 \, \mathrm{V/(m \cdot s)}$。忽略边缘效应，求：

1）电容器两极板间的位移电流。

2）电容器内与两极板中心连线的距离为 0.1m 处的磁感应强度大小。

解：电容器两极板间的位移电流为

$$I_d = \frac{\mathrm{d}\Phi_D}{\mathrm{d}t} = S \frac{\mathrm{d}D}{\mathrm{d}t} = \pi \varepsilon_0 R^2 \frac{\mathrm{d}E}{\mathrm{d}t} = 2.22 \times 10^{-4} \, (\mathrm{A})$$

在两极板之间取与电容器极板同轴的半径为 r 的圆，应用全电流定律 $\oint_L \vec{H} \cdot \mathrm{d}\vec{l} = I'_d$ 得

$$2\pi r H = \pi \varepsilon_0 r^2 \frac{\mathrm{d}E}{\mathrm{d}t}$$

由此解得磁场强度大小为

$$H = \frac{1}{2} \varepsilon_0 r \frac{\mathrm{d}E}{\mathrm{d}t}$$

因此，电容器内与两极板中心连线的距离为 0.1m 处的磁感应强度大小为

$$B = \mu_0 H = \frac{1}{2} \varepsilon_0 \mu_0 r \frac{\mathrm{d}E}{\mathrm{d}t} = \frac{r}{2c^2} \frac{\mathrm{d}E}{\mathrm{d}t} = 1.11 \times 10^{-10} \, (\mathrm{T})$$

（8）无限长螺线管单位长度上线圈的匝数为 n，如果电流随时间均匀增加，即 $i = kt$（k 为常量），求：

1）时刻 t 时，螺线管内的磁感应强度。

2）螺线管中的电场强度。

解：1）在 t 时刻，螺线管内的磁感应强度大小为

$$B = \mu_0 n i = \mu_0 n k t$$

磁感应强度的方向与电流方向成右手螺旋关系。

2）在以下公式中

$$\oint_L \vec{E} \cdot \mathrm{d}\vec{l} = -\int_S \frac{\partial \vec{B}}{\partial t} \cdot \mathrm{d}\vec{S}$$

由于感生电场具有轴对称性，因此

$$\oint_L \vec{E} \cdot \mathrm{d}\vec{l} = 2\pi r E$$

$$\int_S \frac{\partial \vec{B}}{\partial t} \cdot d\vec{S} = S\frac{dB}{dt} = \pi r^2 \mu_0 nk$$

其中，r 为螺线管中某点到轴线的距离，因此

$$2\pi rE = -\mu_0 \pi r^2 nk$$

由此解得螺线管中的电场强度为

$$E = -\frac{1}{2}\mu_0 nkr$$

其中，负号表示涡旋电场的方向与电流方向相反。

（9）如图 10-15（a）所示，点电荷 q 以速度 $\vec{v}$（$v \ll c$，c 为真空中光速）向 O 点运动，在 O 点处做一个半径为 r 的圆周，圆平面与速度方向垂直，当点电荷到 O 点的距离为 x 时，求圆周各点的磁感应强度和通过此圆面的位移电流。

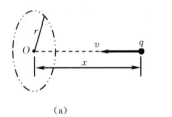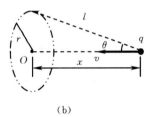

（a）　　　　　　　　　　　　　　　（b）

图 10-15

解： 如图 10-15（b）所示，点电荷到圆周上任意一点的距离为 l，则该点的磁感应强度为

$$\vec{B} = \frac{\mu_0}{4\pi}\frac{q\,\vec{v}\times\vec{l}}{l^3}$$

磁感应强度的大小为

$$B = \frac{\mu_0}{4\pi}\frac{qv\sin\theta}{l^2}$$

其中，$l = \sqrt{r^2 + x^2}$、$\sin\theta = r/l$，因此，磁感应强度的大小为

$$B = \frac{\mu_0}{4\pi}\frac{qvr}{(r^2 + x^2)^{3/2}}$$

磁感应强度沿圆周的切线方向。

设通过圆平面的位移电流为 I_d，在全电流定律 $\oint_L \vec{H}\cdot d\vec{l} = I_d$ 中，由于

$$\vec{B} = \mu_0 \vec{H}$$

因此，全电流定律也可以表达为

$$\oint_L \vec{B}\cdot d\vec{l} = \mu_0 I_d$$

由上式解得

$$I_d = \frac{1}{\mu_0}\oint_L \vec{B}\cdot d\vec{l} = \frac{1}{\mu_0}\oint_L B\,dl = \frac{B}{\mu_0}\oint_L dl = \frac{B\times 2\pi r}{\mu_0}$$

将 B 的表达式代入上式，即得通过该圆平面的位移电流为

$$I_\mathrm{d}=\frac{\mu_0}{4\pi}\frac{qvr}{(r^2+x^2)^{3/2}}\frac{2\pi r}{\mu_0}=\frac{qvr^2}{2(r^2+x^2)^{3/2}}$$

（10）半径为 R、厚度为 h 的金属圆盘置于均匀磁场中，磁感应强度 $\vec{B}$ 垂直于盘面，如图 10-16 所示。磁场的大小随时间而变化，$\mathrm{d}B/\mathrm{d}t=\alpha$，$\alpha$ 为一常量。已知金属圆盘的电导率为 σ，求金属圆盘内总的涡电流。

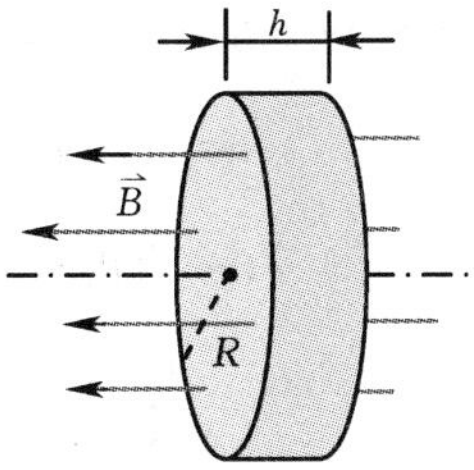

解：在圆盘内任取一个半径为 r、圆心在轴线上的圆形回路。通过回路的磁通量为

$$\varPhi=\vec{B}\cdot\vec{S}=\pi r^2 B$$

图 10-16

回路中的感应电动势大小为

$$\varepsilon=\frac{\mathrm{d}\varPhi}{\mathrm{d}t}=\pi r^2\frac{\mathrm{d}B}{\mathrm{d}t}=\pi r^2\alpha$$

设涡旋电场的场强为 $\vec{E}$，则回路中的感应电动势也可以表达为

$$\varepsilon=\oint_L \vec{E}\cdot\mathrm{d}\vec{l}=2\pi rE$$

两种方法算得的电动势相等，即

$$\pi r^2\alpha=2\pi rE$$

由此解得涡旋电场场强大小为

$$E=\frac{1}{2}\alpha r$$

由欧姆定律的微分形式得涡旋电流密度为

$$J=\sigma E=\frac{1}{2}\sigma\alpha r$$

其方向沿圆周切向。

金属圆盘内总的涡旋电流为

$$I=\int_S \vec{J}\cdot\mathrm{d}\vec{S}=\int_0^R Jh\,\mathrm{d}r=\int_0^R \frac{1}{2}\sigma\alpha rh\,\mathrm{d}r=\frac{1}{2}\sigma\alpha h\int_0^R r\,\mathrm{d}r=\frac{1}{4}\sigma\alpha hR^2$$

（11）半径为 R 的无限长直螺线管每单位长度有线圈 n 匝，通有电流 $i=i_0\cos\omega t$，试求：

1）在螺线管内距轴线为 r 处的一点的感应电场强度大小。

2）该点的坡印廷矢量的大小。

解：1）螺线管内的磁感应强度大小为

$$B=\mu_0 ni=\mu_0 ni_0\cos\omega t$$

设 r 为螺线管内某点到轴线的距离，则由 $\oint_L \vec{E}\cdot\mathrm{d}\vec{l}=-\int_S \frac{\partial\vec{B}}{\partial t}\cdot\mathrm{d}\vec{S}$ 得

$$2\pi rE=\pi r^2\left|\frac{\mathrm{d}B}{\mathrm{d}t}\right|=\pi\mu_0 ni_0\omega r^2\,|\sin\omega t|$$

由此解得在螺线管内的感应电场强度大小为

$$E=\frac{1}{2}\mu_0 ni_0\omega r\,|\sin\omega t|$$

2）坡印廷矢量为

$$\vec{S}=\vec{E}\times\vec{H}$$

由于电场与磁场垂直，因此，在螺线管内距轴线为 r 处的坡印廷矢量的大小为

$$S=|EH|=\frac{|EB|}{\mu_0}=\frac{1}{2}\mu_0 n^2 i_0^2 \omega r\,|\sin\omega t\cos\omega t|=\frac{1}{4}\mu_0 n^2 i_0^2 \omega r\,|\sin2\omega t|$$

（12）有一个内径为 a、外径为 b 的空气柱形电容器，电容器的长度较 $b-a$ 大得多。

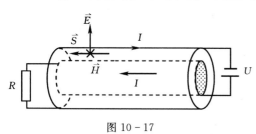

图 10 - 17

在电容器一端两极之间加上直流电压 U，另一端两极之间接上负载电阻 R。忽略电容器极板的电阻，求电容器中能流密度矢量。

解：依题意得如图 10 - 17 所示的示意图。

设电容器内外柱沿轴线方向的电荷线密度分别为 $+\lambda$ 和 $-\lambda$，则内外柱面间的场强分布为

$$E=\frac{\lambda}{2\pi\varepsilon_0 r}$$

内外柱面间的电势差为

$$U=\int_a^b \vec{E}\cdot\mathrm{d}\vec{r}=\int_a^b \frac{\lambda}{2\pi\varepsilon_0 r}\mathrm{d}r=\frac{\lambda}{2\pi\varepsilon_0}\ln\frac{b}{a}$$

由此解得电荷线密度为

$$\lambda=\frac{2\pi\varepsilon_0 U}{\ln(b/a)}$$

内外柱面间的电场强度分布为

$$E=\frac{\lambda}{2\pi\varepsilon_0 r}=\frac{U}{r\ln(b/a)}$$

电场强度的方向垂直轴线向外。

在公式 $\oint_L \vec{H}\cdot\mathrm{d}\vec{l}=I$ 中

$$\oint_L \vec{H}\cdot\mathrm{d}\vec{l}=2\pi rH, I=\frac{U}{R}$$

因此

$$2\pi rH=\frac{U}{R}$$

由此解得内外柱面间的磁场强度分布为

$$H=\frac{U}{2\pi rR}$$

磁场强度的方向沿半径为 r 的圆周的切线方向。

能流密度矢量为

$$\vec{S}=\vec{E}\times\vec{H}$$

由于电场与磁场垂直，因此，电容器中能流密度矢量的大小为

$$S=EH=\frac{U^2}{2\pi r^2 R\ln(b/a)}$$

能流密度矢量的方向平行于柱形电容器的轴线，如图 10-17 所示。

（13）如图 10-18 所示，一根长直同轴电缆的内导体半径为 a，外导体的内半径为 b。利用这个电缆输送恒稳电流 I 到负载 R 上。电缆的电阻很小可以忽略不计，内外导体之间为真空。求电缆内外导体之间空间各处的能流密度矢量，并讨论电缆中能量输送情况。

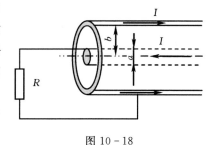

图 10-18

解： 由于电缆的电阻忽略不计，因此电缆内、外导体之间的电压为

$$U = IR$$

设内导体沿轴线方向的电荷线密度为 λ，则内、外导体之间的场强分布为

$$E = \frac{\lambda}{2\pi\varepsilon_0 r}$$

内、外导体间的电势差为

$$U = \int_a^b \vec{E} \cdot \mathrm{d}\vec{r} = \int_a^b \frac{\lambda}{2\pi\varepsilon_0 r}\mathrm{d}r = \frac{\lambda}{2\pi\varepsilon_0}\ln\frac{b}{a}$$

由此解得电荷线密度为

$$\lambda = \frac{2\pi\varepsilon_0 U}{\ln(b/a)} = \frac{2\pi\varepsilon_0 IR}{\ln(b/a)}$$

内外柱面间的电场强度分布为

$$E = \frac{\lambda}{2\pi\varepsilon_0 r} = \frac{IR}{r\ln(b/a)}$$

电场强度的方向垂直轴线向外。外部空间电场为零。

在安培环路定理 $\oint_L \vec{H} \cdot \mathrm{d}\vec{l} = I$ 中

$$\oint_L \vec{H} \cdot \mathrm{d}\vec{l} = 2\pi rH$$

因此

$$2\pi rH = I$$

由此解得内外柱面间的磁场强度分布为

$$H = \frac{I}{2\pi r}$$

磁场强度的方向沿半径为 r 的圆周的切线方向。外部空间电场为零。

能流密度矢量为

$$\vec{S} = \vec{E} \times \vec{H}$$

由于电场与磁场垂直，因此，电容器中能流密度矢量的大小为

$$S = EH = \frac{I^2 R^2}{2\pi r^2 R\ln(b/a)}$$

电缆外部不存在电磁场，电缆内部内外导体之间的任一点的坡印亭矢量的方向均沿电缆轴线方向。

通过垂直于能流传播方向的任一截面上的功率为

$$P = \int_A \vec{S} \cdot \mathrm{d}\vec{A} = \int_a^b \frac{I^2 R}{2\pi r^2 \ln(b/a)} \times 2\pi r \mathrm{d}r = \frac{I^2 R}{\ln(b/a)} \int_a^b \frac{1}{r} \mathrm{d}r = I^2 R$$

可见，通过内外导体之间输送的电磁场能量全部消耗在负载电阻上了。

（14）有一台平均辐射功率为 $60\mathrm{kW}$ 的广播电台，求在离电台天线 $120\mathrm{km}$ 处的电场强度振幅值 E_0 和磁感应强度振幅值 B_0。（假定天线辐射的能量各方向相同）。

解： 设电磁波的平均辐射功率为 $\overline{P}$，则电磁波的平均能流密度为

$$\overline{S} = \frac{\overline{P}}{4\pi R^2}$$

由于 $\sqrt{\varepsilon_0} E_0 = \sqrt{\mu_0} H_0$，因此电磁波的平均能流密度又可以表达为

$$\overline{S} = \frac{1}{2} E_0 H_0 = \frac{1}{2} E_0 \frac{\sqrt{\varepsilon_0}}{\sqrt{\mu_0}} E_0 = \frac{\sqrt{\varepsilon_0}}{2\sqrt{\mu_0}} E_0^2$$

由此解得电场强度的振幅值为

$$E_0 = \sqrt{\frac{2\overline{S}\sqrt{\mu_0}}{\sqrt{\varepsilon_0}}} = \sqrt{\frac{2\sqrt{\mu_0}}{\sqrt{\varepsilon_0}} \frac{\overline{P}}{4\pi R^2}} = \frac{1}{R}\sqrt{\frac{\overline{P}}{2\pi}\frac{\sqrt{\mu_0}}{\sqrt{\varepsilon_0}}} = \frac{1}{R}\sqrt{\frac{\overline{P}\mu_0 c}{2\pi}} = 1.58 \times 10^{-2}\ (\mathrm{V/m})$$

磁感应强度振幅值为

$$B_0 = \mu_0 H_0 = \mu_0 \frac{\sqrt{\varepsilon_0}}{\sqrt{\mu_0}} E_0 = \sqrt{\mu_0 \varepsilon_0} E_0 = \frac{E_0}{c} = \frac{1}{R}\sqrt{\frac{\overline{P}\mu_0}{2\pi c}} = 5.27 \times 10^{-11}\ (\mathrm{T})$$

（15）一列平面简谐电磁波在空中某点的最大电场强度 $E_0 = 4.80 \times 10^{-2}\ \mathrm{V/m}$，求该点的最大磁感应强度和电磁波的强度。

解： 由于 $\sqrt{\varepsilon_0} E_0 = \sqrt{\mu_0} H_0$，因此最大磁场强度为

$$H_0 = \mu_0 \frac{\sqrt{\varepsilon_0}}{\sqrt{\mu_0}} E_0$$

该点的最大磁感应强度为

$$B_0 = \mu_0 H_0 = \mu_0 \frac{\sqrt{\varepsilon_0}}{\sqrt{\mu_0}} E_0 = \sqrt{\mu_0 \varepsilon_0} E_0 = \frac{E_0}{c} = 1.60 \times 10^{-10}\ (\mathrm{T})$$

该点的电磁波强度，即平均能流密度为

$$\overline{S} = \frac{1}{2} E_0 H_0 = \frac{1}{2} E_0 \frac{\sqrt{\varepsilon_0}}{\sqrt{\mu_0}} E_0 = \frac{1}{2} c \varepsilon_0 E_0^2 = 3.06 \times 10^{-6}\ (\mathrm{W/m^2})$$

四、自我检测题

1. 单项选择题（每题 3 分，共 30 分）

（1）一块铜板垂直于磁场方向放在磁感应强度正在增大的磁场中时，铜板中出现的感应电流将 〔　　〕。

(A) 对磁场不起作用；　　　(B) 减缓铜板中磁场的增加；

(C) 加速铜板中磁场的增加；　(D) 使铜板中磁场反向。

（2）一个导体圆线圈在均匀磁场中运动，能使其中产生感应电流的是 〔　　〕。

（A）线圈绕自身直径转动，轴与磁场方向平行；

（B）线圈绕自身直径转动，轴与磁场方向垂直；

（C）线圈平面平行于磁场并沿垂直磁场方向平移；

（D）线圈平面垂直于磁场并沿垂直磁场方向平移。

（3）如图 10-19 所示，一个圆形线环的一半放在分布在方形区域的匀强磁场中，另一半位于磁场之外。磁场方向垂直指向纸外。如果使圆线环中产生逆时针方向的感应电流，应使 〔 　 〕。

（A）线环向右平移；　　　　　（B）磁场强度减弱；

（C）线环向左平移；　　　　　（D）线环向上平移。

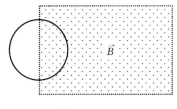

图 10-19

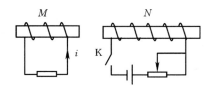

图 10-20

（4）如图 10-20 所示，有 M、N 两个带铁芯的线圈。如果使 M 线圈中产生图示方向的感生电流，可以采用的办法是 〔 　 〕。

（A）接通 N 线圈电源；

（B）接通 N 线圈电源后，抽出 N 中铁芯；

（C）接通 N 线圈电源后，M、N 相互靠近；

（D）接通 N 线圈电源后，减少变阻器的阻值。

（5）两个通电平面圆线圈相距不远，如果使它们的互感系数近似为零，则应调整线圈的取向使 〔 　 〕。

（A）两线圈平面都平行于两圆心连线；

（B）两线圈平面都垂直于两圆心连线；

（C）一个线圈平面平行于两圆心连线，另一个线圈平面垂直于两圆心连线；

（D）两线圈中电流方向相反。

（6）在真空中一个通电线圈 M 所产生的磁场内有另外一个线圈 N，M 和 N 的相对位置固定不变。如果线圈 N 断路，则线圈 M 与 N 之间的互感系数 〔 　 〕。

（A）一定为零；

（B）一定不为零；

（C）不能确定；

（D）可能为零也可能不为零，与 N 断路与否无关。

（7）电位移矢量的时间变化率 $\mathrm{d}\vec{D}/\mathrm{d}t$ 的单位是 〔 　 〕。

（A）C/m^2；　　　　（B）C/s；　　　　（C）A/m^2；　　　　（D）$A \cdot m^2$。

（8）在感应电场中，电磁感应定律可写成 $\oint_L \vec{E}_K \cdot \mathrm{d}\vec{l} = -\dfrac{\mathrm{d}\Phi}{\mathrm{d}t}$，其中，$\vec{E}_K$ 为感应电场

的电场强度。此式表明［　　］。

(A) 闭合曲线 L 上 $\vec{E}_K$ 处处相等；

(B) 感应电场的电场强度线不是闭合曲线；

(C) 感应电场是保守力场；

(D) 在感应电场中不能引入电势的概念。

(9) 在圆柱形空间内有如图 10-21 所示的均匀磁场，磁感应强度的大小以速率 dB/dt 变化。有两根长度均为 L 的金属棒处在该磁场中的两个不同位置 M 和 N，则它们中的感应电动势的大小关系为［　　］。

(A) $\varepsilon_M = \varepsilon_N \neq 0$；　　(B) $\varepsilon_M > \varepsilon_N$；　　(C) $\varepsilon_M < \varepsilon_N$；　　(D) $\varepsilon_M = \varepsilon_N = 0$。

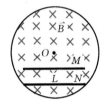　　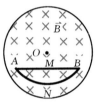

图 10-21　　　　　　　　　图 10-22

(10) 在圆柱形空间内有如图 10-22 所示的均匀磁场，磁感应强度的大小以速率 dB/dt 变化。在磁场中有 A、B 两点，其间放置直导线 M 和弯曲导线 N，则［　　］。

(A) 电动势只在 M 导线中产生；

(B) M 导线中的电动势小于 N 导线中的电动势；

(C) 电动势只在 N 导线中产生；

(D) M 导线中的电动势大于 N 导线中的电动势。

2. 填空题（每空 2 分，共 30 分）

(1) 坡印廷矢量 $\vec{S}$ 的物理意义是（　　）；其定义式为（　　）。

(2) 两块半径为 r 的圆板组成的平行板电容器在放电过程中，极板间的电场强度的大小为 $E = E_0 e^{-t/RC}$，其中 E_0、R、C 均为常数，则两板间的位移电流大小为（　　），其方向与场强方向（　　）。

(3) 如图 10-23 所示，充电后的平行板电容器的 A 板带正电，B 板带负电。当将开关 K 闭合电容器放电时，两板之间的电场方向为（　　），位移电流的方向为（　　）。

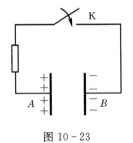　　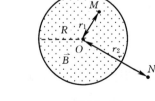

图 10-23　　　　　　　　　图 10-24

(4) 如图 10-24 所示，匀强磁场的方向垂直纸面向外，局限于半径为 R 的圆柱形空间区域，磁感应强度的大小以 $dB/dt＝$常量的速率增加，M 点在圆柱形空间内，到轴线的距离为 r_1，N 点在圆柱形空间外，到轴线的距离为 r_2。电子处于 M 点时的加速度大小（　　）；处于 N 点时加速度大小（　　）。

（5）某空气平行板电容器的两极板是半径为 R 的圆形导体片，在充电过程中板间的电场强度变化率为 dE/dt。如果略去边缘效应，两板间的位移电流为（　　）。

（6）某空气平行板电容器的极板由两块圆盘构成，两极板之间的距离为 d。如果在极板上加电压 $U＝U_0\cos\omega t$，其中 U_0 和 ω 为常量，忽略边缘效应，极板间电场强度的大小 E 和时间 t 的函数关系为（　　）；与圆盘中心轴线相距 r 处的磁感应强度大小 B 与时间 t 的函数关系为（　　）。

（7）电磁波在相对磁导率和相对电容率分别为 1.00 和 2.00 的介质中传播，如果电磁波的电场强度幅值为 E_0，则其磁场强度振幅幅值为（　　）。

（8）一根长直非铁磁性材料的导线半径为 1.27mm，1km 长的这种导线的电阻为 3.53Ω，如果导线中的电流强度为 25A，则导线表面内侧一点处的电场强度大小为（　　）；磁感应强度大小为（　　）；能流密度大小为（　　）。

3. 计算题（每题 10 分，共 40 分）

（1）将厚度为 h、半径为 R、电导率为 γ 的铝圆盘放置在磁感应强度大小为 $B＝kt$（k 为正常量）的均匀磁场中，磁场方向与盘面垂直，如图 10-25 所示。试求圆盘中涡旋电流密度的分布和单位时间内发出的热量。

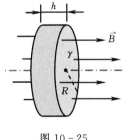

图 10-25

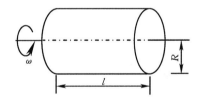

图 10-26

（2）一个薄壁带电圆筒长为 l，半径为 R，并且 $l\gg R$，圆筒表面的电荷密度为 σ。如果圆筒以角速度 $\omega＝bt$ 绕轴线旋转，其中 b 为常数，并且 $t\geqslant0$，如图 10-26 所示，在忽略边缘效应的情况下，试求圆筒内的磁感应强度和电场强度。

（3）一个平行板电容器置于真空中，两块极板均为半径为 R 的圆板，将它连接到一个交变电源上，测得极板上的电荷按规律 $Q＝Q_0\sin\omega t$ 随时间 t 变化，其中 Q_0 和 ω 均为常量。在忽略边缘效应的条件下，试求两极板间任一点的磁场强度。

（4）极板半径为 R 的圆形平行板电容器的电容为 C，从充电开始计时，t 时刻电容器两极板间的电压为 $U＝U_0(1-e^{-kt})$。其中 k 和 U_0 都为常量。设场点 P 到圆形平板轴线的距离为 r，在忽略边缘效应的条件下，试求 $r＜R$ 和 $r＞R$ 时 P 点处磁感应强度的大小。

参 考 文 献

［1］ 吕金钟. 大学物理辅导［M］. 北京：清华大学出版社，2004.

［2］ 朱峰. 大学物理学习辅导［M］. 北京：清华大学出版社，2008.

［3］ 张三慧. 大学物理学习题解答［M］. 北京：清华大学出版社，2003.

［4］ 马文蔚. 物理学习题分析与解答［M］. 北京：高等教育出版社，2000.

［5］ 朱晓春. 普通物理学辅导［M］. 北京：机械工业出版社，2002.

［6］ 王小力. 大学物理典型题解题思路与技巧［M］. 西安：西安交通大学出版社，2000.